高等职业教育园林工程技术专业系列教材

园林景观设计

王 芳 杨 丽 金晨宇 编 著

机械工业出版社

本书根据高等职业教育园林及相关专业的教学要求，结合景观设计流程和项目实例，基于工作过程，按照“先理论后实践”的模式进行编写，力求全面、系统、实用、适用，体现职业教育的教学特点。本书共分为 5 章，主要内容包含园林相关专业教学的核心内容，包括庭院景观设计、道路景观设计、广场景观设计、滨水空间景观设计和居住区景观设计，将景观设计的基本原理、方法结合实际案例进行系统地分析和讲解；通过理论引导、案例分析的形式，深入浅出地对各个知识点进行剖析。

本书可作为高等职业院校风景园林设计、园林工程技术、环境艺术设计等相关专业的教学用书，也可作为园林设计工作者和园林爱好者自学的参考用书。

本书配有微课视频，读者可通过扫描书中的二维码进行观看；也可登录“智慧树”平台选择“景观设计”课程进行在线学习。

图书在版编目（CIP）数据

园林景观设计 / 王芳，杨丽，金晨宇编著. -- 北京 ： 机械工业出版社，2024. 9. -- (高等职业教育园林工程技术专业系列教材). -- ISBN 978-7-111-76729-9

Ⅰ. TU986.2

中国国家版本馆CIP数据核字第2024Y56J77号

机械工业出版社（北京市百万庄大街22号　邮政编码100037）

策划编辑：王靖辉　　责任编辑：王靖辉　陈将浪

责任校对：肖　琳　张昕妍　　封面设计：马精明

责任印制：郜　敏

北京富资园科技发展有限公司印刷

2025年1月第1版第1次印刷

184mm×260mm・13.5印张・332千字

标准书号：ISBN 978-7-111-76729-9

定价：55.00 元

电话服务　　网络服务

客服电话：010-88361066　　机　工　官　网：www.cmpbook.com

010-88379833　　机　工　官　博：weibo.com/cmp1952

010-68326294　　金　书　网：www.golden-book.com

封底无防伪标均为盗版　　机工教育服务网：www.cmpedu.com

前言

随着我国人民生活水平的不断提高，城市建设和环境建设以前所未有的速度向前推进，景观设计迎来了发展热潮。在此过程中，园林景观设计担负起塑造并美化我们生活的环境，保护我们赖以生存的地球的重任。由此，社会对以园林景观设计为主要技能的景观设计师的要求也日渐提高，需要设计师具备良好的工作素质及专业素养。作为以景观设计师为职业目标的高等职业教育园林专业学生，需要在全面系统地了解园林景观设计基本理论的基础上，培养优秀的职业素养和过硬的专业技能，必须牢固树立和践行绿水青山就是金山银山的理念，站在人与自然和谐共生的高度谋划发展，有力推进美丽中国建设，助力我国城市建设和环境建设的高质量发展。

从高等职业教育教学的现状来看，园林专业的学生有其自身的学习习惯和特点，需要设计原理和实际案例更紧密地结合以及更具有指导性和实操性的教学内容，以强化学生在实践中加深对设计理论的理解。而目前的园林景观设计类教材虽种类繁多，但针对性不强，尤其是适合高等职业教育实际教学的教材相对缺乏。为适应园林景观设计技术的发展与要求，更好地满足教学需要，结合“景观设计”精品在线开放课程的建设，我们编写了本书。本书具有以下特点：

1. 本书以党的二十大精神为指导思想，从更新教学理念入手，在融合当代景观建设与园林专业知识的基础上，对教学内容进行了更新与重构，以体现教学内容的系统性、新颖性与实用性，有利于指导学生对知识的掌握和技能的应用。

2. 本书邀请了业界知名的园林景观设计公司设计师和高校的专业教师共同参与编写，是一部理论与实践相结合、产教融合、科教融汇的高质量教材。在编写过程中，充分结合了企业的实际需求和工作流程，确保书中的内容贴近实际工作，能够为学生的学习和未来的职业发展提供指导。同时，企业的参与为本书带来了更多的实际案例和前沿技术，使本书内容组成更加丰富和实用。

3. 在编写方法上，通过梳理园林景观设计的工作流程，将各个环节的知识点和技能点融入教材中，使学生能够在学习过程中逐渐掌握园林景观设计的基本方法和技能。同时，注重培养学生的创新思维和实践能力，通过详细的案例介绍和思考题等方式，让学生在学习中不断提升自己的综合素质。

4. 本书立体开发、体例创新。本书按照“以学生为中心、以学习成果为导向，促进学生自主学习”的思路开发，发挥“互联网+教材”优势，书中配有二维码学习资源，扫描二维码即可获得在线的数字课程资源的支持。同时，本书为精品在线开放课程“景观设计”的配套教材，课程学习网址为：https://coursehome.zhihuishu.com/courseHome/1000007396#teachTeam（登录“智慧树”网站，搜索“景观设计”课程）。

本书由上海济光职业技术学院风景园林设计专业市级教学团队编写。在编写分工上，王芳具有丰富的园林景观设计教学和实践经验，负责本书的整体框架和案例整理，以及庭院景观设计和部分广场景观设计、滨水空间景观设计、居住区景观设计章节的编写；杨丽在书中详细介绍了园林景观设计的基本原理和方法，以及部分广场景观设计章节的编写；金晨宇来自企业，有丰富的工程实践经验，负责设计案例分析，以及道路景观设计、部分滨水空间景观设计和居住区景观设计的编写。每章内容都源于典型工作项目，希望通过实际案例的解析和设计流程的讲解，帮助学生更好地理解和掌握园林景观设计的知识和技能。

本书在编写过程中得到了学校和校企合作单位的大力支持，企业不仅提供了丰富的实践经验和前沿技术，还分享了众多的实际案例，使本书内容更加贴近行业实际需求，在此表示感谢。

由于编者水平有限，书中不妥之处在所难免，欢迎专家、学者及同行批评指正。

编　者

微课视频清单

页码	名称	二维码	页码	名称	二维码
1	景观设计绪论		90	明白景观设计元素	
1	庭院的概念和分类		101	广场的起源	
11	设计的基本形式：平面构成		106	广场的概念	
18	设计的基本形式：空间构成		109	广场的分类	
45	设计原则		113	广场铺装	
50	庭院设计风格		118	广场绿化及水体景观	
56	庭院景观案例分析		121	广场景观设计中的色彩及小品与细部设施设计	
70	读懂场地设计范围		125	广场景观设计的方法	

（续）

页码	名称	二维码	页码	名称	二维码
126	广场景观设计的空间尺度		167	居住区景观设计	
129	广场景观设计的过程		167	从景观方案到施工图总图设计（上）	
134	广场景观设计案例分析		167	从景观方案到施工图总图设计（下）	
134	广场景观设计实例分析与调研		178	水景创造、照明以及植物选择	
138	了解滨水空间的发展		184	设计目标、开发商意图以及道路系统	
139	掌握滨水空间设计要点		185	消防要求、停车、步行小径、防洪要求、设计准备以及居住区均好性	
149	芝加哥滨水区设计案例		189	空间感塑造、地形与地势以及水景创造	
155	重庆渝中半岛珊瑚公园设计案例（一）		191	景观方案设计案例分享	
155	重庆渝中半岛珊瑚公园设计案例（二）				

目 录

第1章

庭院景观设计

1.1 庭院景观分类及设计要素

1.1.1 庭院空间概述

庭院作为一种传统的民居形式，一直以来备受人们的青睐。庭院景观设计是景观设计中的一个重要组成部分，因其尺度相对较小，所以是景观设计初学者重要的实践课题。随着人们对居住品质要求的日益提高，对庭院景观设计的要求也更多样化和精细化。在我国实施乡村振兴战略的大背景下，民居庭院成为推进美丽中国建设，展示中国乡村美学的重要载体之一。合理的庭院景观设计可以消除住宅功能上的矛盾，并提供适当的休闲活动场所，创造一个赏心悦目的居住环境。本章将带领大家一步步学习庭院景观设计的过程。

景观设计绪论

中国古代文献《玉篇》有云，“庭者，堂阶前也”，形容堂前的空间范围；“院者，周坦也”，形容宅前屋后围合范围的空间，即院子。庭院囊括了一定的空间范围，是建筑或围墙界定范围内自然公共空间的交集。庭院空间作为室内空间的调谐和补充，是室内空间的延伸和扩展，是整个建筑空间的一个有机组成部分。

庭院的概念和分类

中国古典的私家园林历史悠久，有关庭院的发展也历经了岁月的沉淀与传承，孕育了当代人对庭院的浓厚情怀。庭院作为人们群聚生活方式的基本单位，主要表达了“家”的理念。中国传统文化中的“家庭”观念就是“家”与“庭”结合的产物。

我国庭院文化经过数千年的演化，其形式也发生了较大转变。由于建筑形式的发展，庭院空间的形式也越来越多，如别墅的私人庭院（图 1-1）、公共建筑内的公共庭院（图 1-2）、民居庭院、民宿庭院（图 1-3），以及由于高层建筑的出现形成的屋顶花园及办公场所的中庭庭院（图 1-4）、天井等。

庭院空间一般为中心开敞而外边封闭的具有很强私密性和场所感的空间，设计精巧的空间范围给人们的聚集和交往提供了一个良好的场地。庭院空间可以承载人们更加复杂和多元的活动，通过视、听、嗅等感官使人们在庭院空间中获得身心的享受。

图 1-1 私人庭院

图 1-2 公共庭院

图 1-3 民宿庭院

图 1-4 中庭庭院

1.1.2 庭院空间的分类

1. 按建筑的类别分类

庭院通常与别墅一同出现，进一步营造居室的空间结构以供居室主人休闲、运动等。在某种程度上，可以把庭院视为别墅的外部扩展空间，是别墅居室更完善的营造方式。

1）庭院按别墅建筑形式分为独栋别墅（图 1-5、图 1-6）、联排别墅（图 1-7、图 1-8）、双拼别墅（图 1-9、图 1-10）、叠拼别墅（图 1-11、图 1-12）。别墅类型的定义和景观特征见表 1-1。

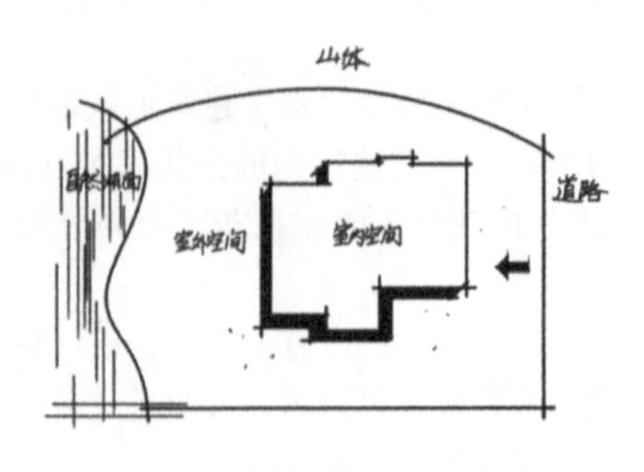

图 1-5 独栋别墅平面示意图

图 1-6 独栋别墅效果图

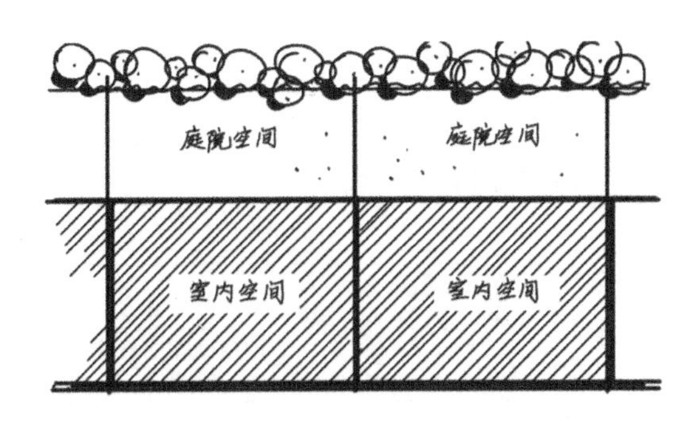

图 1-7　联排别墅平面示意图

图 1-8　联排别墅效果图

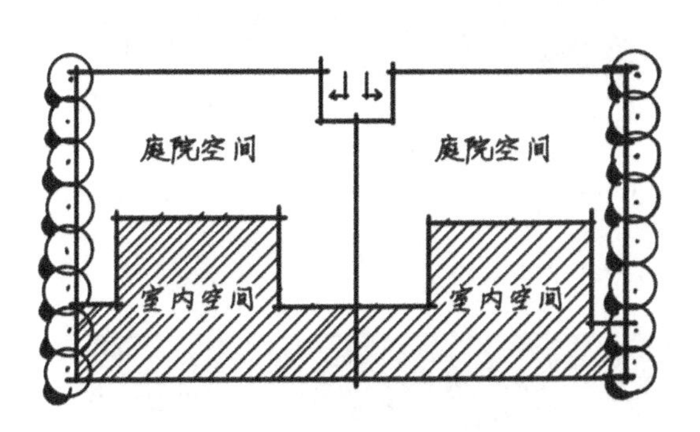

图 1-9　双拼别墅平面示意图

图 1-10　双拼别墅效果图

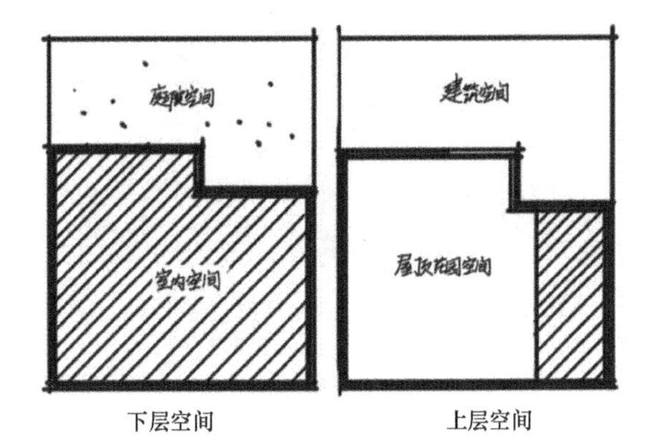

图 1-11　叠拼别墅平面示意图

图 1-12　叠拼别墅效果图

表 1-1 别墅类型的定义和景观特征

别墅类型	定义	景观特征
独栋别墅	独门独院，上下左右前后都属于独立空间，私密性强	平面独立面积较大，一般绿化面积较大，可认为是私家庭院
联排别墅	联排别墅是由几栋层数小于等于三层的独栋别墅并排组成的联排建筑，每个单元共用外墙，有统一的平面设计和独立门户	一般有独立的庭院和车库，属于经济型别墅，庭院空间相对较小
双拼别墅	双拼别墅是联排别墅与独栋别墅之间的中间产物，是由两个单元的别墅拼联组成的单栋别墅	采光面积增加，通风性强，庭院空间比较宽阔并且相对独立
叠拼别墅	叠拼别墅由多层的复式住宅上下叠加在一起组合而成，一般为四层带阁楼的建筑	私密性较差，庭院面积较小，大多数为不封闭或半封闭，一般下层为花园，上层为屋顶花园

2）庭院按建筑风格分为中式风格庭院（图 1-13）、日式风格庭院（图 1-14）、欧式风格庭院（图 1-15）、东南亚风格庭院（图 1-16）等。

图 1-13 中式风格庭院

图 1-14 日式风格庭院

图 1-15 欧式风格庭院

图 1-16 东南亚风格庭院

3）庭院按建筑功能分为日常居住庭院、休闲度假庭院、酒店宾馆庭院、民宿庭院等。

2. 按庭院景观设计形式分类

1）规则式庭院（图 1-17、图 1-18）：其布局和庭院内的各组成元素都选择轴线对称的

几何形体，遵从对称组合秩序。

图 1-17　规则式庭院（一）

图 1-18　规则式庭院（二）

2）自然式庭院（图 1-19、图 1-20）：其布局和各组成元素主要采取自然式布局。

图 1-19　自然式庭院（一）

图 1-20　自然式庭院（二）

3）混合式庭院（图 1-21）：将规则式庭院和自然式庭院相结合，可根据庭院设计需求将两种庭院形式进行统一化设计。

3. 按文化属性分类

按文化属性分类，庭院可分为现代式庭院、中式风格庭院、日式风格庭院、英式乡村风格庭院、美式田园风格庭院、东南亚风格庭院、地中海风格庭院等。

4. 按庭院功能分类

庭院按功能分类可分为家庭式庭院、疗养型庭院、度假式庭院、芳香型花园庭院等。

图 1-21　混合式庭院

1.1.3　庭院景观设计要素

庭院景观设计的要素不同于通常所提到的庭院景观设计元素。庭院景观设计元素一般是指地形、植物、水景、景观小品等，而这里所讲的庭院景观设计要素，是指在庭院景观设计中借助各种手法，使得庭院环境得到进一步优化，满足人们的各方面需求，这些要素包括色彩、质感、香味、听觉等。

1. 色彩

庭院的色彩选择非常重要。色彩的明度和饱和度、冷暖色调、互补色调的运用，会给庭院带来完全不同的视觉感受（图 1-22、图 1-23），明快的颜色，给人轻松愉悦的感觉；低明度和低饱和度的颜色，会形成深沉内敛的气质。庭院的色彩选择取决于设计的风格、设计师对色彩的把握以及使用者的个人喜好等。庭院的色彩一般由构筑物及地面的材质、材料面层的处理以及植物的选择等因素决定。

图 1-22　庭院的色彩（一）

图 1-23　庭院的色彩（二）

2. 质感

木材和石材会给人不同的视觉和心理感受；而同样的材质，不同的面层处理，也会给人完全不同的视觉效果，材料可以是平滑的、粗糙的、柔软的、多刺的、有光泽的。合理而巧妙地利用各种材质的质感特点，尤其是利用材质之间的质感对比，精致融合粗犷、柔软配以坚硬，同时结合色彩的对比，往往会形成令人称奇的效果（图 1-24、图 1-25）。植物的叶片、花朵、茎干都有其特殊的质感，在庭院植物的选择上应该合理利用。

图 1-24　庭院的质感对比

图 1-25　庭院的质感

3. 香味

庭院景观设计是有别于建筑设计和室内设计的一个独特的设计门类，植物作为一种有生命的设计元素，可以给人们提供丰富的感官体验。庭院内种植一些有香味的植物（图 1-26、图 1-27），能使庭院充满芳香的味道，舒缓心情。若每个季节都有一些香味植物，在不同的时刻感受不同的花香，这样的设计会更具有吸引力。

图 1-26　芳香庭院（一）

图 1-27　芳香庭院（二）

4. 听觉

亲近自然是庭院景观设计的主要目的之一，流动起来的景观给人更多的新鲜感，潺潺的流水声、叮咚的泉水声，甚至是小鸟的叫声、树叶的沙沙声，都可以扫除人们精神上的烦乱，在喧闹的都市中感受寂静、放松心情（图 1-28、图 1-29）。

图 1-28　庭院中的听觉（一）

图 1-29　庭院中的听觉（二）

5. 触觉

触觉与质感有相同之处，但更与人们所能感触到的尺度密切相关，如平整的硬质地面、光滑的卵石、崎岖的青石板，以及由不同材质构成的室外小品，甚至是婆娑的古树，在庭院景观设计中都能增加人们对触觉的感知，这也是人们体验自然的独特方式（图 1-30、图 1-31）。

图 1-30　庭院中的触觉（一）

图 1-31　庭院中的触觉（二）

6. 功能和形态

不同的使用者和设计师对如何使用庭院空间会有不同的理解，如儿童游乐庭院（图 1-32、图 1-33）、蔬菜种植庭院、休憩沉思庭院（图 1-34）、户外娱乐庭院、多功能庭院（图 1-35）等，不同的功能要求会产生不一样的风格，也会形成不一样的景观体验。各种功能的空间组

合和设计，构成了庭院各具特色的景观形式和风格，这些各具特色的空间形式让人们感受到了庭院景观的魅力。

图 1-32　儿童游乐庭院（一）

图 1-33　儿童游乐庭院（二）

图 1-34　休憩沉思庭院

图 1-35　多功能庭院

7. 日照

要使庭院景观设计更为合理，日照是必须考虑的因素（图 1-36），它的存在影响着庭院气温和阴影的变化，而这些都直接影响到环境舒适度。日照会影响到生长在庭院中的各种植物，要了解太阳在一天当中及一年当中于不同季节时的运动规律，以此确定日照最充足和不足的地带，进行合理的功能分区，并选择不同习性的植物。

8. 通风

通风是进行庭院景观设计时需要考虑的重要的气候因素（图 1-37），风比日照更富有变化，要了解设计项目所在城市的主导风向，以及由周边的建筑及环境所构成的小气候。我国大部分地区在冬季的主导风向是西北风，在夏季的主导风向是东南风，所以在冬季需要防风设施来阻挡西风或西北风，而在夏季则需要引导东南风吹入室外空间。

每一个庭院景观设计都要尊重基地的地区性和特殊性，明确各种设计要素的可行性，从而从根本上提高居住环境的质量，增加设计的趣味性和吸引力。

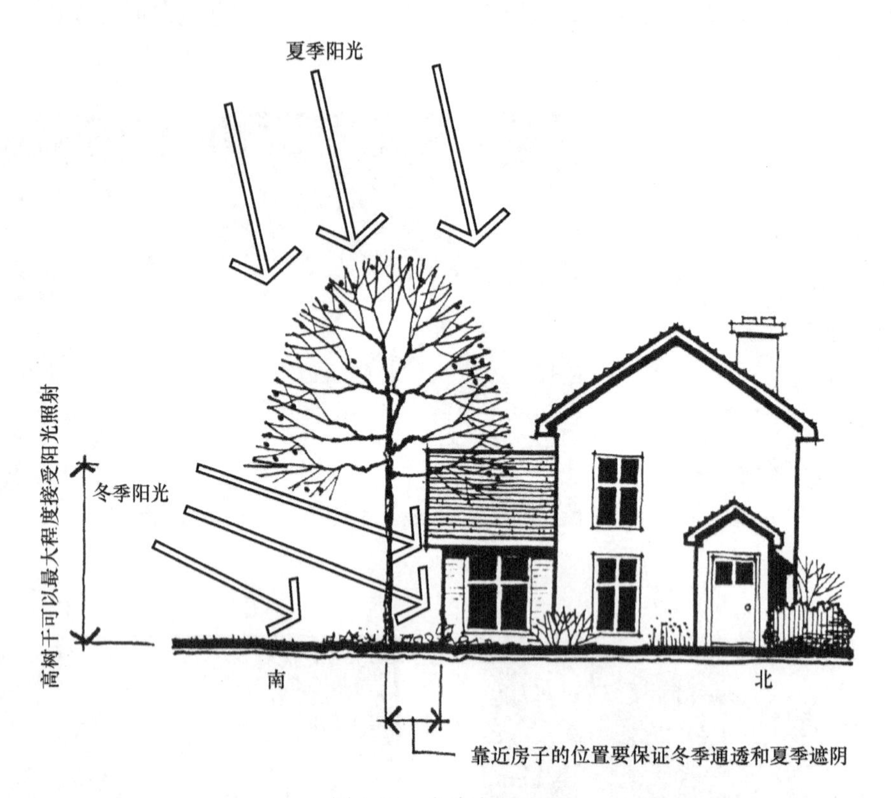

图 1-36　庭院中的日照

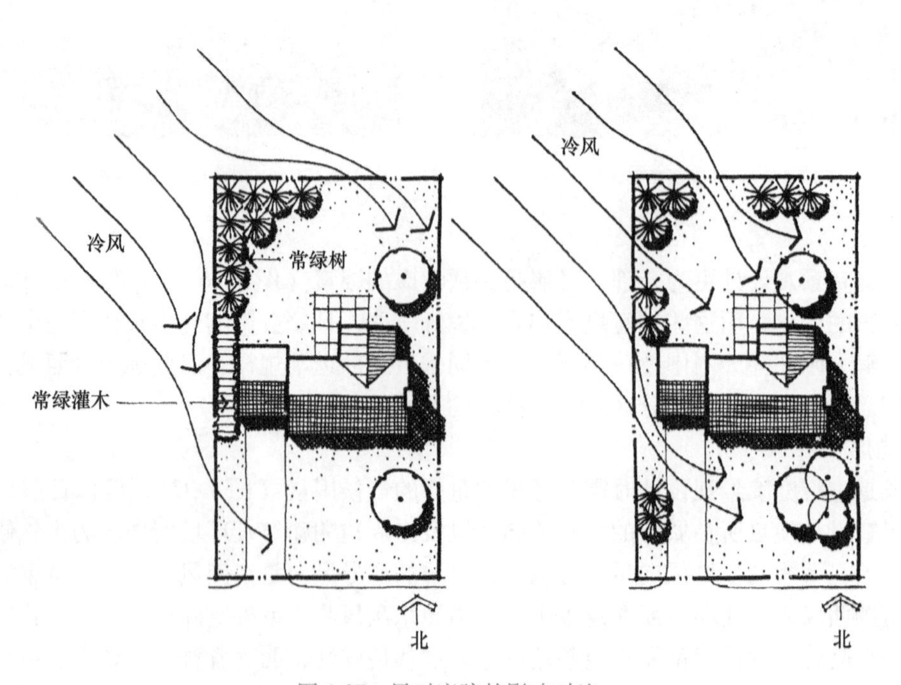

图 1-37　风对庭院的影响对比

1.2　形式构成与空间构成

设计的基本形式：平面构成

1.2.1　形式构成（平面构成）

在具体的庭院景观设计中，形式构成和空间构成是庭院景观设计由概念设计到初步设计的重要环节，是学习庭院景观设计的基础。在其他类型的景观设计中，如广场景观设计、口袋公园等小尺度景观设计，形式构成和空间构成也是十分重要的，在学习庭院景观设计之初，同学们需要掌握基本的设计美学和法则。形式是对二维空间而言的，通常可以理解为景观的平面设计（图 1-38）；而空间是指三维空间，在庭院景观设计里通常指竖向设计（图 1-39）。

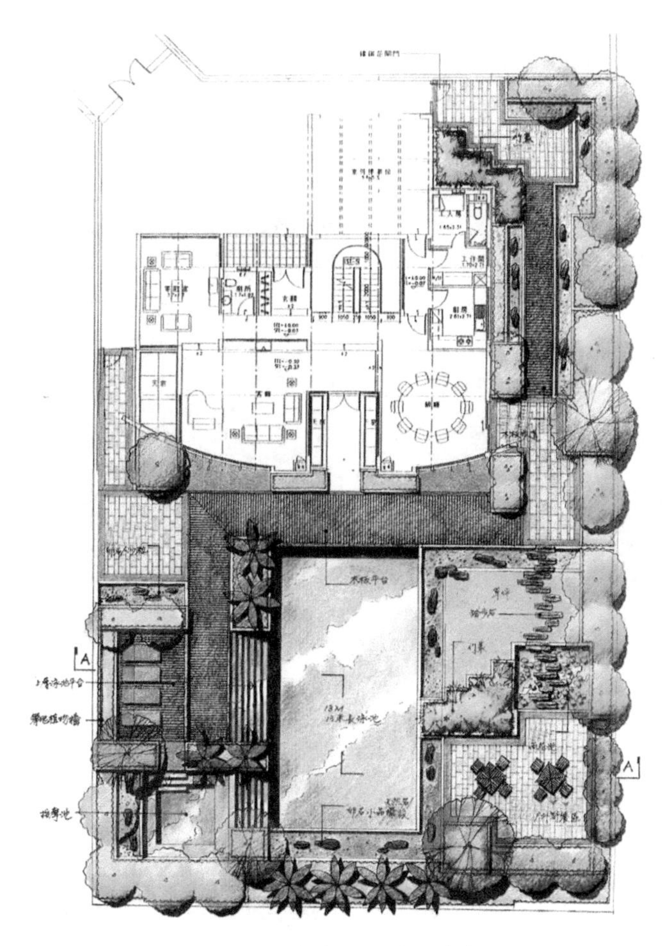

图 1-38　庭院景观平面设计

在实际设计中或庭院景观设计学习中，形式构成和空间构成要综合考虑，不能将二者割裂开来。

空间是指环境中的中空部分，若要形成空间，需要由各种元素边界围合形成三维的空处或空洞（图 1-40）。比如建筑中由地板、墙面、顶棚所围合的空间（图 1-41～图 1-43）。

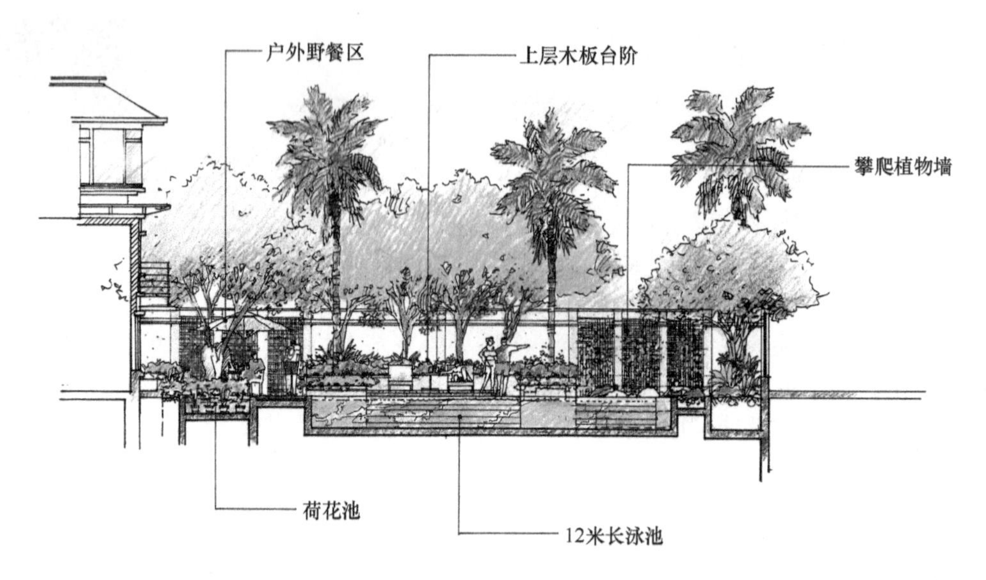

图 1-39　庭院景观竖向设计

图 1-40　器物的空间

图 1-41　室内空间

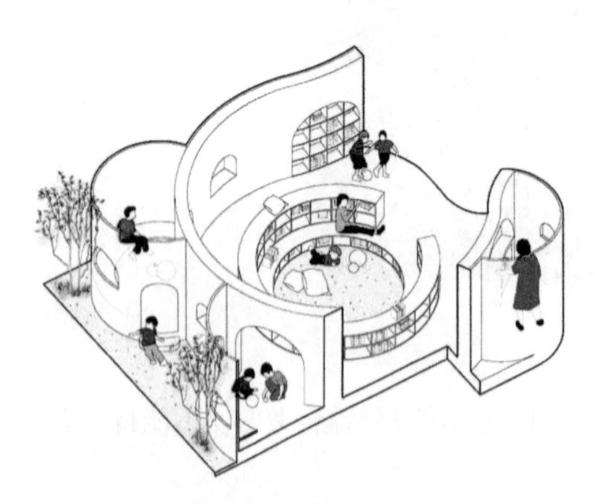

图 1-42　墙体围合空间

图 1-43　植物围合空间

在庭院景观设计中，空间这个概念通常会被忽略，而习惯于把景观空间形容成建筑、树木等有形物体的集合体而非空间本身。事实上，景观空间同样可以看成是由地面、灌木、围墙、栅栏、遮蔽物、树冠等环境中的有形元素围成的空间。理解这一点非常重要，因为庭院景观设计中的空间是由入口空间、娱乐空间、生活空间、用餐空间等空间组成的。成功的庭院景观设计体现在各功能空间有一种围合限定的感觉（图 1-44），缺乏围合限定的空间会使使用者感到不便或不舒服（图 1-45）。

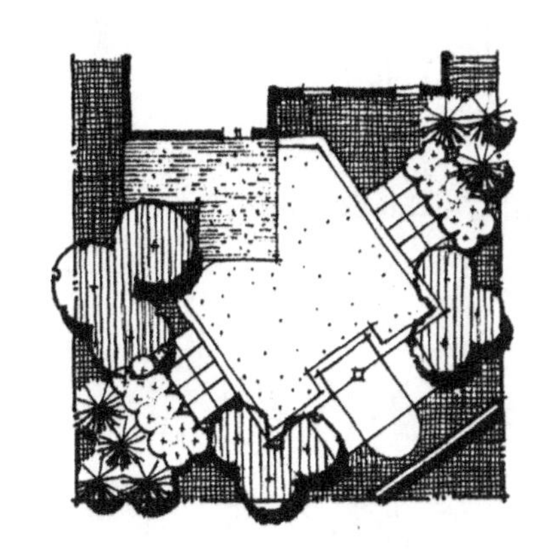

图 1-44　有围合限定的空间

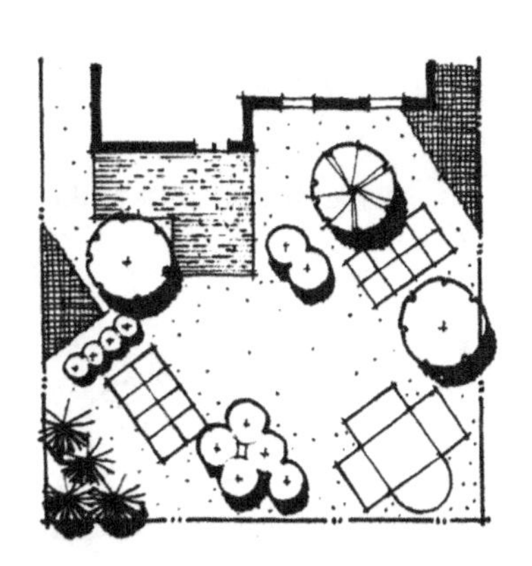

图 1-45　缺乏围合限定的空间

1. 设计形式的主题

庭院景观设计中形式的主题有很多，几何形状的形式主题是最为常见的，以几何形状形式主题为代表的形式构成是设计过程中的关键一步，它直接影响着空间的美观。虽然在庭院景观设计中，平面形式是和功能紧密结合的，但判断一个庭院景观设计作品是否优秀，人们会快速且主观地取决于由形式构成所形成的视觉感受。

圆形、矩形、角形，给人以美感，所以绝大多数的庭院景观形式主题是基于这几种形状之间的成功组合（图 1-46）。一般将庭院景观形式主题归纳为圆形主题、矩形主题、角形主题等类型。此外，还包括自然形式主题等。

图 1-46　庭院景观形式主题的基本形状

2. 形式组合的参考原则

当两个或更多的形式组合在一起时，应注意构成形式的各部分之间建立的一种关系，这里有四条基本的关于形式组合的参考原则：各部分对齐、避免锐角、确保形式的可识别性、要突出形式主体（图 1-47）。

通过图 1-47 中的对比可以看出，当遵循了形式组合的参考原则时，所形成的平面构图更具有美观性，在实际设计中需要更加灵活地进行运用。

（1）圆形主题

主要由圆形或圆的一部分构成的设计称为圆形主题，圆形主题又分为叠加圆主题和同心圆主题两种。

1）叠加圆主题。做叠加圆主题时，圆的大小宜多样化，并建议其中的一个圆通过靠近的另一个圆的圆心，这样做的目的是为了提高识别性，并且避免出现锐角（图 1-48）。

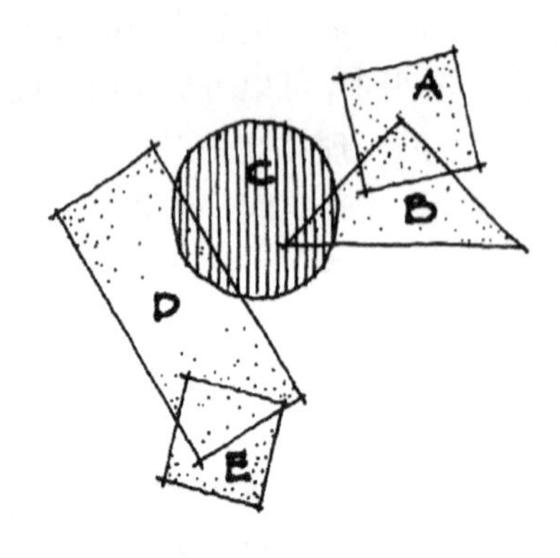

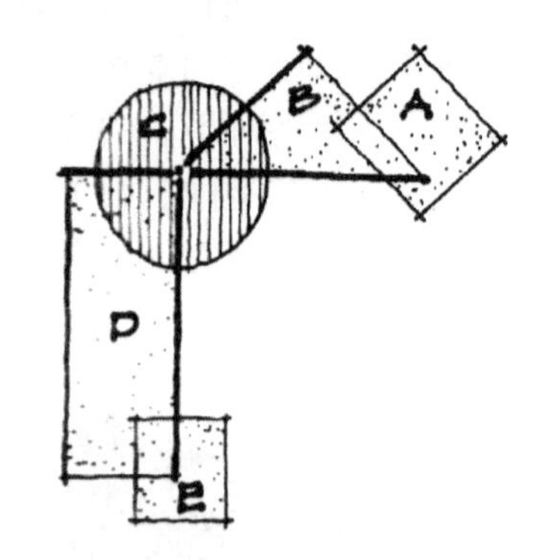

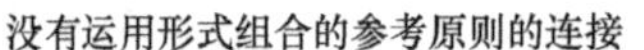
没有运用形式组合的参考原则的连接

运用了形式组合的参考原则的连接

图 1-47　是否运用形式组合的参考原则的对比

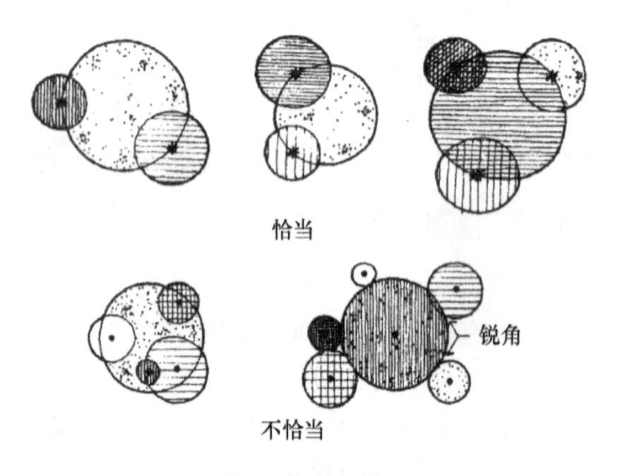

图 1-48　叠加圆主题的对比

叠加圆主题的特点是提供了相互联系而又区分明确的各个部分，同时圆的特性有多个朝向，能确保设计有良好的景观视线（图 1-49）。

2）同心圆主题。同心圆是一种强有力的构图形式，公共圆心是注意力的焦点，所有的半径和半径延长线均由此点发出，同心圆主题构成的多种变化，可以通过变换半径和半径延长线以及旋转角度来实现。同心圆主题能为人们观赏周围景观提供全景式的视线（图 1-50）。

（2）矩形主题

矩形主题一般由正方形形体和矩形形体组成，所有的形式和线条之间呈 90°，这种主题可以设计得很正式，也可以轻松随意。矩形主题通常与建筑的各边平行，以此来加强建筑的矩形布局，尤其是室外空间作为室内空间的延伸时，矩形主题往往较为适合，因为它能在建筑和周围环境之间起到纽带作用，一般适用于平坦场地，也适用于坡地（图 1-51、图 1-52）。

（3）角形主题

角形主题是由一系列角线组成的，形成一个具有视觉冲击力的形式构成（图 1-53），这种设计极具动感，但如果把握不好会使构图显得凌乱。

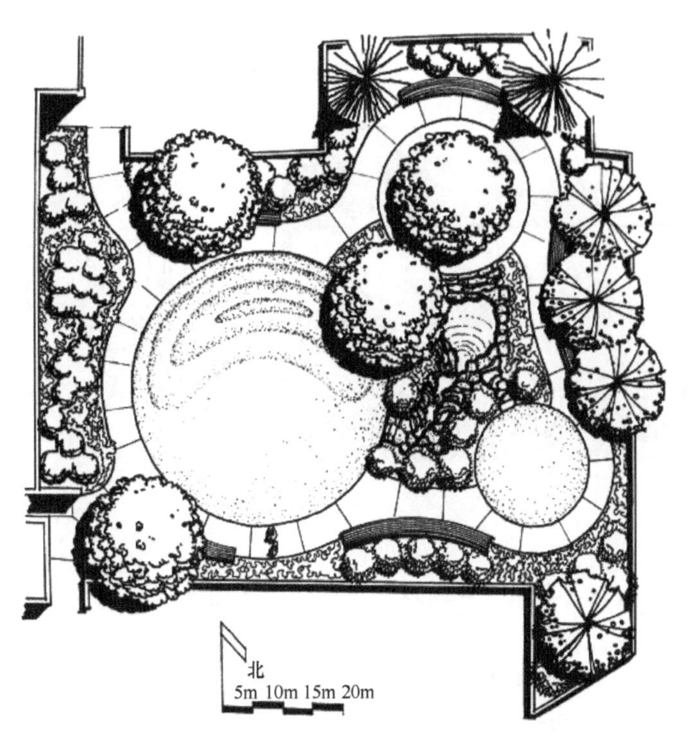

图 1-49　叠加圆主题

图 1-50　两个同心圆主题

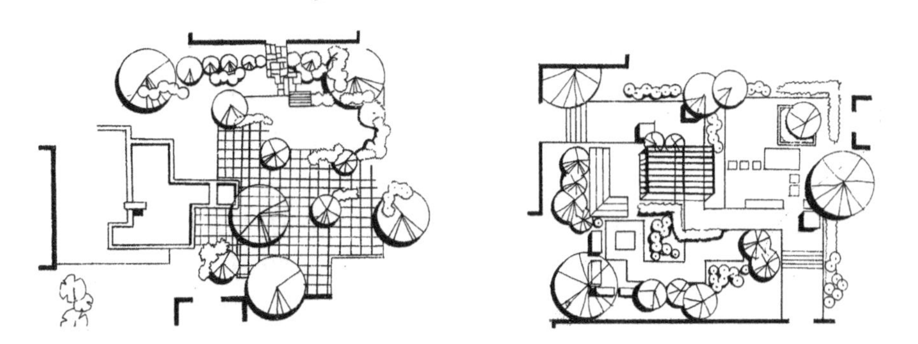

图 1-51　两个矩形主题

图 1-52　有地形高差的矩形主题

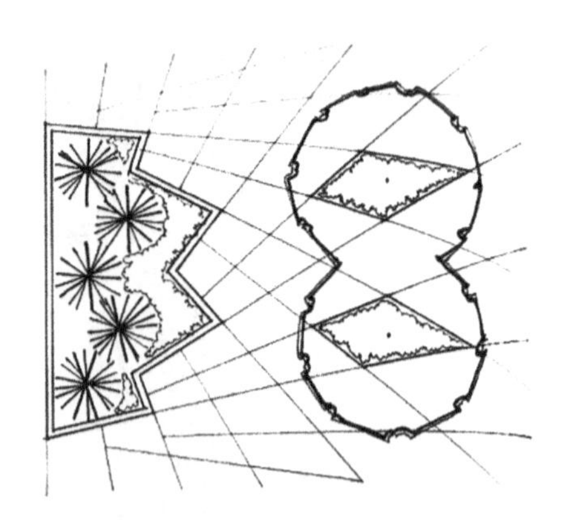

图 1-53　角形主题

（4）斜线主题

斜线主题可以认为是与建筑或场地呈一定角度倾斜的矩形主题，斜线主题的倾斜角度虽然有多种选择，但建议选择 60°或 45°，因为这两种角度与方形结构和圆形结构能很好地衔接，并且有助于减少锐角。斜线主题倾斜的布局有利于减轻窄小空间的局促感，使得场地看起来更加宽敞；同时，由于对采光和通风的需要，斜线主题的应用往往可以提升空间的效能（图 1-54、图 1-55）。

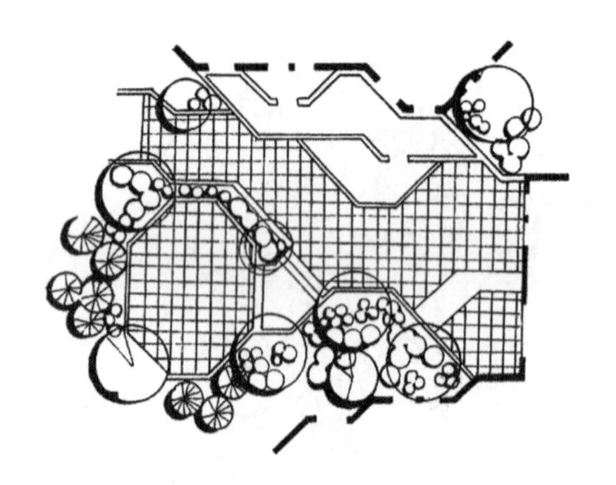

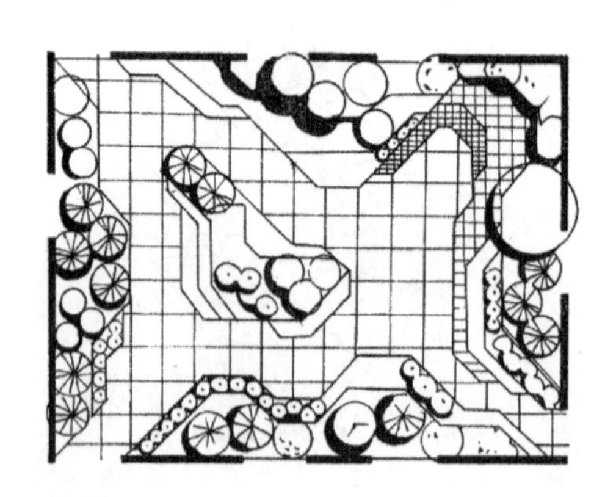

图 1-54　两个斜线主题

（5）圆弧切线主题

圆弧切线主题来源于两种主题的结合：直线主题具有结构感，而曲线主题具有柔软感和流动感，两者之间能很好地搭配在一起。这一主题的设计需要仔细确定形式构成中的哪个部分或哪个线条需要圆弧来柔化角度，从而得到美观的视觉效果（图 1-56）。

（6）曲线主题

曲线主题是很常见的形式主题，常常被认为是自然形式的代名词，但事实上，曲线主题的设计也是需要经过严格的人工设计来完成的（图 1-57）。曲线主题运用了不同大小的圆和椭圆的轮廓来构成整个形式，从而形成平滑而连续的过渡。以曲线为形式主题时，曲线之间的交接线应做成 90°，并尽量避免出现锐角。

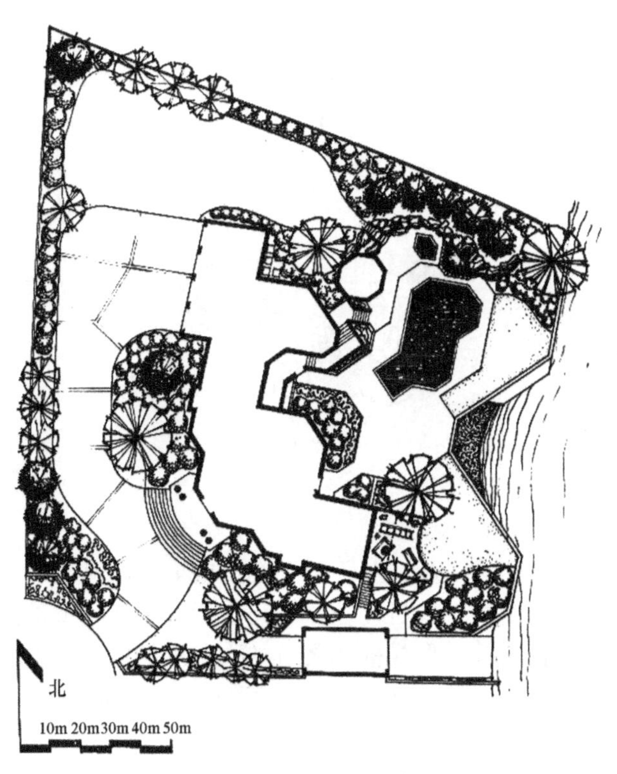

图 1-55　某斜线主题建筑

图 1-56　两个圆弧切线主题

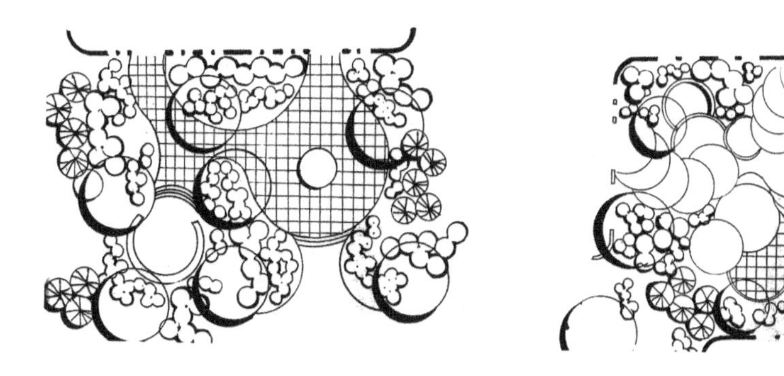

图 1-57　两个曲线主题

（7）椭圆主题

椭圆主题可视为圆形主题的一种变形，既可以单独使用也可以组合使用，用于圆形主题的设计原则对于椭圆主题一样适用（图 1-58）。

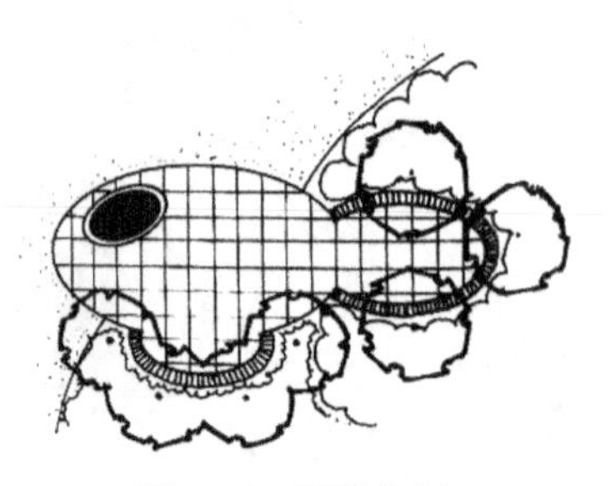

图 1-58 椭圆主题

1.2.2 空间构成

设计的基本形式：空间构成

形式构成只是初步设计的第一步，对于一个完整的庭院景观设计，形式设计只是对设计进行了必要的二维研究，并未完全考虑室外环境的空间体验，在正式设计时需要在二维的形式构成之后加入三维的因素，考虑总体空间如何形成。空间一般由三部分构成：基面、垂直面、顶面。

1. 基面

室外空间的基面或地面支撑着室外环境中的所有活动和基面元素，人们在上面行走、奔跑、工作和娱乐，基面受到最多的直接使用和磨损，基地中频繁使用的区域要铺上硬质铺地材料；不常使用的区域则用软质表面铺地，如草坪、地被植物等。

在空间构成中，可以通过对基面的改造形成不同的空间区域，营造丰富的竖向景观。轮廓清晰且色彩与质感同背景有对比的基面，可从背景中限定出一个空间范围；抬高或降低基面可增强限定感，限定感的强弱、视觉的联系程度与基面的高度变化有关（图 1-59）。

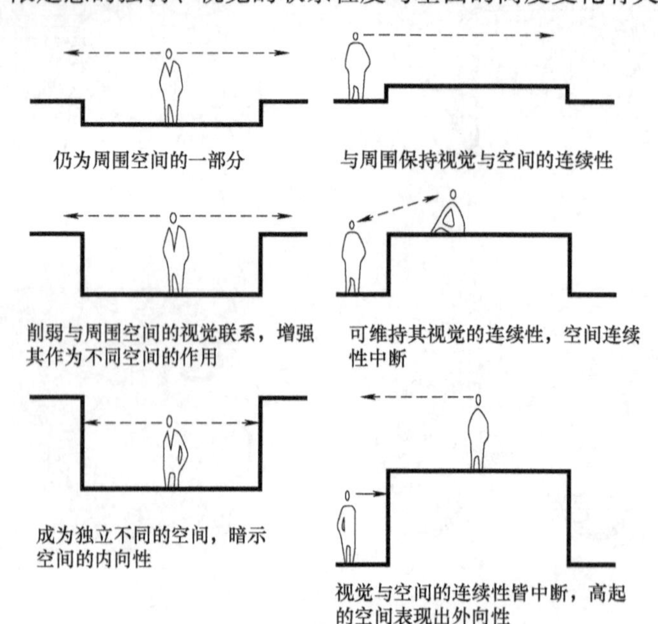

图 1-59 高度变化形成不同的空间感受

（1）平坦的地形

平坦的地形可以创造一种开阔空旷的感觉，人的视线不受影响，但是由于缺乏三维空间的限定，平坦的地形没有私密性，更没有可降低噪声及能够遮风避雨的屏障（图 1-60、图 1-61）。另外，平坦的地形也是相对而言的，为了提高场地表面的排水能力，进行地形设计时，需要将场地表面逐渐向下设置不小于 1%的坡度；进行道路设计时，也要考虑单面坡或双面坡，使雨水能够尽快从人行道和车行道上排出。设计坡度应为 1%～8%，大于 8%的坡度应设置为台阶式。

图 1-60　平坦的地形（一）

图 1-61　平坦的地形（二）

（2）凸地形

与平坦的地形相比，凸地形是一种具有动态感的地形，能使人产生尊崇感，在景观设计中可作为焦点物或具有支配地位的要素（图 1-62、图 1-63）。同时，凸地形还对环境中的小气候具有明显的调节作用，例如在冬季，凸地形可以阻挡刮向场地的寒风，从而使其更加温暖。

图 1-62　凸地形（一）

图 1-63　凸地形（二）

（3）凹地形

凹地形在景观中可称为洼地或下沉地形，凹地形是一个具有内向性的不受外界干扰的空间，通常给人一种分割的封闭感和私密感（图 1-64）。同时，凹地形自身就是一个排水区，可以利用凹地形的这一功能作水池或蓄水池来使用。

总之，在庭院景观设计中，不借由其他元素仅就地形而言就可以利用地形的起伏，起到

图 1-64　凹地形营造的私密空间

分割空间限定场地的作用。同时，通过竖向尺度和人体尺度的关系，还可以起到控制视线的作用，比如借景或遮蔽等。此外，通过地形的变化可以改善小气候，地形还具有其他的美学功能。所以，如何塑造地形，是庭院景观设计首要考虑的因素，它直接影响着景观的外观和功能，影响着植物的选用和分布，也影响着场地水体及墙体等诸多因素。

2. 垂直面

垂直面在视觉上比基面更活跃，是限定空间并给人以围合感的重要手段。它自身的造型形式以及面上的开口控制着空间内外之间视觉上的连续性，同时也是构成体量的重要元素（图 1-65）。

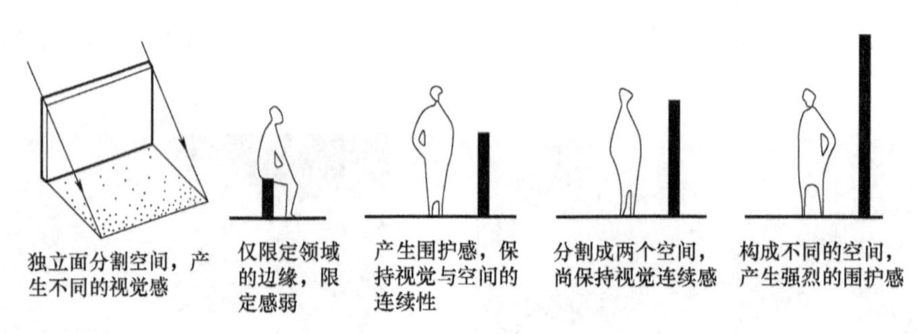

图 1-65　不同高度的垂直面给人的空间感受

垂直面一般由围墙、栅栏、树木、灌木、坡地地形等元素所建立，在景观中最主要的作用是围合界定的空间边界，并把相邻的空间隔离开。垂直面可以用来引导或者阻挡视线，其本身的质感也影响到使用者对空间的感受。垂直面按影响人们视线的程度分为三种类型：实体边界、半透明边界、透明边界。

（1）实体边界

实体边界是指景墙、栅栏或密植的常绿树等不可看穿的物体，这种边界可用于完全分隔或提供私密空间（图 1-66、图 1-67）。

（2）半透明边界

半透明边界是指由木格栅、竹子或乔木等材料组成的边界，视线可以部分穿透边界，它保持了一定程度的开放度，又提供了一种围合的感觉（图 1-68、图 1-69）。

图 1-66　围墙形成的实体边界

图 1-67　密植的常绿树形成的实体边界

图 1-68　矮墙形成的半透明边界

图 1-69　竹子形成的半透明边界

（3）透明边界

透明边界的视线完全开敞，视线可以毫无遮挡地到达设计指定的区域，这种边界可以由缓坡或数量较少的台阶来实现（图 1-70、图 1-71）。

图 1-70　台阶形成的透明边界（一）

图 1-71　台阶形成的透明边界（二）

除了景观构筑物以外，植物是空间构成中的一个非常重要的应用元素，由于它们是有生命的元素，在选择和安置上需要特别注意，除了结合当地的环境因素（光照、通风、降雨量、土壤特性等）外，植物作为景观边界来选择时，可以通过形态来进行分类，可分为落叶植物、针叶常绿植物、阔叶常绿植物。

落叶植物有明显的迹象变化，在夏季较热的月份能带来阴影，在冬季较冷的月份又不遮挡光线，形成透明边界（图 1-72）。

针叶常绿植物可用于遮蔽不好的视线和阻挡冷风的侵袭，可以成组栽植作为景观背景，形成一种实体边界（图 1-73）。

图 1-72　落叶植物形成的透明边界

图 1-73　针叶常绿植物形成的实体边界

阔叶常绿植物的叶子与落叶树接近，但是整年保留着树叶，在作为垂直面的元素时可提供一个层次丰富且富有变化的景观背景（图 1-74）。

图 1-74　阔叶常绿植物可形成层次丰富的景观背景

3. 顶面

顶面与基面之间构成的空间形式，由顶面自身的形状、尺寸及其与基面的距离决定。顶面的变化对人的空间视觉和心理感受有重要的影响（图 1-75）。

景观中的顶面，如廊架、张拉膜、景观亭、树冠等（图 1-76 ~ 图 1-78），都可以成为空间的顶面。景观中的顶面一般用于使用较为频繁的地方，提供遮阳、避雨等功能，同时结合不同的基面和垂直面，可形成各种各样或私密或开敞的空间效果。

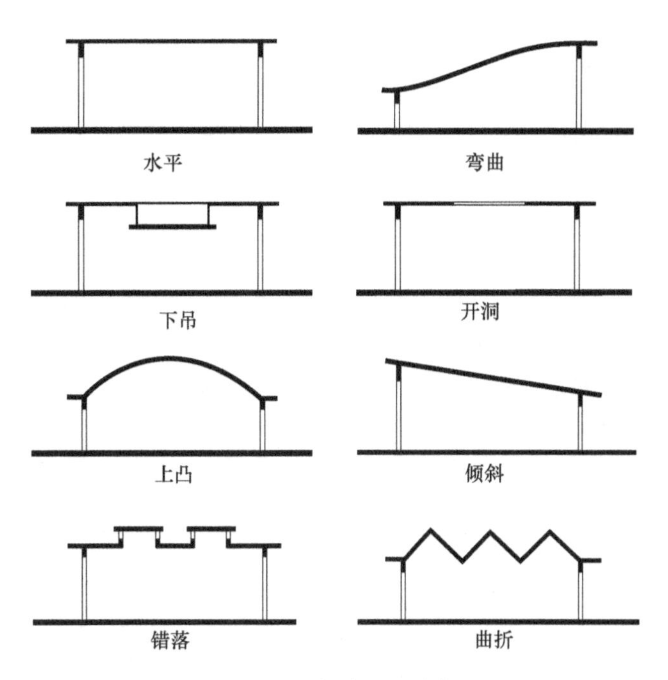

图 1-75 各种顶面形式

图 1-76 单面廊的顶面

图 1-77 张拉膜顶面

图 1-78 景观亭顶面

总之，与室内空间相比，室外空间的边界没有很严格的限定，有时很难发觉室外空间的结束和另一个空间的开始，但由于设计元素的多样性，室外空间富有戏剧性的变化，也更为吸引人。理解了景观的基面、垂直面和顶面之后，再合理地运用各种设计元素，就可以设计出功能良好且又迷人的室外景观效果。

1.3 设计过程与方法

设计过程是指将设计想法和理念，落实到实际项目中的过程。在实际工程中，设计过程包括：基地调研和准备阶段、基地现状分析阶段、初步设计阶段、深化设计阶段、扩大初步设计阶段、施工图设计阶段、施工配合阶段、养护管理阶段等。本节主要围绕前四个阶段展开介绍。

1.3.1 基地调研和准备阶段

基地调研和准备阶段是设计的第一步，也是非常重要的一个环节，尤其是针对庭院景观设计相对个性化的特点而言，了解基地的环境背景、使用者的需求等，对最终设计的成功与否尤为重要。在课程设计中建议同学们在学习时以项目模拟的形式以小组为单位，互为业主，来模拟庭院景观设计的真实场景，良好的沟通能力不仅是学业成功的关键，更是未来职场竞争的必备技能。在基地调研和准备阶段，应该获得业主的家庭成员、年龄、职业、需求爱好及预算等信息。

在这一阶段有一项重要的工作就是对场地进行测绘。在课程设计过程中，可以寻找一块真实的场地（例如校园中的小超市周围，或是小型办公楼的周边环境等）进行测绘，这样有助于对真实环境的了解和后期对基地现状的分析（图 1-79）。

图 1-79　现场测绘

在进行正式的庭院景观设计基地调研和准备前，应寻找场地的建筑平面图，并证实图纸的正确性。如果没有现存的图纸或者图纸不全，就必须测绘庭院并绘制成图（图 1-80）。通过测绘可以获得场地的地形信息，同时得到场地现存的信息，如现状交通情况、现有场地的

特质、视线情况、需要保留的乔木和灌木、会影响道路走向的地质情况等。测绘时注意建筑到设计红线的距离并拍摄现状照片。

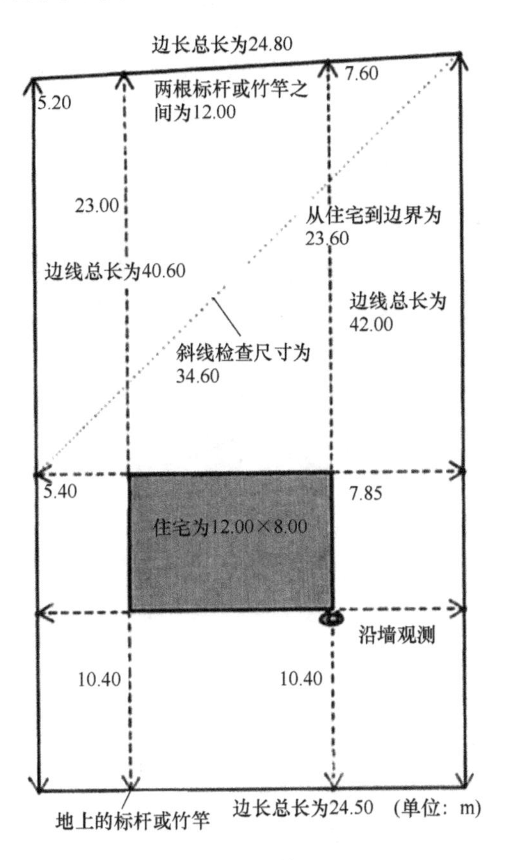

图 1-80　测绘数据记录

1.3.2　基地现状分析阶段

基地现状分析是对上一阶段调研和资料收集所得到的信息进行评估，分析判断其中的有利因素和不利因素，分析设计如何适应这些条件。这些分析是进行庭院初步设计的前提和基础。基地现状分析的内容包括：

1）基地区位分析。制作基地区位分析图时可以将基地放在一个更宏大的背景当中，分析其位置及交通情况，以及周边的建筑性质、用地性质等，以便进一步分析有利和不利的环境情况，作为后续设计的依据（图 1-81、图 1-82）。

2）交通分析。分析场地主要的车行与人行交通，包括庭院外部与庭院内部的交通分析，庭院主要出入口和建筑主要出入口的交通分析（图 1-83）。

3）视线分析。主要分析建筑的出入口以及建筑内各个房间的功能及开窗视线与庭院环境之间的视线关系，庭院入口及外部看向庭院及建筑的视线关系，以及需要引导和遮挡的视线关系（图 1-84）。

4）场地分析。主要分析场地的日照情况、主导风向、场地内排水、地形等。关于场地分析图的内容及设计策略的画法，可参考图 1-85、图 1-86 的形式。

图 1-81　基地区位分析图

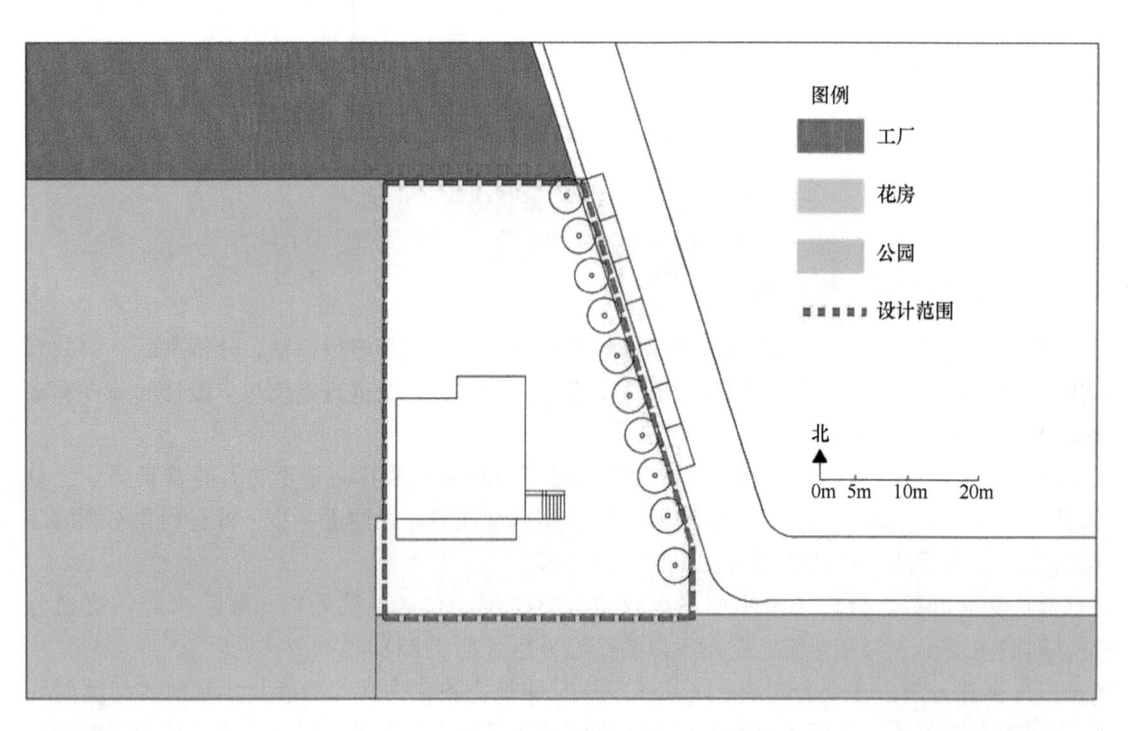

图 1-82　设计范围及周边的建筑性质、用地性质

5）其他分析。分析场地现有植物的种植情况、建筑风格、建筑外立面的色彩和材质等。

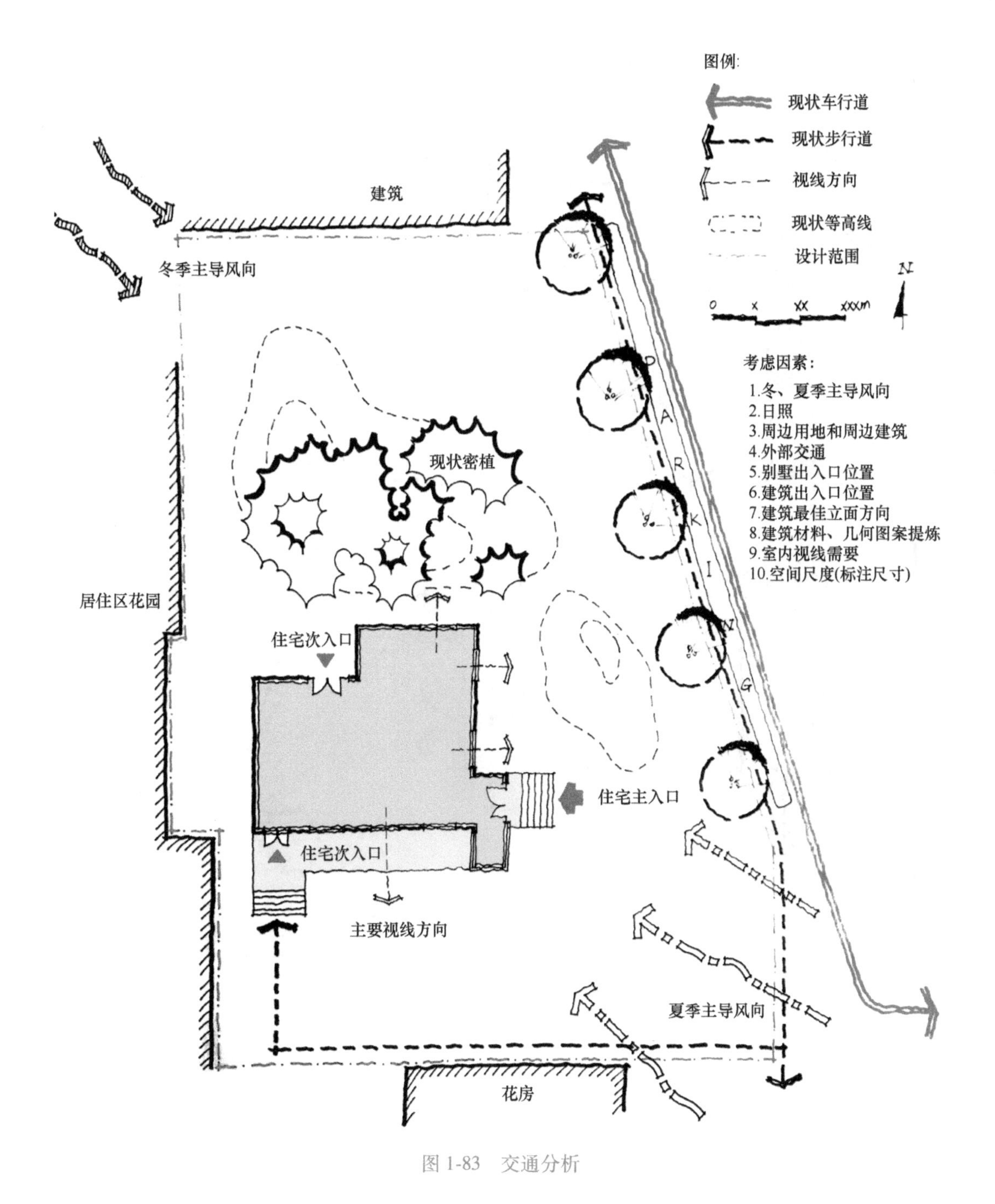

图 1-83　交通分析

6）总结。通过以上分析，总结出现状基地各区位的机遇与限制，即有利条件与不利条件，并绘制成表格，同时可依据这些有利条件与不利条件提出自己的设计策略。

基地现状分析阶段的图样既可以分别画在不同的图纸上，也可以将内容合并后画在 1~2 张图纸上。在绘制分析图时，需先将绘制好的现状图按比例打印出纸质图，用草图纸附在上面进行图纸分析。在绘制分析图时，为了清晰地表达设计思路，便于沟通交流，有些常用图形符号需要有所了解。

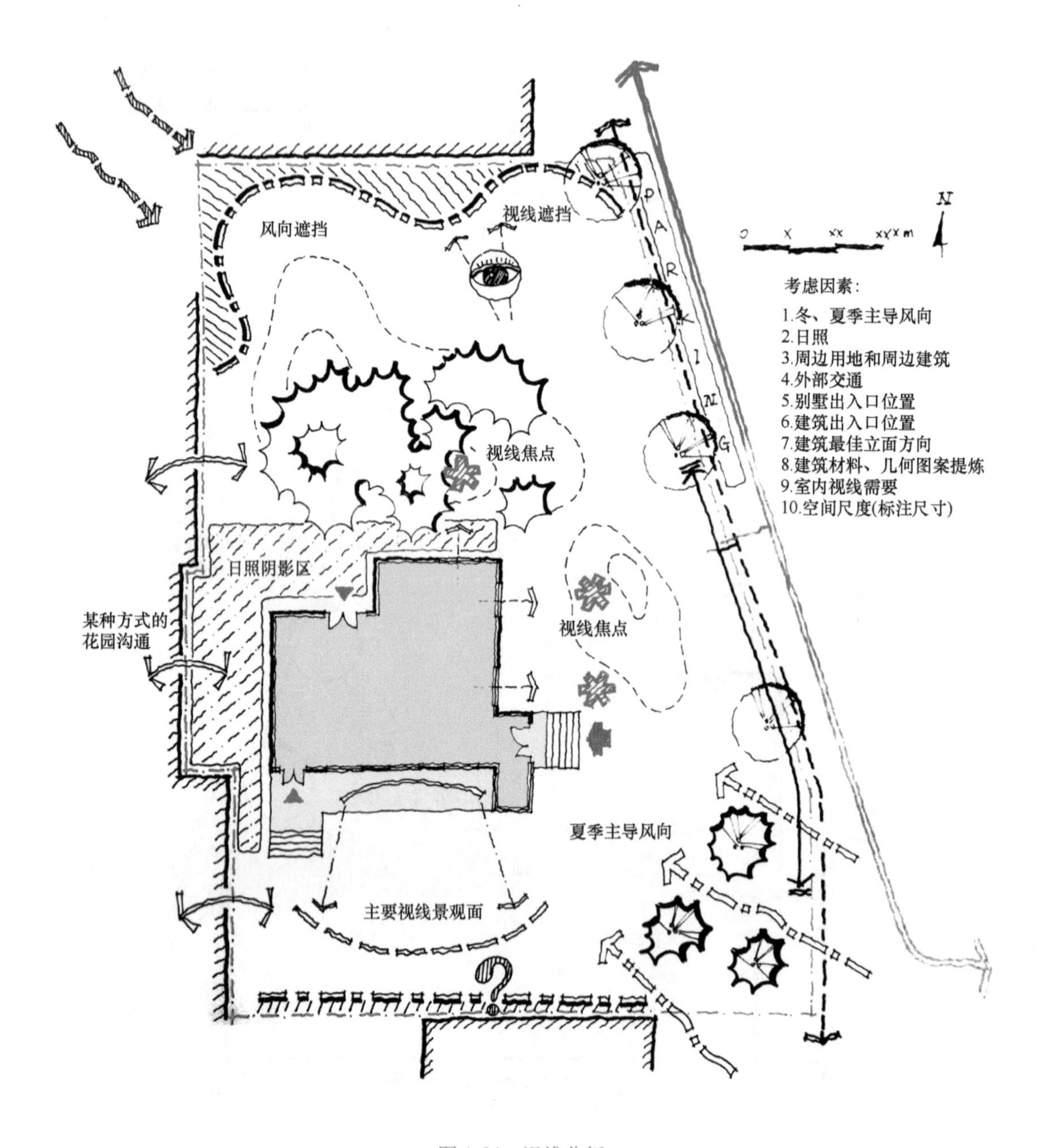

图 1-84　视线分析

1）气泡符号：用来表明场地的轮廓边界。绘制时不能随意勾勒，要通过比例尺来大致估算它的尺寸及比例（图 1-87）。

2）交通分析符号：通过变换线形的粗细和颜色，来表达主要交通流线和次要交通流线（图 1-88）。

3）焦点符号：米字形的符号表示视线焦点，通过其大小和颜色的变化，来确定主要景观节点及次要景观节点（图 1-89）。

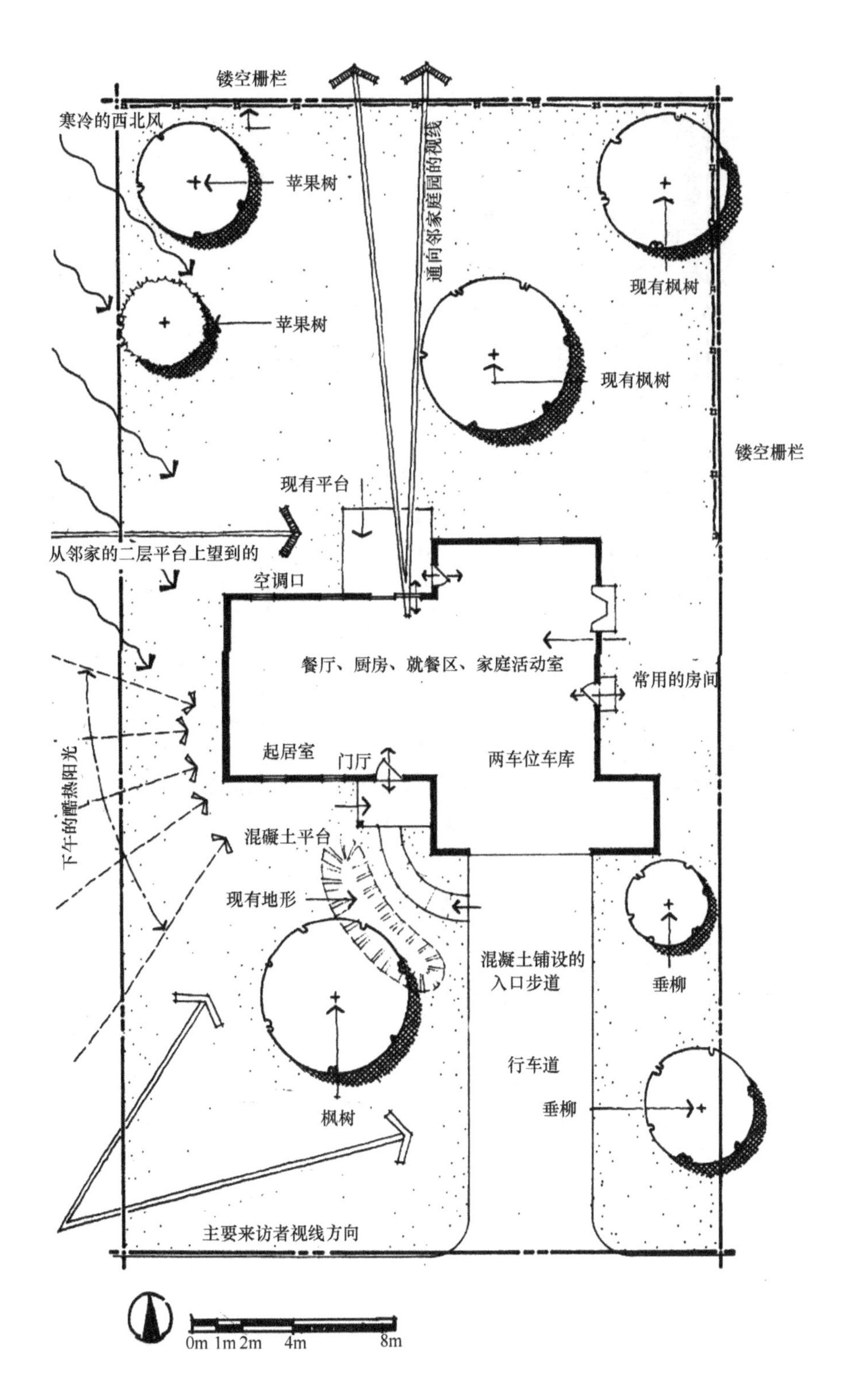

镂空栅栏
寒冷的西北风
苹果树
通向邻家庭园的视线
现有枫树
苹果树
现有枫树
镂空栅栏
现有平台
从邻家的二层平台上望到的
空调口
餐厅、厨房、就餐区、家庭活动室
常用的房间
下午的酷热阳光
起居室
门厅
两车位车库
混凝土平台
现有地形
混凝土铺设的
入口步道
垂柳
枫树
行车道
垂柳
主要来访者视线方向
0m 1m 2m 4m 8m

图 1-85　场地分析（一）

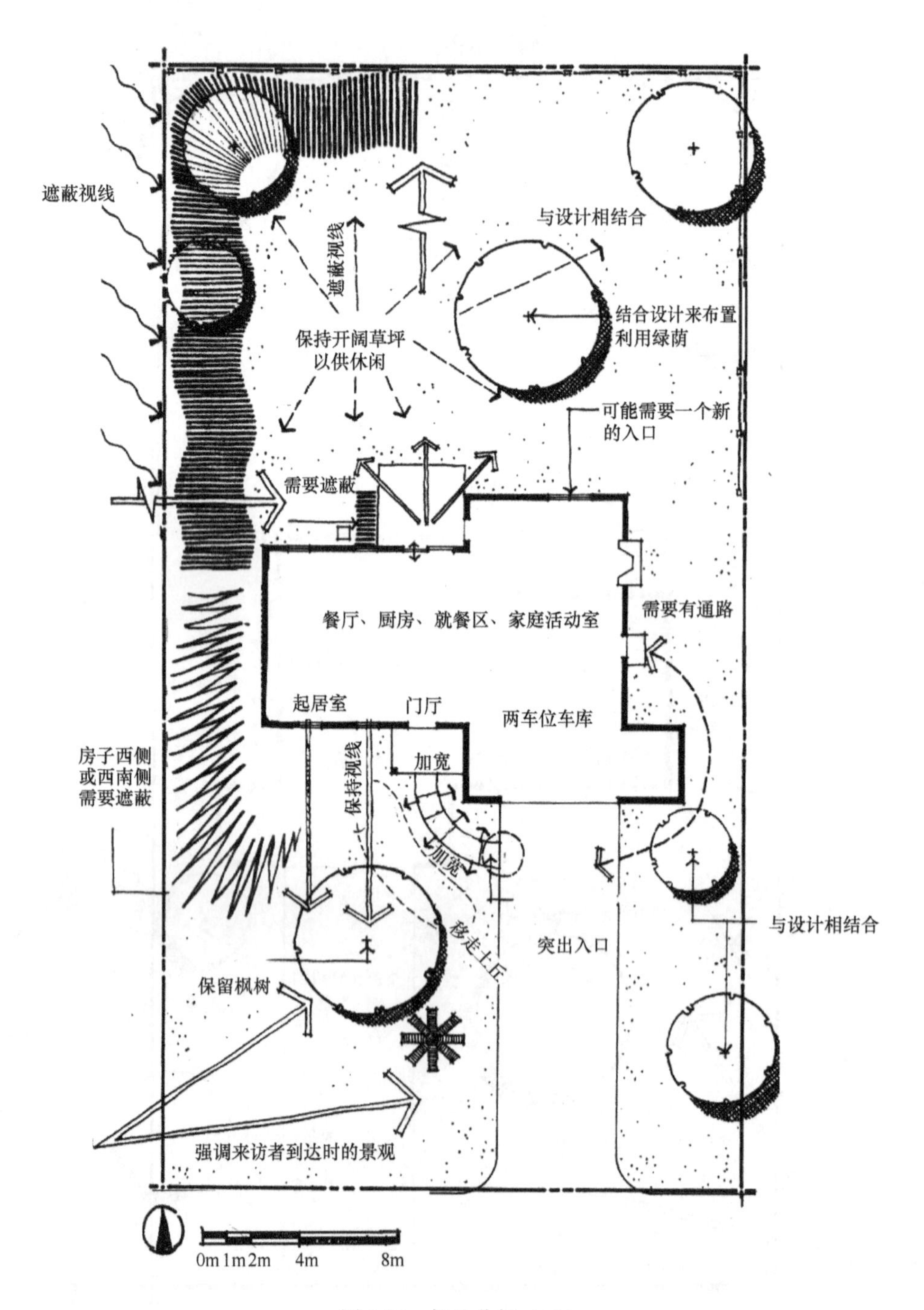

图 1-86　场地分析（二）

4）遮蔽符号：通过密集排线或绘制 Z 字形的折线来表现视线或景物的遮蔽效果，以便在后续设计中通过植物、地形、景观构筑物等进行视线遮蔽（图 1-90）。

另外，还可以通过各种箭头符号来表示视线分析、通道和主要日照及通风方向等（图 1-91）。

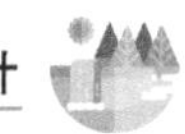

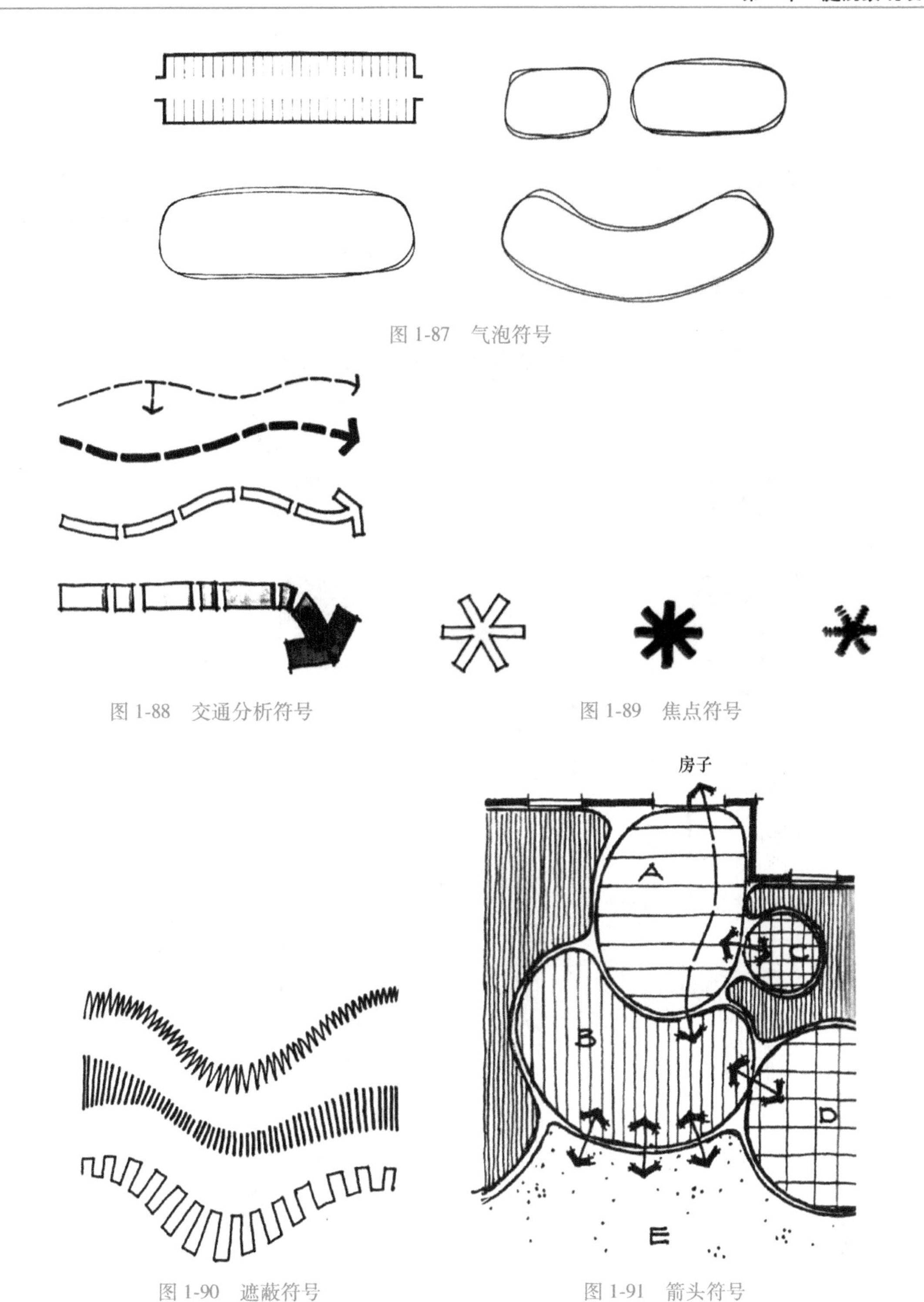

图 1-87　气泡符号

图 1-88　交通分析符号

图 1-89　焦点符号

图 1-90　遮蔽符号

图 1-91　箭头符号

1.3.3　初步设计阶段

初步设计阶段，需要在前期的基地现状分析的基础之上提出设计概念和设计策略，同时初步确定平面图的基本形式和竖向设计的内容。在这一环节中最重要的内容是绘制功能图解。功能图解是用许多气泡符号形象地表示出元素之间与基地现状的关系，其目的是以功能为基础，做一个粗线条的概念性的布局设计，为设计提供一个组织结构，作为后续设计的基础。在这一阶段不考虑具体的外形和审美因素，一般徒手绘制草图即可。

一般初学者在初步设计阶段常犯的错误就是一拿到设计任务就在平面图上画很具体的形式构成和设计元素，太早关注过多的细节会忽略一些重要的功能因素。功能图解中相关的功能因素有：区域的大小、位置、比例、轮廓，区域的内部划分、边界，交通流线，视线，焦点，竖向变化等（图 1-92）。

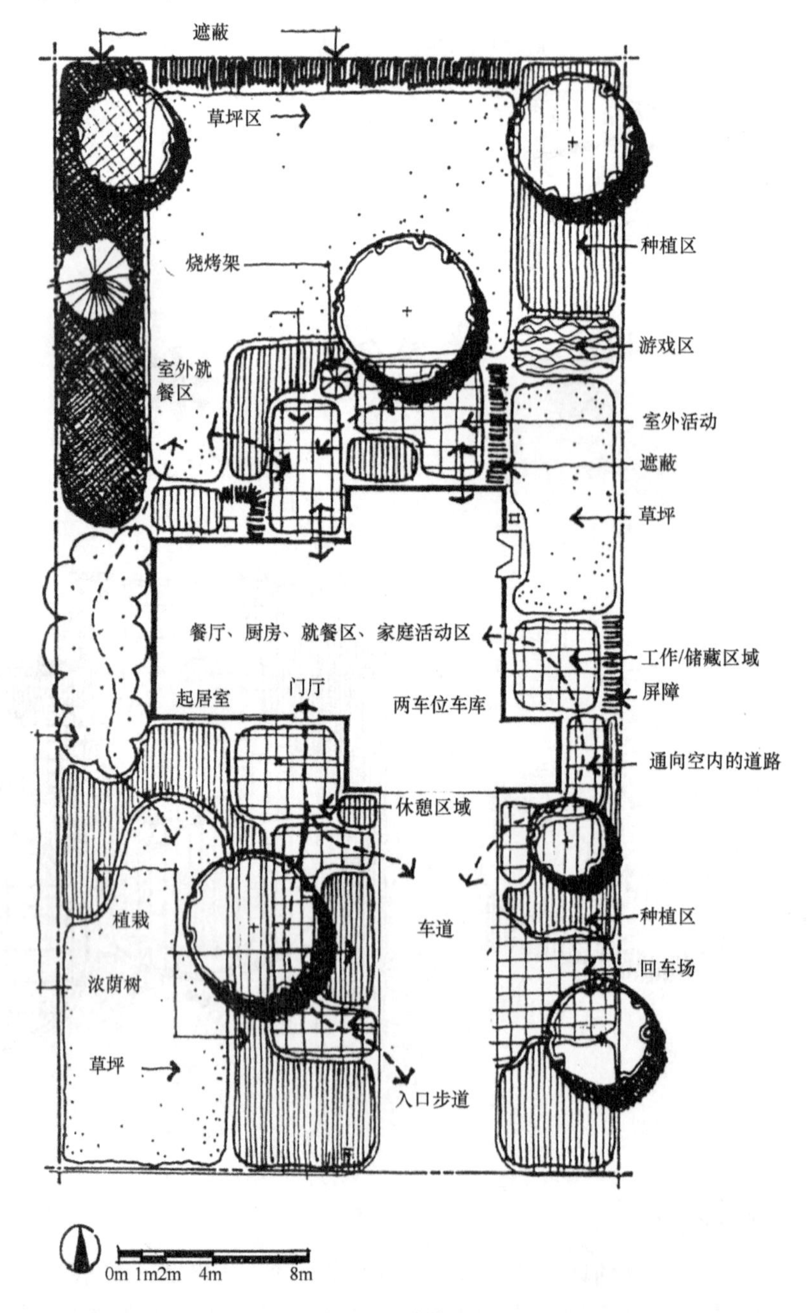

图 1-92　功能图解

需注意的是，在完成的功能图解中，所有的基地区域都应该有气泡符号或其他符号（图 1-93），而不应该在各气泡符号中留有空白区域或孔洞（图 1-94），这样的空白区域或孔洞就变成了没有赋予功能的空地，即便是草坪区域或硬质铺装区域也应用气泡符号加以说明。

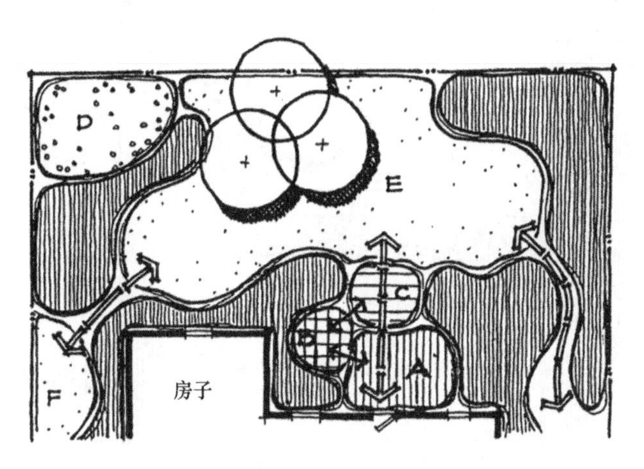

图 1-93　正确的功能图解示意

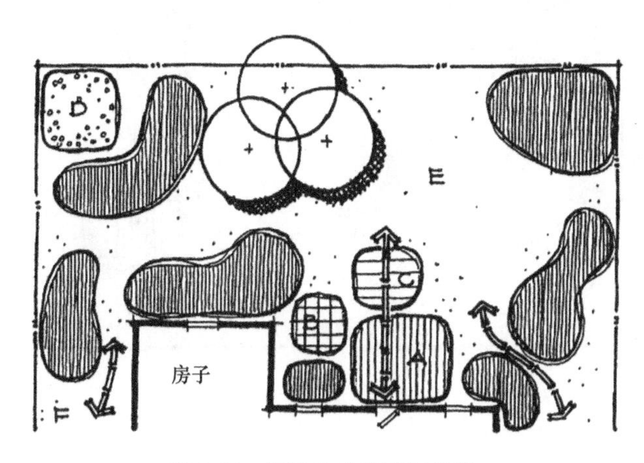

图 1-94　错误的功能图解示意

在完成的功能图解上放一张描图纸就可以开始初步设计了。在进行初步设计时，可能会对一些细节进行修改和调整，这个过程需要用到第 1.2 节和第 1.4 节的知识。为了训练设计能力，也可以考虑多做几个设计方案。在实际工程中，这一阶段也是修改和调整最多的阶段。

当初步设计阶段完成后，可以对比几个方案，筛选最优方案进行深入设计（图 1-95~图 1-97）。

1.3.4　深化设计阶段

通过初步设计阶段得到了最优方案，即可以开始进行深化设计了。这一阶段的主要工作是确定硬质铺装的铺装样式，以及铺地及构筑物的材料、色彩等（图 1-98、图 1-99）。一个打动人心的庭院景观设计主要体现在上述这些对细节的处理上，同样的设计形式通过不同的材料运用，可以营造出完全不同的景观效果。这一阶段可以制作庭院工程物料清单，见表 1-2。

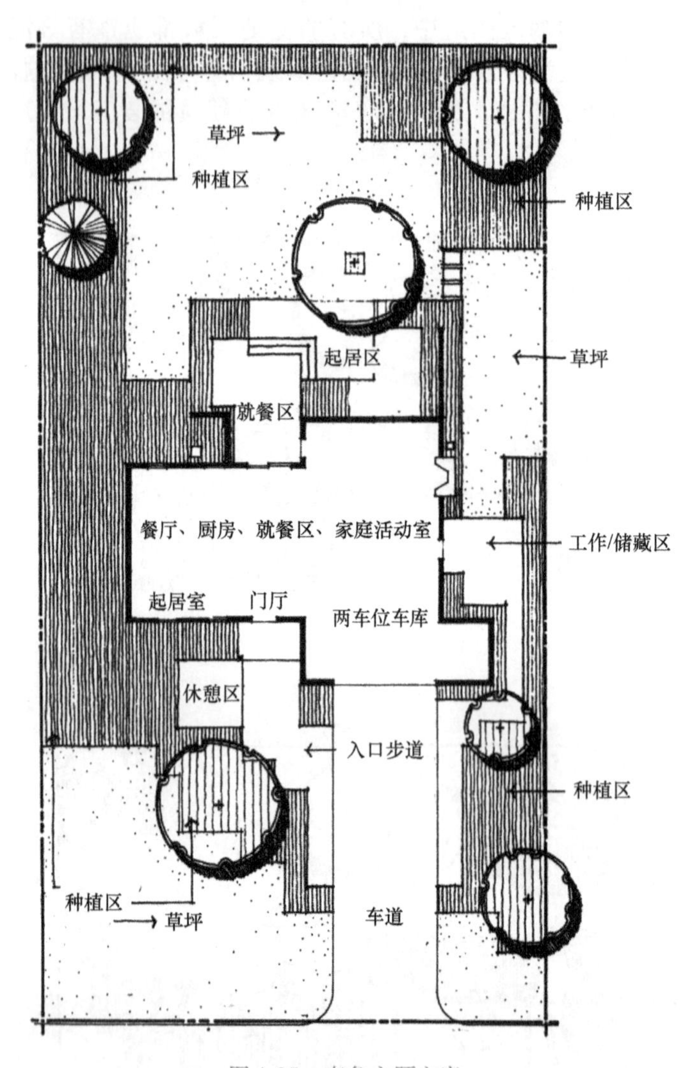

图 1-95　直角主题方案

表 1-2　某庭院景观工程物料清单

序号	材料		颜色	规格	应用范围
1	花岗岩	烧毛面	红色、灰色、黑色	多种规格及碎拼	道路、铺装、小品
		抛光面	灰色	500mm×150mm×50mm	小广场
		剁斧面	红色、灰色	多种规格	路缘石、台阶、嵌草道路、小品
		自然面	红色、灰色	不规则	
2	青石板		深绿色	300mm×150mm×30mm、碎拼	道路、铺装
3	板岩		黑绿色	30mm 厚碎拼	道路
4	混凝土砌块砖		红色、黄色、蓝色	200mm×100mm×60mm	铺装
5	卵石		自然色、黑色	30~50mm	道路、铺装
			自然色	60~80mm	道路
			自然色	150~250mm	水系池底

（续）

序号	材料	颜色	规格	应用范围
6	防腐木	木本色	多种规格	铺地、桥、亭
7	自然石	—	—	水系、绿地中
8	玻璃纤维增强混凝土	仿自然石	—	主假山
9	其他	—	—	—

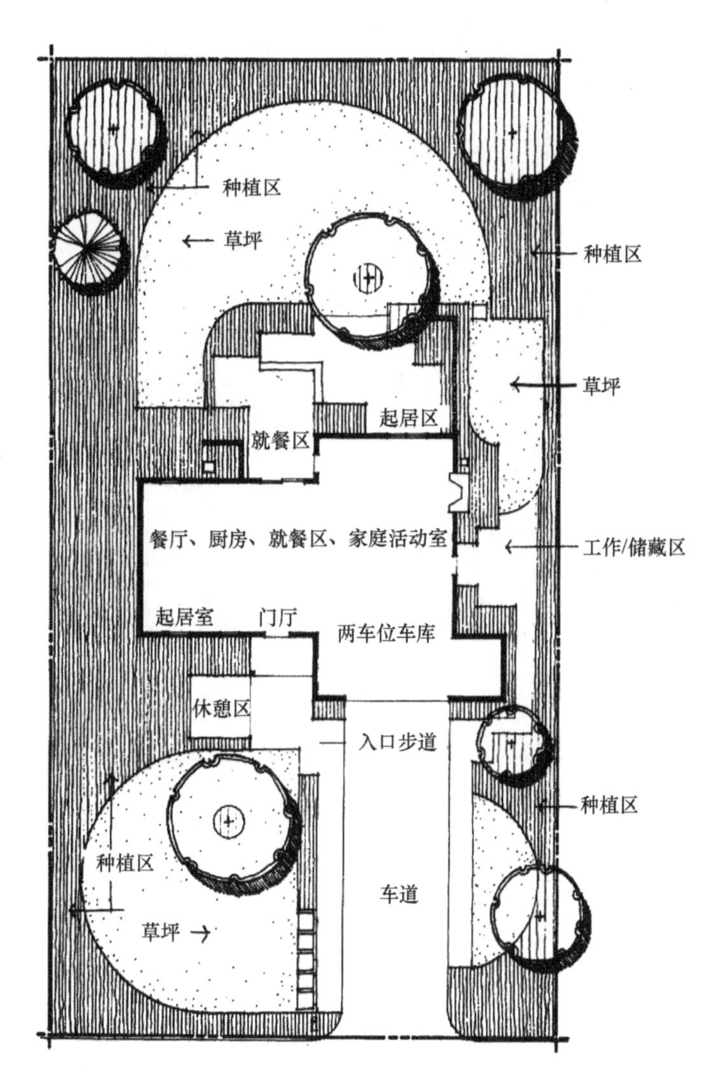

图 1-96　半圆主题方案

同时，深化设计阶段需要确定庭院景观设计中所栽植物的种类、数量、规格等，并绘制苗木表（表 1-3）。最后，绘制完整的庭院景观设计总平面图（图 1-100），并用彩色铅笔和马克笔进行上色处理（图 1-101），也可以用计算机进行平面图的渲染，注意要完成重要节点的剖面图的绘制。

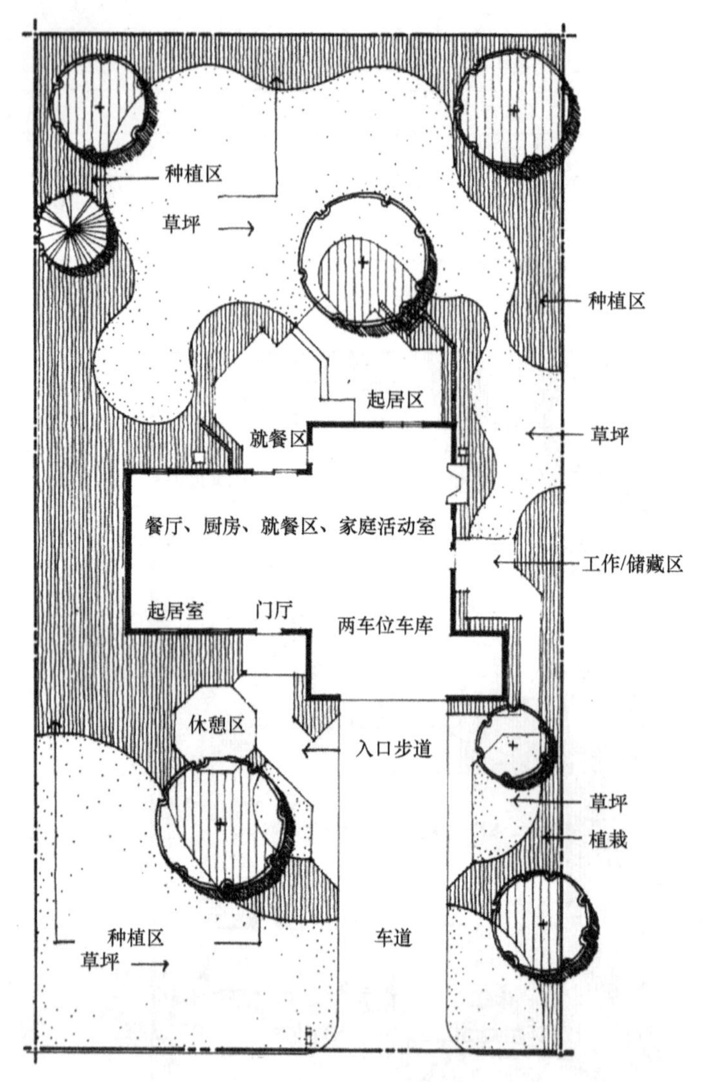

图 1-97　曲线主题方案

表 1-3　某庭院景观工程苗木表

序号	名称	规格			单位	数量	备注
		高度/cm	冠幅/cm	胸径/cm			
常绿乔木和小乔木							
1	香樟 1	500~700	450~550	24~26	株	1	全冠，五级分枝以上，树形端正（特殊场合形态依据实际情况选择树形），分枝点高度 1.5~2.0m
	香樟 2	500~700	350~450	14~16	株	1	全冠，三级分枝以上，树形端正（特殊场合形态依据实际情况选择树形），分枝点高度 1.5~2.0m
2	红果冬青	700~900	450~550	20~22	株	1	全冠，三级分枝以上，树形端正（特殊场合形态依据实际情况选择树形），分枝点高度 2.2~3.5m

（续）

序号	名称	规格			单位	数量	备注
		高度/cm	冠幅/cm	胸径/cm			
3	木莲	500~700	300~450	12~14	株	1	全冠，三级分枝以上，树形端正，分枝点高度 1.5~2.0m
4	大叶女贞	500~700	300~450	12~14	株	1	全冠，三级分枝以上，树形端正，分枝点高度 1.5~2.0m
5	桂花（丛生/单杆）	550~600	450~500	—	株	1	全冠，低分枝，树形端正（特殊场合形态依据实际情况选择树形）
		350~400	300~350	—	株	1	全冠，低分枝，树形端正（特殊场合形态依据实际情况选择树形）
		300~350	250~300	—	株	1	全冠，低分枝，树形端正（特殊场合形态依据实际境况选择树形）
6	橘树	350~400	350~400	10~12	株	1	全冠，三级分枝以上，树冠平展、端正，分枝点高度 0.8~1.2m
7	香橼树	450~550	400~450	14~16	株	1	全冠，三级分枝以上，树冠平展、端正，分枝点高度 1.5~2.0m
8	冬红山茶	200~250	180~220	—	株	1	全冠，三级分枝以上，树冠平展、端正，分枝点高度 0.8~1.2m
9	枇杷	450~550	300~450	12~14	株	1	全冠，三级分枝以上，树冠平展、端正，分枝点高度 1.2~1.5m
10	深山含笑	500~700	350~450	14~16	株	1	全冠，三级分枝以上，树冠平展、端正，分枝点高度 1.5~1.8m

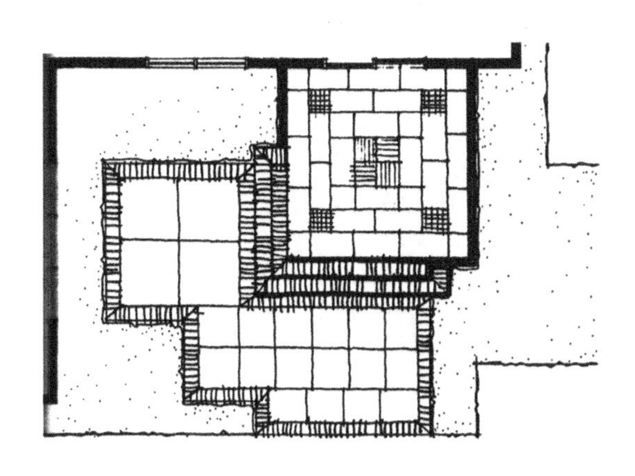

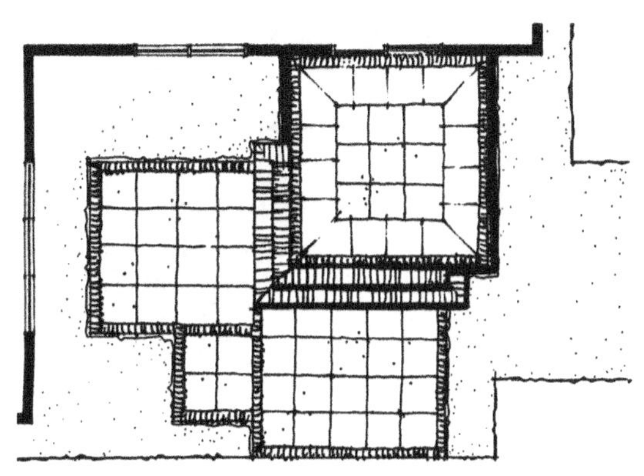

图 1-98　铺装设计

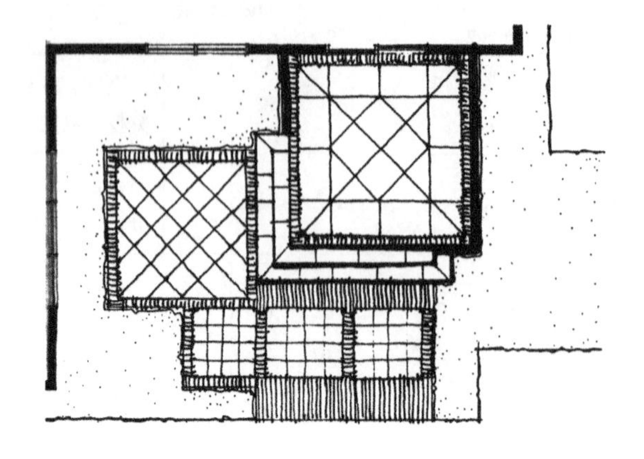

图 1-98　铺装设计（续）

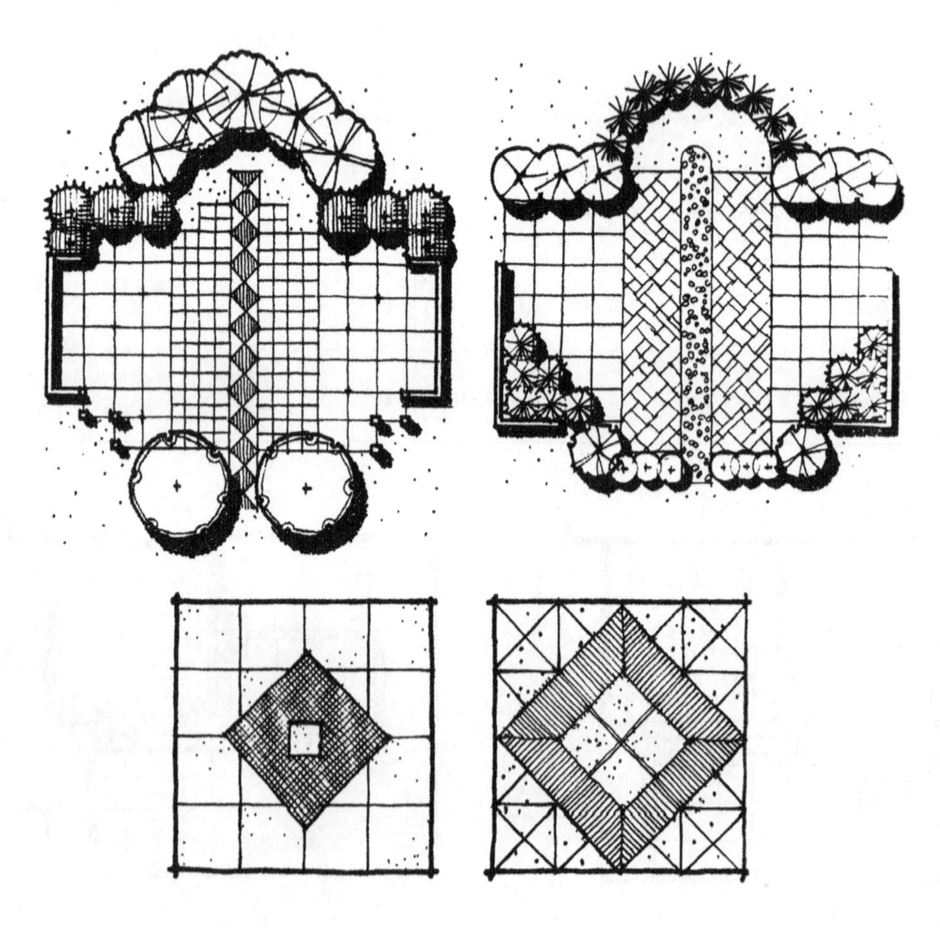

图 1-99　不同材质的铺装设计

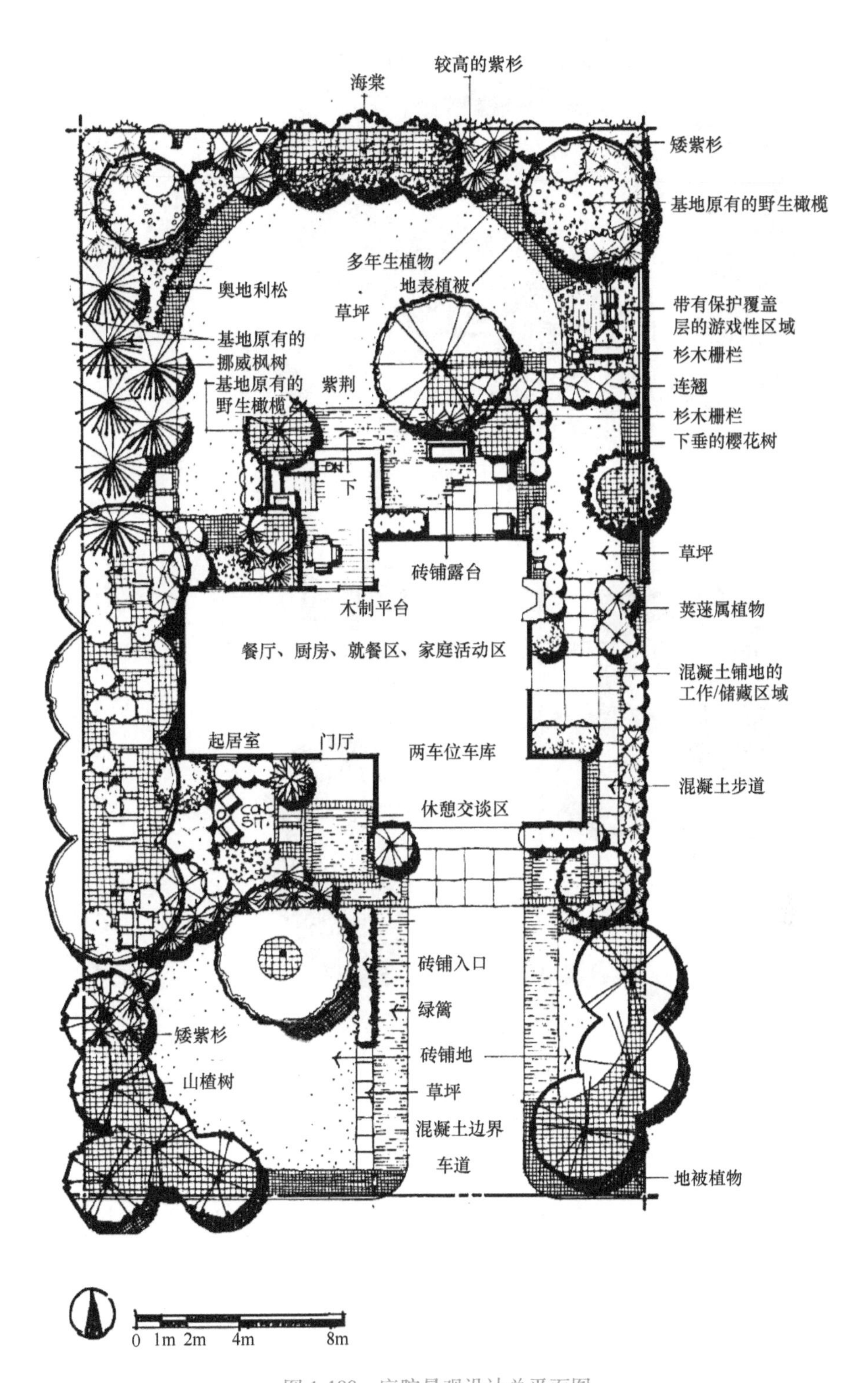

图 1-100 庭院景观设计总平面图

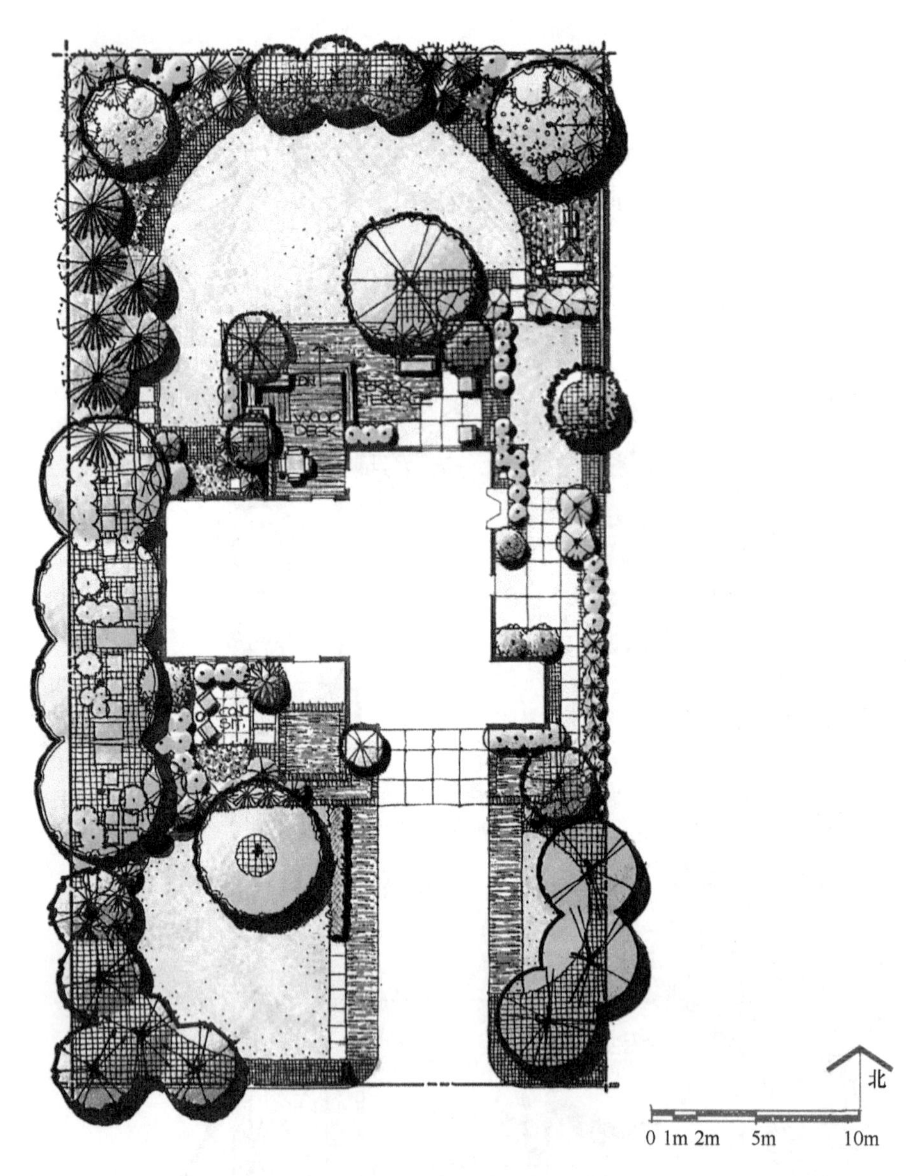

图 1-101　彩色铅笔上色平面图

1.3.5　设计过程案例分析

前面介绍了形式构成、空间构成和设计的过程，以下通过一个案例来了解完整的庭院景观设计的设计过程。完成设计方案的方法和途径有很多，最终的目的都是达到功能和形式的有机融合，本案例仅是设计中的一种尝试，供学习者参考和借鉴。

1. 形式构成设计

这一过程可以理解为形式的准备过程。在了解了本案例的基础信息后，不要急于开始设计的构思，而是要设计或参考几个形式构成的图案，目的是为后续的方案设计提供一些形式上的灵感与思路（图 1-102、图 1-103）。

图 1-102　圆形主题形式构成

图 1-103　斜线主题形式构成

2. 功能图解绘制

功能图解的绘制过程在 1.3.3 节中已进行说明，从基地现状分析到 SWOT（优势、劣势、机会与挑战）总结，并结合设计功能的考量而得到的功能图解，这是一个理性分析的过程，要严格按照设计逻辑进行理性的推导，而不需要考虑形式的问题（图 1-104）。

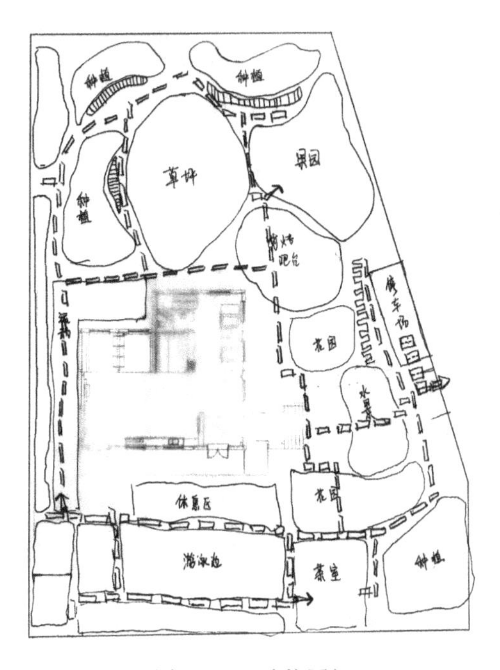

图 1-104　功能图解

3. 功能图解与形式构成相结合

首先，将前面做的形式构成图形与打印出的场地 CAD 底图相结合，方法是将底图中红线范围内除建筑部分的空间剪掉，呈镂空状态，再把形式构成图形置于底图下（图 1-105）。其次，将绘制完成的功能图解（半透明草图纸）覆盖在刚才的图纸上，要注意按设计红线对齐。这样，就得到了功能图解与形式构成相结合的效果（图 1-106）。

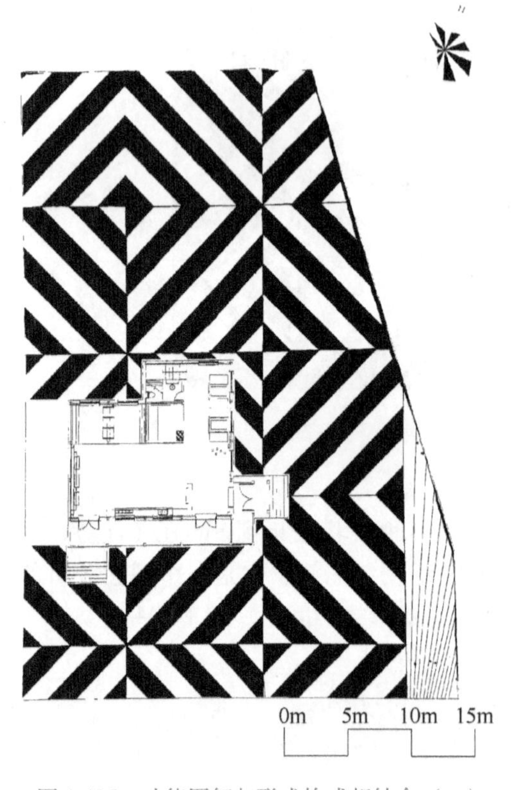

图 1-105　功能图解与形式构成相结合（一）

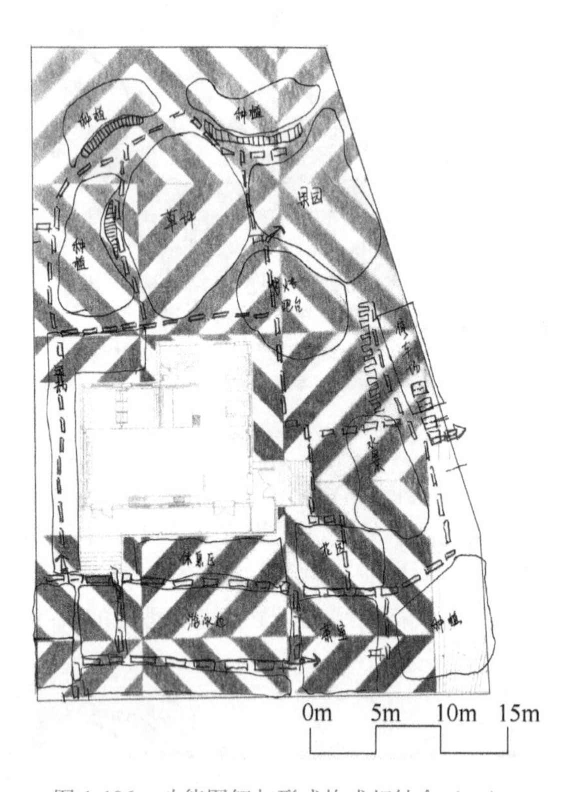

图 1-106　功能图解与形式构成相结合（二）

4. 草图方案设计

准备一张新的草图纸附于之前的图纸上，就可以开始推敲草图方案了，直到草图方案设计完成（图 1-107、图 1-108）。用这种方式可以设计出很多新颖的庭院景观设计形式（图 1-109、图 1-110）。

5. 方案深化

草图方案设计完成以后即可开始进行方案深化。这时，有两种方案深化方式：一种方式是将手绘完成的草图方案放大（例如 A2 大小），再在放大的图样上进一步深化设计细节（图 1-111）；另一种方式则是将手绘完成的草图方案扫描后插入 CAD 地形文件中，利用 CAD 软件进行深化设计，形成最终的方案平面图。

手绘图纸完成后可用马克笔手绘上色（图 1-112、图 1-113），CAD 图形可导入 Photoshop 进行填色处理。

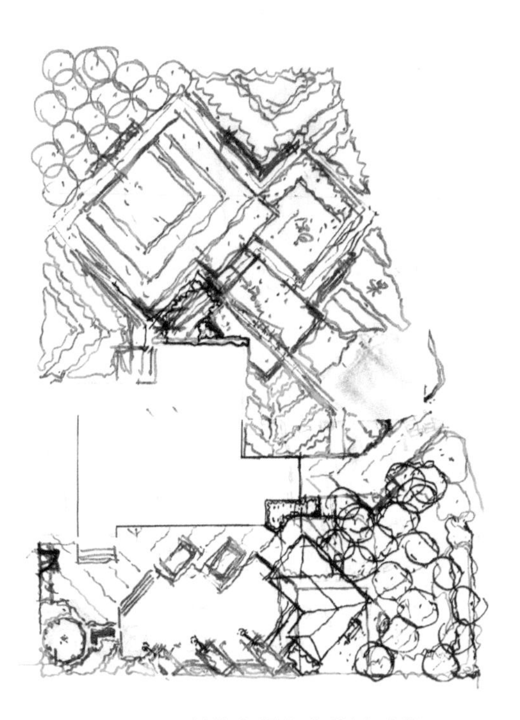

图 1-107　斜线主题方案设计过程

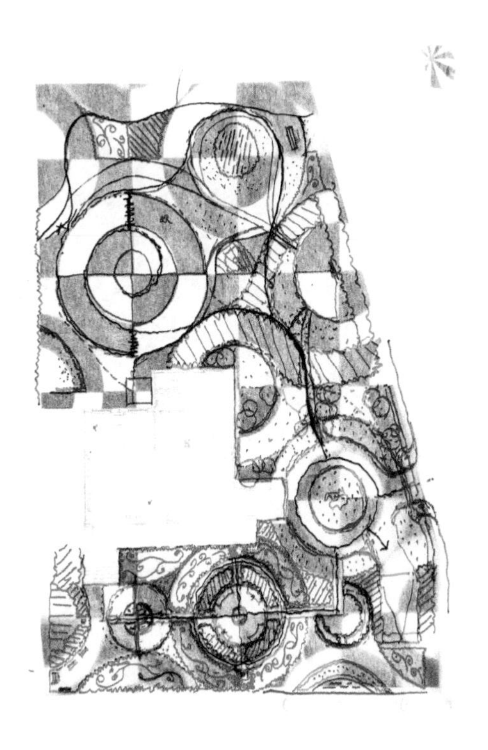

图 1-108　圆形主题方案设计过程

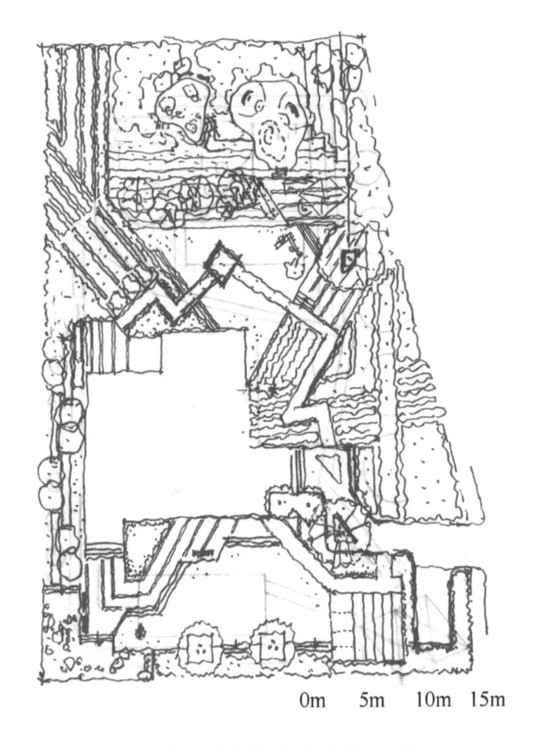

图 1-109　混合式主题方案设计过程（一）

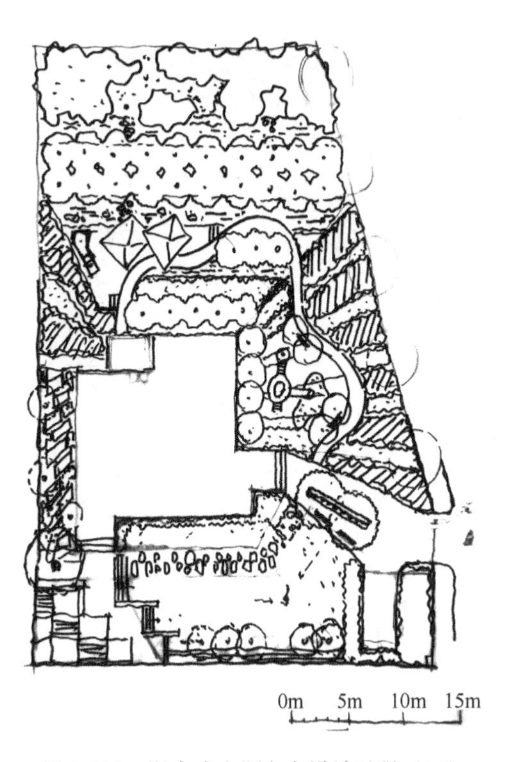

图 1-110　混合式主题方案设计过程（二）

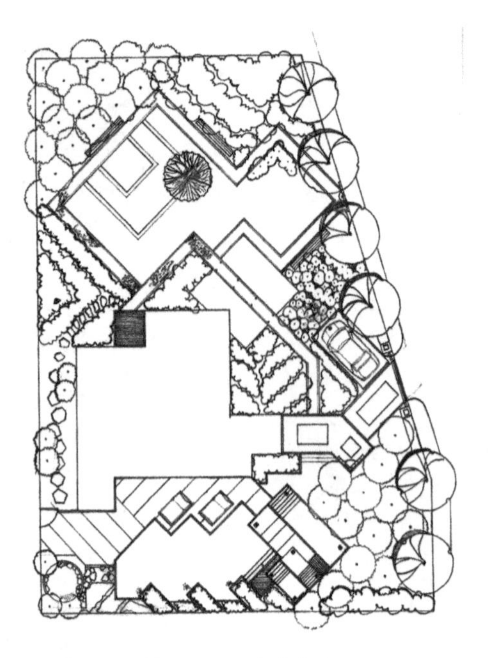

图 1-111　方案深化

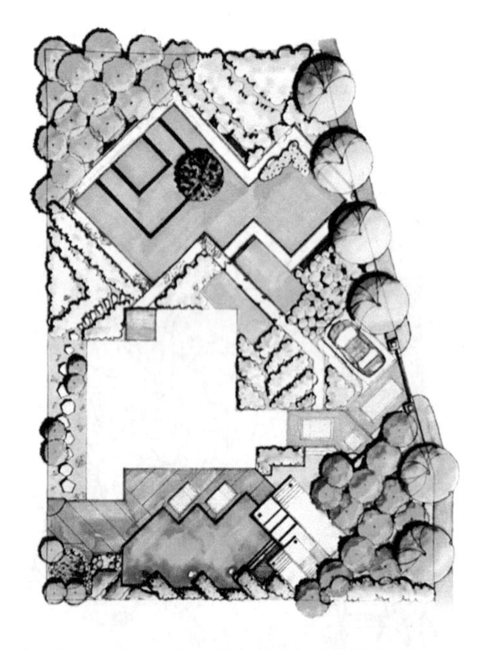

图 1-112　马克笔上色图（斜线主题）

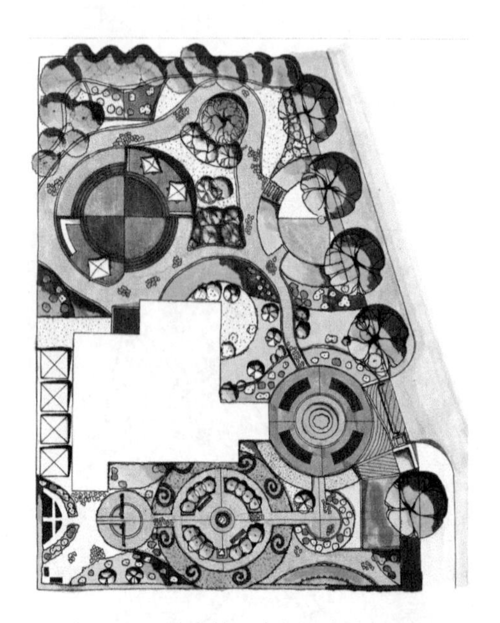

图 1-113　马克笔上色图（圆形主题）

1.4　设计的美学原则

设计过程中有许多方面的设计原则可供设计师参考，如科学原则、生态学原则及美学原则等。本节所介绍的美学原则主要是对于初学者而言的，帮助初学者把握设计时的

视觉和美学方面的组织，探究形成优秀设计方案的基本方法。设计的美学原则适用于空间及元素的形式构成、材料构成以及材料的图案构成，使得整个设计变得富有吸引力。

设计原则

设计的美学原则广泛应用于设计领域，包括景观学、建筑学、室内设计、工业设计和产品设计等，合理地运用它有助于在设计时选择更恰当的材料和形式。设计的美学原则包含秩序、统一和韵律三个方面。

1.4.1　秩序

秩序是一个设计的整体框架或者是一个设计中暗含的视觉结构。例如一棵树，它的树干和树枝决定了树的整体形态，而叶子仅仅是加强了这种结构。一个建筑物的秩序在于它的框架结构，建筑的墙、屋顶、门窗和其他元素都是依附在这个内在的框架结构之上的。正如前面所讲到的形式构成当中的种种形式主题，隐含的目标就是要为设计赋予一种秩序感。

在一种形式主题和风格的景观中，有三种方法可以建立秩序，包括对称、不对称和成组布置。

1. 对称

“对称”与“不对称”这两种看似截然不同的组织设计方式，它们都可以产生秩序，两种方式都能以各自不同的方法在总体上创造一种均衡的感觉。“对称”是通过将设计元素围绕一个或多个对称轴对等布置的形式来建立均衡感。最常见的例子就是法国文艺复兴时期的园林设计，运用这种秩序建立方法可以创造出一种庄重的氛围，能产生一种强烈的形式主题（图 1-114）。

图 1-114　对称式结构

2. 不对称

建立秩序的另一个方法是不对称，这种方法更多的是依靠人的感知而不能像对称方法那样通过绝对相等来产生秩序。不对称就像游戏场地当中的跷跷板，体重不相等的两人可以通过调整其位置来实现平衡（也就是建立了秩序）。与对称布局相比，不对称布局的秩序往往让人觉得更自然，它可以产生很多视角，每一个视角都有着不同的观赏效果，从而形成丰富的景观感受（图 1-115）。

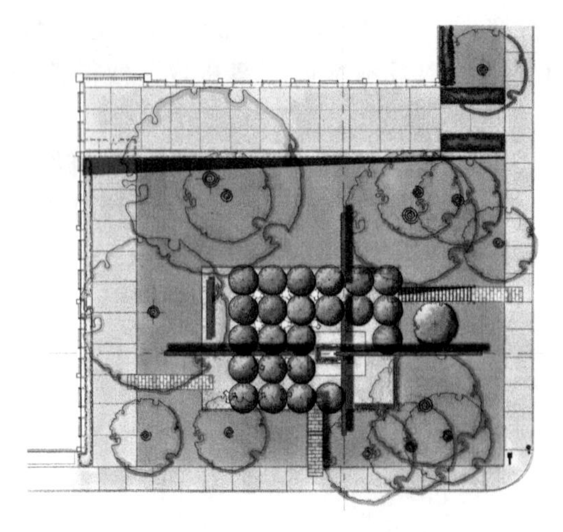

图 1-115　不对称式结构

3. 成组布置

无论是在对称构图还是在不对称构图中都可以运用成组布置。作为建立秩序的另一种方法，成组布置是一种将成组的设计元素放在一起的方法，当设计元素以特定的形式成组聚集在一起时，也可以形成一种秩序感。在庭院景观设计中，很多设计元素比如铺地、墙、围栏等，都应该成组布置以形成秩序感。如果这些元素分散开来，会形成混乱的感觉。除了这些基本的元素外，对植物布置而言，成组布置显得尤为重要（图 1-116）。

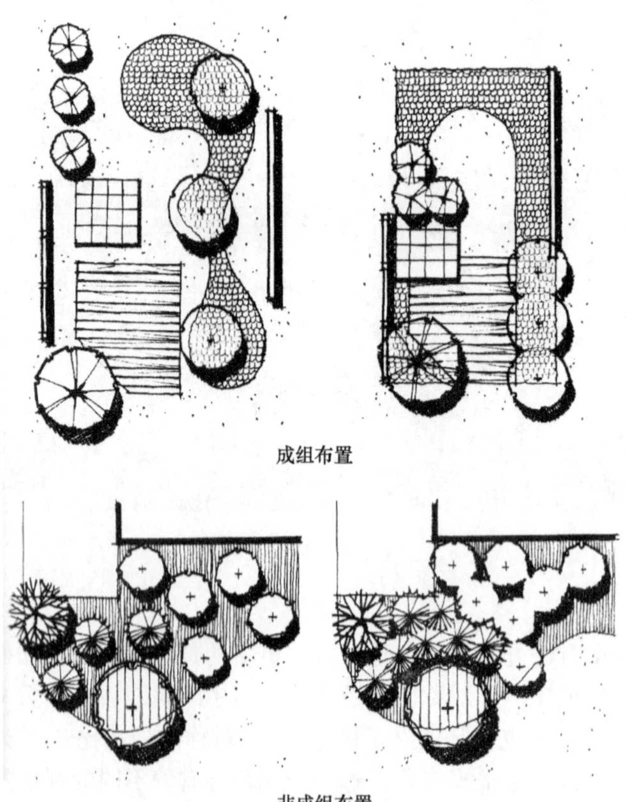

图 1-116　成组布置与非成组布置对比

1.4.2　统一

统一是指设计构成中的各个元素之间的和谐关系。秩序建立的是设计的总体组织，而统一是整个设计的一种感觉，统一原则的运用将每一个设计元素有机融合，形成浑然一体的感觉。庭院景观设计中，统一感的产生主要建立在主体、重复、加强联系三者协调的基础之上。

1. 主体

在设计过程中，将一个元素或一组元素从其他元素中“突出”出来就产生了主体。主体元素是形式构成与空间构成中的重点或焦点，这个主体元素产生了一种统一感，因为形式构成与空间构成中的其他元素都服从于它或比它低一级。如果形式构成与空间构成中没有一个主体元素，人的视线就无法产生焦点而游移不定。设计中可以通过夸张一个设计元素来使其成为主体，或是将某一种主题通过多种形式多次运用在庭院景观设计中。一个优秀的庭院景观设计在空间分布上，应该层次分明并有一个或多个主导空间。在庭院景观设计中，可以有一处漂亮的水景、优雅的雕塑或是置石、植物或灯光作为吸引人视线的设计主体（图 1-117）。

2. 重复

重复是指在整个设计过程中反复使用类似的元素，或有相似特征的元素，这些大小、形状、机理和色彩相近的元素，因为有共同之处而能够产生强烈的视觉统一感，如果缺少重复性在设计中必然会显得混乱。当然，应该避免由于某一种元素的重复使用而导致的单调乏味。优秀的设计应该在多样和重复之间取得一种平衡。在庭院景观设计中，运用重复的方式有很多，例如在设计任何一个区域时，不同种类的元素或材料的数目精简到最少，再将其在整个设计中重复，当人的眼睛在不同的位置看到同一元素或材料时，视觉上会产生一种呼应，同时在意识上建立了联系，从而形成了统一感（图 1-118）。

图 1-117　水景作为主体

图 1-118　景观元素的重复

3. 加强联系

加强联系是指把设计中不同的元素和部分连接在一起，人的眼睛能自然地从一个元素移动到另一个元素上，中间没有任何间断。在庭院景观设计中，如果各区域之间缺乏联系，就会像碎片那样分开形成多个孤立的部分。而通过铺地的连接或植物的种植等手法将不同区域

连接起来后，就形成了统一感，进而形成了美的秩序（图 1-119）。

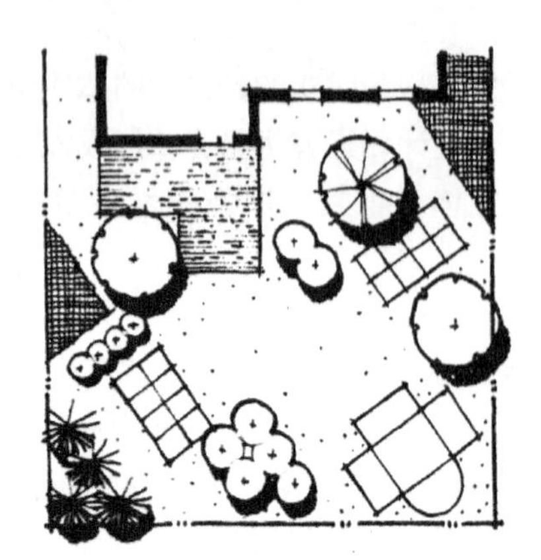

缺乏联系的组合

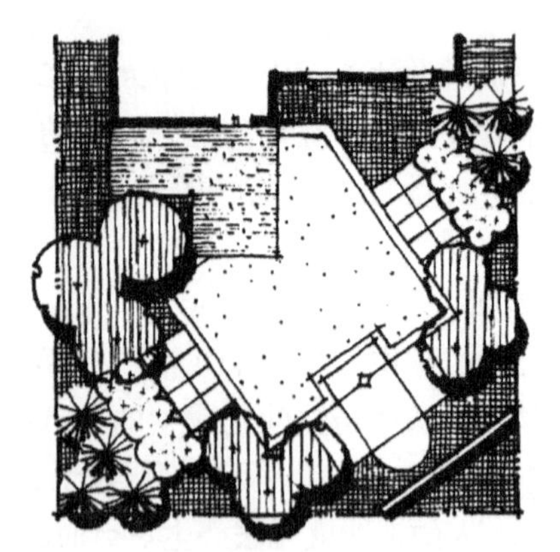

通过相互联系而统一的组合

图 1-119　通过植物的种植来加强联系

1.4.3　韵律

庭院景观设计中常用到的美学原则还有韵律。秩序原则和统一原则解决的是设计的总体组织，以及在组织中各个元素之间的关系，而美学原则中的韵律原则面对的则是时间和运动的因素。当人们体验一个设计时，不管是二维的图形布置还是三维的空间布置，人们体验的是一段时间内的设计，而不是瞬间体验完一个完整的设计。

人们体验一个庭院景观设计时，通常是浏览组成设计的每一个部分，在脑子里将它们形成图像模式，这些图像模式的时间间隔，赋予了设计动态的变幻特质，即传统中式庭院所讲究的“移步换景”。在庭院景观设计中能产生韵律的方式有重复、倒置和渐变。

1. 重复

为产生韵律而使用的重复与为达到统一而使用的重复在性质上略有不同。为产生韵律而使用的重复设计手法，在设计过程中不是简单地复制，而是要创造一种显而易见的顺序效果，使得人的眼睛有节奏地从一个元素移动到另一个元素，常用于铺地、围栏和植物的设计等（图 1-120）。

2. 倒置

倒置是一种特殊类型的重复，只是重复的元素和其他元素的性质完全颠倒，如大变小、

宽变窄、高变矮等。倒置可以有很多方式与庭院景观设计相结合（图 1-121）。

图 1-120　铺装设计的重复产生韵律

图 1-121　倒置

3. 渐变

渐变是指将序列中的重复元素的一个或多个特性逐渐地改变，例如序列中的元素逐渐增大，或是色彩的肌理和形式逐渐变化。渐变中产生的变化，能够产生视觉刺激，但又不会在各个元素之间形成突然或者不连贯的关系（图 1-122）。

图 1-122　植物色彩的渐变

1.5　庭院景观设计风格

按庭院的文化属性分类，庭院景观设计风格大致可分为中式庭院、日式庭院、“新中式”庭院、英式庭院、东南亚式庭院、美国现代式庭院、地中海式庭院等。学习庭院景观设计的风格是学习庭院景观设计中不同设计原则的必要手段，明确的设计风格能使设计中所有的元素和空间之间的关系更为和谐。

当然，一个庭院景观设计的风格主要是由建筑风格、场地精神、历史文化以及使用者的要求等元素综合形成的，在设计中切不可将某一种风格样式生搬硬套到场地当中去。学习本节的主要目的是了解不同风格的设计手法和常用的景观元素，便于积累设计素材以丰富自己的设计视野。

庭院设计风格

要了解庭院景观设计风格，首先要尊重地域性。当地的环境形态与当地的气候、地理特征以及当地人世代生活所形成的生活习惯共同构成了庭院景观的地域性。并且，就地域风格而言，每一种地域所形成的庭院景观设计风格都不是一成不变的，例如欧洲的园林形式，就经历了古希腊、古罗马、中世纪，直到文艺复兴等各个时期的变化；在经历了工艺美术运动的洗礼之后，到 19 世纪下半叶到 20 世纪初，又受现代艺术的影响，才产生了真正意义上的现代景观设计。所以，这里讨论的庭院景观设计风格主要是指某一地区较为主流和典型的风格形式。

1.5.1 中式庭院

传统的中式庭院设计，深受中国传统哲学和绘画的影响，重诗画情趣、意境创造，贵于含蓄意蕴，审美多倾向于清新高雅的格调，中式庭院的特点是虽由人作、宛若天成。

在建造手法上，一方面中式庭院“崇尚自然，师法自然”，在有限的空间范围内利用自然条件模拟自然中的美景，把建筑、山水、植物有机地融合为一体，创造出与自然环境协调共生、天人合一的艺术综合体。此外，还常用“小中见大”的手法，采用障景、借景、仰视、延长和增加园路起伏等方法，利用大小、高低、曲直、虚实等对比达到扩大空间感的目的。

另一方面，中式庭院特别重视寓情于景、情景交融，把自然景物看作是品德美、精神美和人格美的一种象征，例如种植梅、兰、竹、菊等，象征虚心有节、不畏寒霜的君子风范。

中式庭院色彩较中和，多为灰白色。构图上以曲线为主，讲究曲径通幽。中式庭院的构筑物主要以木质的亭、台、廊、榭为主，月洞门、花格窗装饰的粉墙黛瓦起到阻隔、引导、分割视线等作用（图 1-123）。

图 1-123　中式庭院

1.5.2　日式庭院

日式庭院风格深受中式庭院风格尤其是唐宋山水园风格的影响，因而一直保持着与中式庭院相近的自然式风格。但结合日本的自然条件和文化背景，也形成了它的独特风格而自成体系。

日式庭院在不断发展中逐渐趋于成熟，其中最著名的制式应当数日本室町时代的“枯山水”以及桃山时代的茶庭。日式庭院有别于中式庭院“人工之中见自然”，而是“自然之中见人工”。可以说，中式庭院是“移步换景”于山石间，品味自然之美；而日式庭院则需要人们静坐一隅安定心神，于景中感悟其中的深意。

小巧、静谧、深邃的禅宗庭院的“枯山水”园林，在再现自然风景方面表现得十分凝练、抽象，讲究造园意匠，极富诗意和哲学意味，形成了极端“写意”的艺术风格。在其特有的环境气氛中，细细耙制的白砂石铺地、叠放有致的几尊石制品，便能表现大江大海、岛屿、山川；不用滴水却能表现恣意汪洋，不筑一山却能体现高山峻岭、悬崖峭壁。它同音乐、绘画、文学一样可表达深沉的哲理，体现出大自然的风貌特征和隽永含蓄的审美情趣（图 1-124、图 1-125）。

图 1-124　日式庭院（一）

图 1-125　日式庭院（二）

茶庭在日本是与茶室相配的庭院，是日式庭院艺术中很有民族特色的制式。茶庭不同于大型园林，庭院内石景很少，仅有的几处置石多为了实用的目的（图 1-126），如蹲踞、坐憩等。石灯笼（图 1-127）则是夜间照明用具，同时也作为庭院内唯一的小品。地面绝大部分为草地和苔藓。除了梅花以外，不种植任何观赏花卉，为的是避免斑斓的色彩干扰人们的宁静情绪。具有导向性的道路，蜿蜒曲折地铺设在草地上，并做成“飞白”路面，好像水上的汀步以取其自然之趣。

1.5.3　“新中式”庭院

“新中式”庭院把传统的中式庭院风格与现代时尚元素融合在了一起，这种景观表现形式既有中国传统文化优势和几千年的传统文化积淀，同时又能够体现时代特色，符合当代人们的审美需求（图 1-128）。

图 1-126　日式庭院的置石

图 1-127　日式庭院的石灯笼

图 1-128　“新中式”庭院

从“新中式”庭院景观的特点来看，其景观的设计和打造通常采用中国古典园林的建造手法，比如借景是指把周围的美景组织到观赏的视线中，使得庭院的空间得以伸展、扩大，丰富了景观空间的层次。常见的“新中式”庭院景观形式有框景、窗景等，并结合运用具有中国古典韵味的色彩、图案以及符号元素，注重意境的景观空间营造（图 1-129）。

图 1-129　“新中式”庭院

1.5.4　英式庭院

英式庭院追求自然，没有浮夸的雕饰，没有修葺整齐的苗圃，植物色彩多样化，通常以百年老树作为庭院中的主树。草坪也是庭院中的重点，观花植物配以观叶植物的组合，形成自然风格的庭院，给人一种拥抱自然的舒适感和亲切感（图 1-130）。

图 1-130　英式庭院

英式庭院花圃不刻意强化区域风格，植物常沿着弯曲小径生长，路与花圃没有明显的界线。其注重花卉的形、色、味、花期和丛植方式，出现了以花卉配置为主要内容的花园；或以一种花卉为主题的专类园，如玫瑰园、百合园、鸢尾园。

英式庭院因为讲究自然风格，在材料的使用上多偏向自然的素材，如素烧陶器、木作、石料等。

1.5.5　东南亚式庭院

东南亚式庭院泛指泰国、印度尼西亚、马来西亚等国的景观庭院。这些国家地处热带地区，气候炎热，人们日常生活较为轻松休闲，庭院的设计受人文环境影响，表现出一种热情、自然轻松的视觉效果（图 1-131～图 1-133）。

图 1-131　东南亚式庭院（一）

图 1-132　东南亚式庭院（二）

东南亚式庭院讲究配合大自然，讲求顺应自然，将自然植物纳入庭院中，表现出一种舒

适的亲切感，较为热情直接，使用当地易得的植物，单纯之中更为直接地表现当地的人文与环境特质。

东南亚式庭院中的热带植物风格强烈，常见棕榈科、阔叶类树木，以多姿多彩的热带观赏植物为特色，注重对遮阳通风、采光等问题的解决，且注重对日光和雨水的再利用。庭院外观较为通透和清爽，其中茅草屋是设计亮点。东南亚式庭院顺应自然的休闲感，充分运用当地材料，强调简洁舒适的度假风情。东南亚地区有许多特色材质，可在庭院中体现出地域性文化，如清凉的藤椅、泰丝抱枕、精致的木雕、造型逼真的佛手、妩媚的纱幔、手捏陶土钵等。石雕也常用于庭院景观的配置，多为宗教类或神话的故事图像等。

图 1-133　东南亚式庭院（三）

1.5.6　美国现代式庭院

美国现代式庭院起源于著名设计师托马斯·丘奇的代表作——加州花园，其特点是拥有露天木质平台、游泳池、不规则种植区域、小花园，为人们创造了户外生活的新方式（图 1-134～图 1-136）。

设计中将庭院视为露天客厅，是住宅空间的延续，庭院被设计成新的动态均衡的形式，抛弃了欧式古典园林中的中轴对称，流线、多视点和简洁平面得到了充分运用。美国现代式庭院，是艺术与功能的结合，使庭院和自然环境之间有了一种新的衔接方式，既满足了舒适的户外生活需要，同时也易于维护。

图 1-134　美国现代式庭院（一）

图 1-135　美国现代式庭院（二）

图 1-136　美国现代式庭院（三）

美国现代式庭院将各种普通的材料如木、混凝土、砖、砾石、沥青、草及地被植物等通过精细而丰富的铺装设计，产生质感和色彩的对比，创造出丰富多彩的户外生活空间。

1.5.7　地中海式庭院

地中海式庭院是两方面因素的结合：其一是不加修饰的自然风格，其二是对色彩、形状的细微感受。地中海式庭院以景观为焦点，通过对空间的分隔来突出焦点并形成对比，包括色彩鲜艳的硬质景观、现代雕塑和富有戏剧性的水景。地中海式庭院能唤起人们的一些鲜明印象，如雪白的墙壁、铺满瓷砖的庭院、陶罐中摇曳生姿的花卉等（图 1-137、图 1-138）。它的基础色调源自风景和海景的自然色彩，石墙或刷漆的墙壁构成了泥绿色、海蓝色、锈红色的背景幕墙，院内大小形状不一的花盆是这类庭院的显著特征，地中海式庭院遍及西班牙、葡萄牙、希腊及法国等国家和地区。

图 1-137　地中海式庭院（一）

图 1-138　地中海式庭院（二）

地中海式庭院代表一种特有的居住环境，造就了一种别样的休闲生活方式。这种风格的庭院空间布局形式自由、色彩明亮大胆，设计精髓是捕捉光线及巧妙取材。在设计上，运用多种类型的空间搭配，集装饰与实用为一体，散发出自然清新的田园气息和文化品位，例如将露天就餐的休闲和淳朴的生活方式反映在庭院设计中（图 1-139）。

图 1-139　地中海式庭院休闲及就餐空间

在色彩上，地中海式庭院偏爱使用象征太阳的黄色、象征天空的蓝色、象征地中海的青色以及橘色。常见的地中海式庭院中，蓝色与白色是比较主打的色彩，泥绿色、海蓝色、锈红色和暗粉红色常作为背景，土色和褐红色的陶罐种植植物以点缀的形式存在。

在材料上，地中海式庭院多采用未经打磨的粗糙石板或乡村风格的瓷砖，一些比较休闲的场合，可以用沙砾来填充边沿和走动较少的地方，大块的鹅卵石用来拼成曲折的线条和装饰小路面。木质藤条和金属，是地中海式庭院常用的装饰材料，植物选择上多选择攀缘型植物，以营造幽静阴凉的环境。各种形状大小的陶罐、花盆是地中海式庭院的一个显著特征。

1.6　庭院景观设计案例分析

庭院景观案例分析

这一节主要通过分析一个庭院景观设计的案例，来讲解庭院景观设计如何分析和表达。通过前期的基地调研和准备阶段，到初步设计阶段和深化设计阶段，最终需要在设计成果中完成以下内容：

1）设计目标。

2）设计原则。

3）设计理念。

4）设计平面图及设计分析。

5）分区设计等。

本案例的主体建筑是简欧式的法式建筑（图 1-140），通过前期的分析和研究，设计师确定了“新中式”庭院设计主题。

图 1-140　简欧式法式建筑

1.6.1　设计目标

设计目标是指明确一个项目的设计方向以及设计出发点，以便寻找线索、制定设计策略，确定各种空间、形式、功能处理手法，最终进行图纸表达。比如，基于静谧氛围营造的设计，就应围绕此核心目标展开设计，而不宜出现营造热闹商业氛围的手法。本

项目的设计目标总结为三点：打造轴线自然的院子、打造功能合理的院子、打造文化的院子（图 1-141）。

打造轴线自然的院子

打造功能合理的院子

图 1-141　设计目标意向图

1.6.2　设计理念

设计理念是设计师在空间构思过程中所确立的主导思想，它赋予作品文化内涵和风格特点，是设计的精髓所在，而且能令设计具有个性化、专业化和与众不同的效果。

本项目的设计理念为以“新中式”庭院设计为主题，结合法式建筑展开设计，抒写骨子里的中国情结（图 1-142）。

以“新中式”庭院设计为主题
结合法式建筑展开设计，抒写
骨子里的中国情结

图 1-142　设计理念意向图

1.6.3　设计手法

设计手法是指为达到某种设计的目的或效果而使用的一些设计方法。本项目的设计手法是东方景观与欧式元素有机融合、规则轴线与自然布局互为一体。

运用“新中式”庭院设计的设计手法，对院子进行功能分区，塑造景观构图和意境；运用部分法式景观园林设计元素，并融入东方景观文化小品，体现文化的交流和融合；在规则的轴线空间中，运用植物来营造自然空间，营造一种自然的轴线景观（图 1-143）。

图 1-143　设计手法意向图

1.6.4　总体设计

总体设计的主要工作是绘制景观设计总平面图（图 1-144、图 1-145）和设计分析图，是整个设计内容的核心部分。本案例的总体设计采用的是多轴线的规则式设计，景点设置与小品设计突出东方元素。一般情况下，在平面图中要设置比例尺和指北针，还可以将设计项目的技术、经济指标以表格的形式列出。一般庭院景观设计的技术、经济指标包括总用地面积、总建筑面积、硬质面积、绿地面积、绿化率、容积率、停车面积（数量）等。

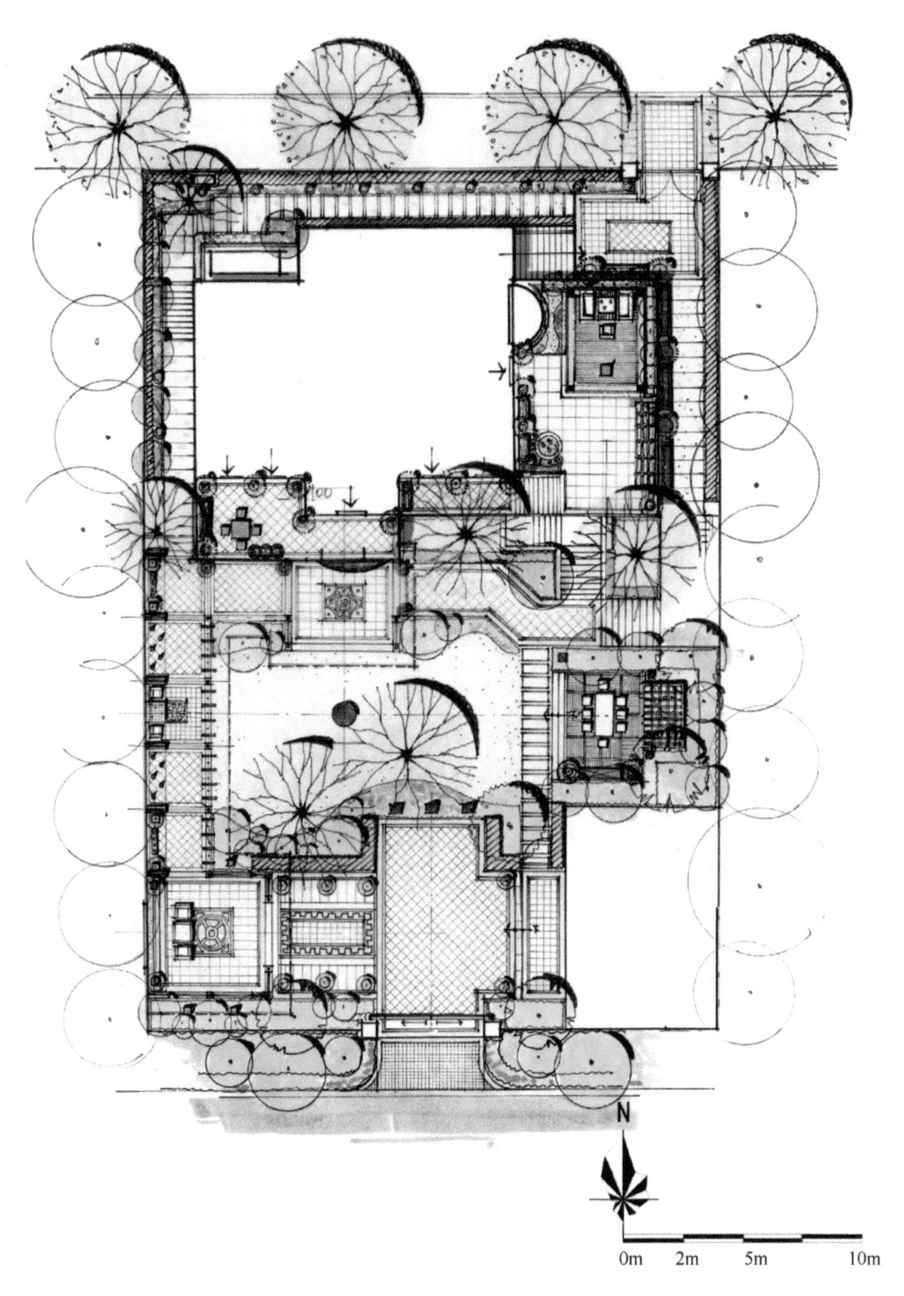

图 1-144　景观设计总平面图

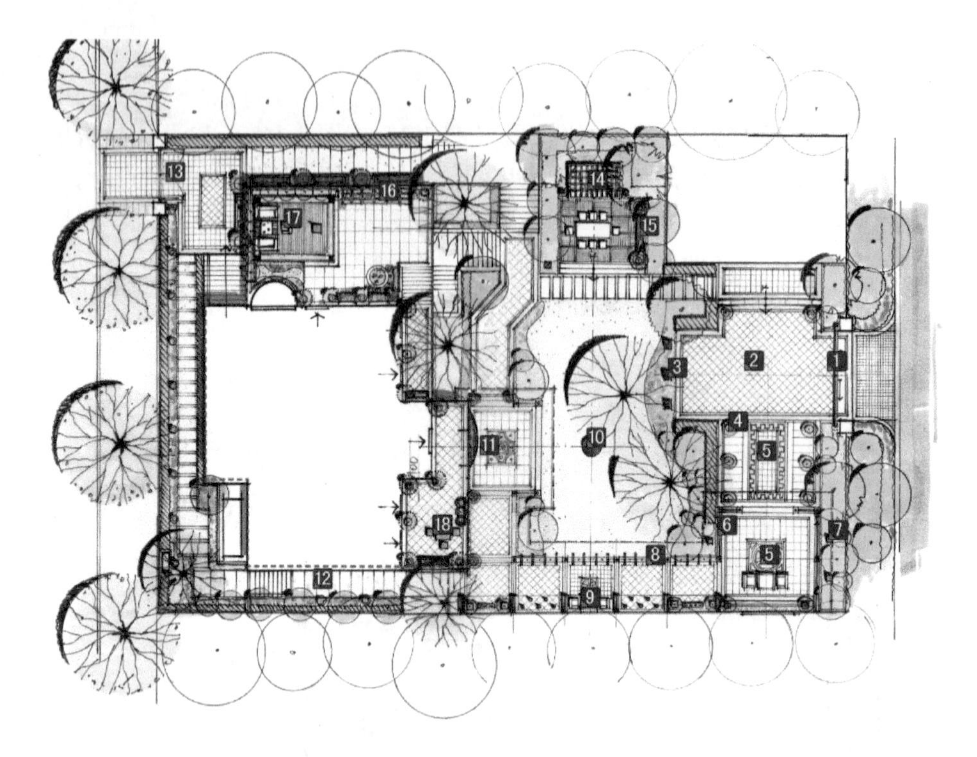

图 1-145　景观设计总平面标注图

进行总体设计时应进行以下分析：

1）分区分析：通过不同的色块来划分不同的空间，以便后续进行分区介绍（图 1-146）。

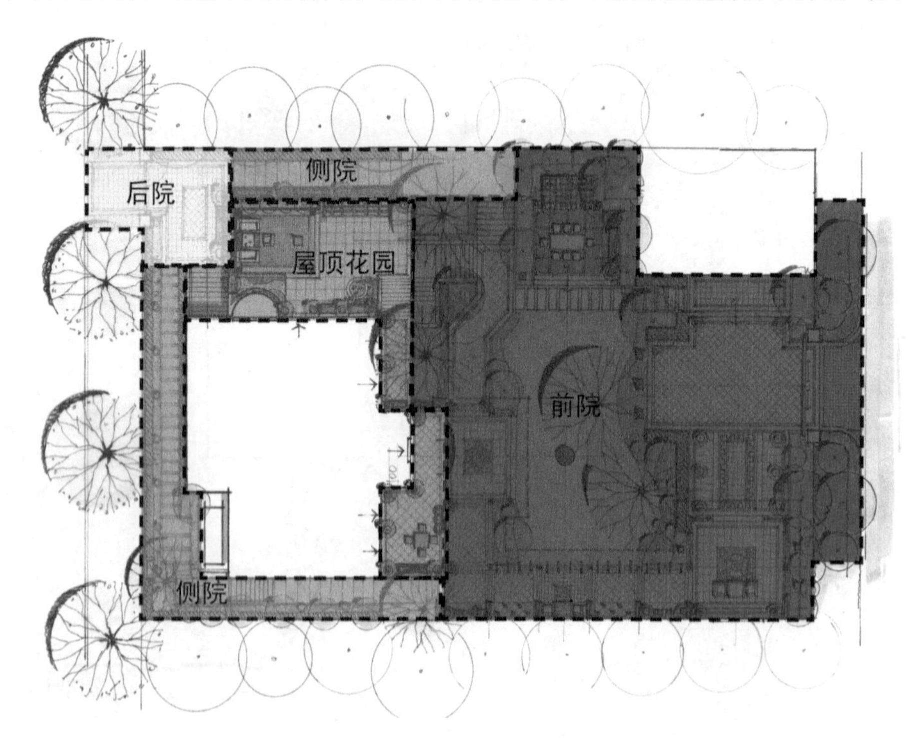

图 1-146　分区分析

2）交通分析：主要分析人行交通和出行交通，具体设计时可以将交通分为人行动线、车行动线、地下动线、屋顶动线等（图 1-147）。

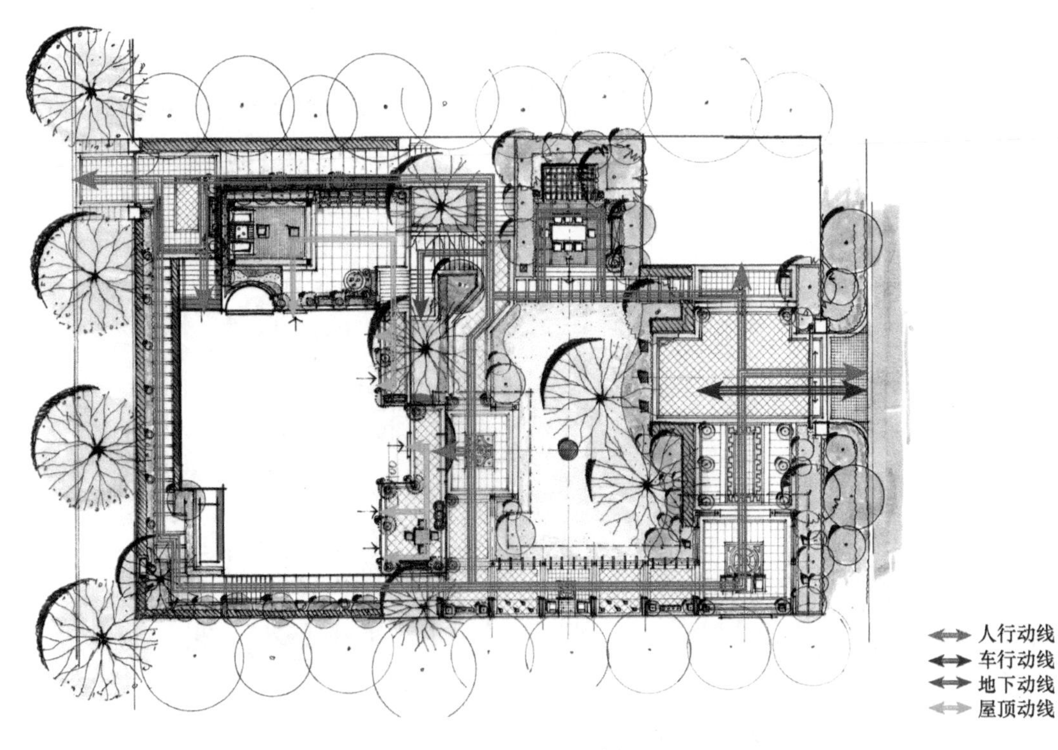

图 1-147　交通分析

3）视线分析：不同于基地现状分析阶段中的视线分析，这里的视线分析主要是就设计完成后的庭院入口及各景观节点所形成的视线轴线进行分析表达（图 1-148）。

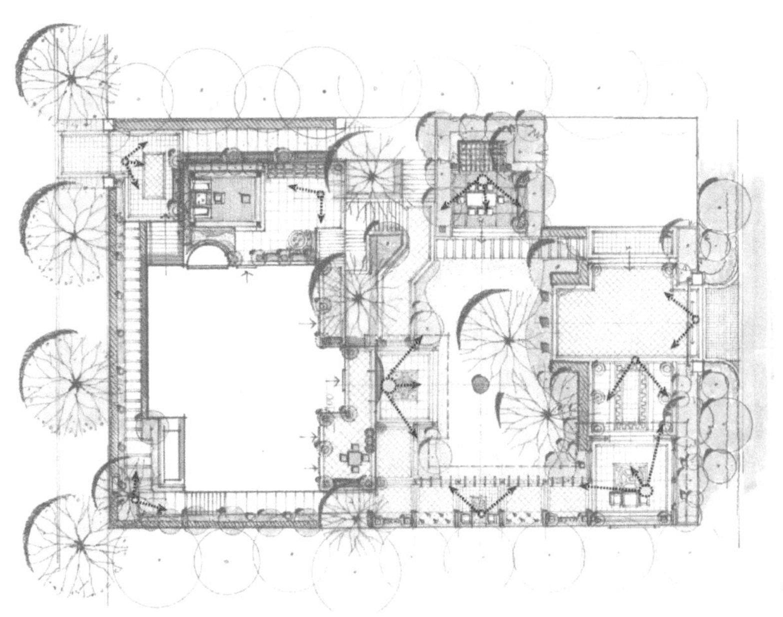

图 1-148　视线分析

1.6.5 分区设计

分区设计中的分区平面图通过放大总平面图的局部平面来详细介绍每一部分景观的设计细节（图 1-149），这部分图样同样需要标注出各景点的名称（图 1-150）。为详细介绍分区平面图的内容，这部分图样也可进行区域划分（图 1-151）和功能分区（图 1-152），功能分区的图示范围与设计图相应的范围应尽可能一致。每个分区部分所包含的图纸类型大致相同，也可根据分区的主次关系略有侧重。进行分区设计时可进行如下分析：

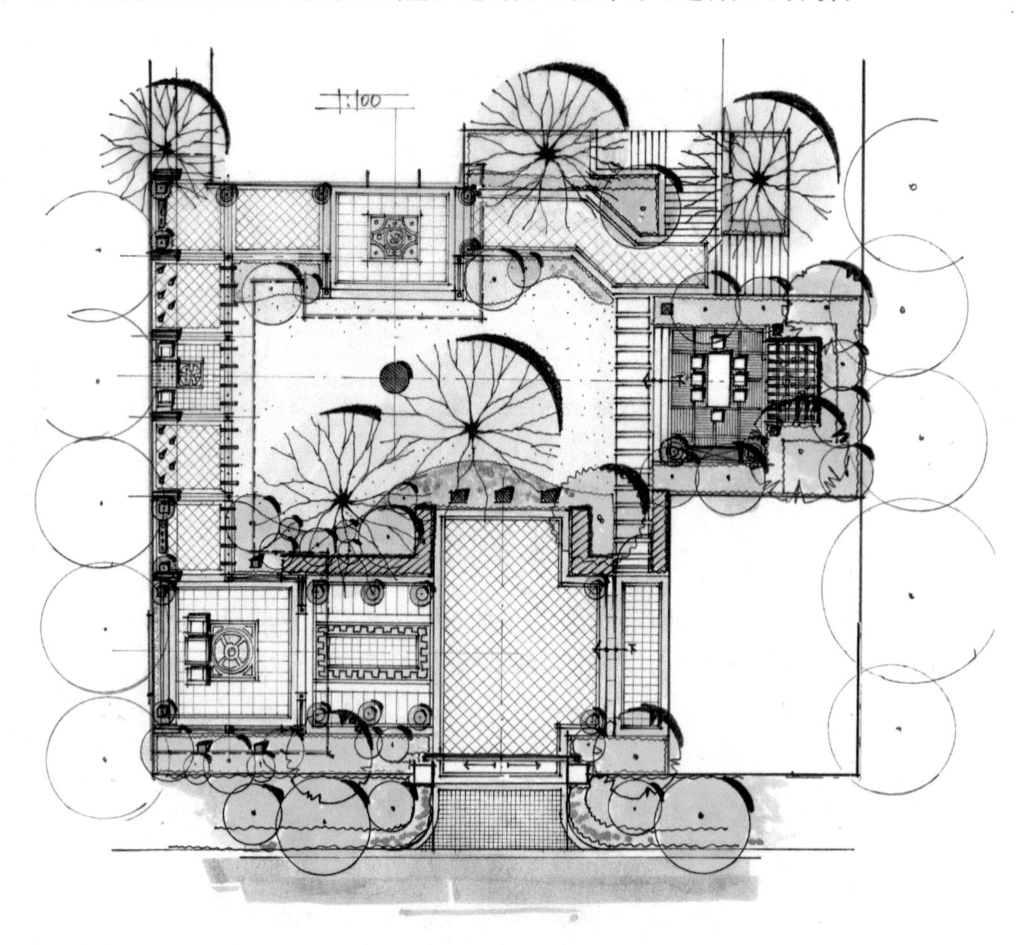

图 1-149　分区平面图（前院）

1）景观轴线分析：由于这个设计中运用了园林轴线设计手法，设计较为规整，故用表示景观轴线的符号做出分析说明。还可用节点符号标注出主要景观节点和次要景观节点的位置（图 1-153）。

2）分区交通分析：庭院有公共空间和私人空间，故设计中对庭院的大门入口和建筑入口进行了人行动线分析，并将主要景观节点设置于该动线沿线（图 1-154）。

分区设计的分析部分结束以后，可将分区设计的各个节点配合相应的效果图和意向图作形象说明。例如前院入口区意向图（图 1-155）、前院品茶区意向图（图 1-156）以及前院烧烤区意向图（图 1-157），并应在图面的一角放置索引图以明确位置。

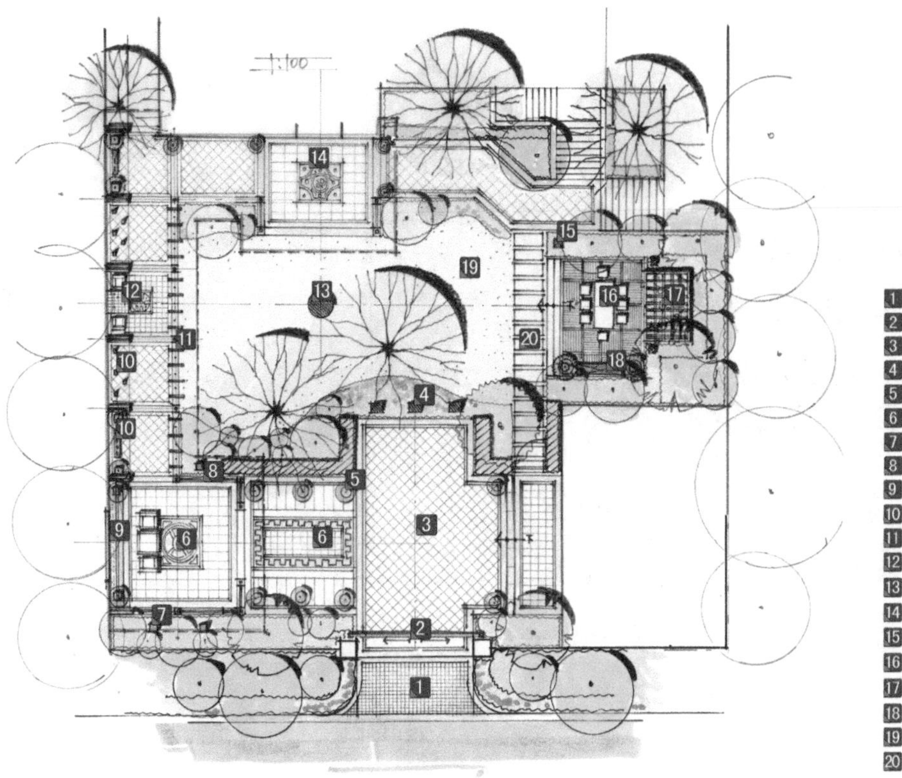

图 1-150　分区平面标注图

前院
区域划分

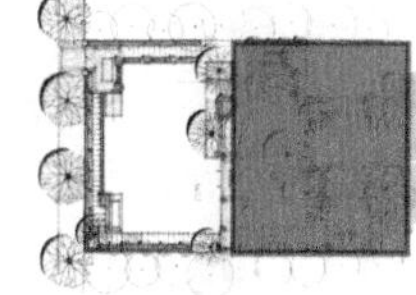

内空间分为前庭区和中庭区，前庭区为入口空间，中庭区为院子主要景观活动空间

图 1-151　分区平面图区域划分

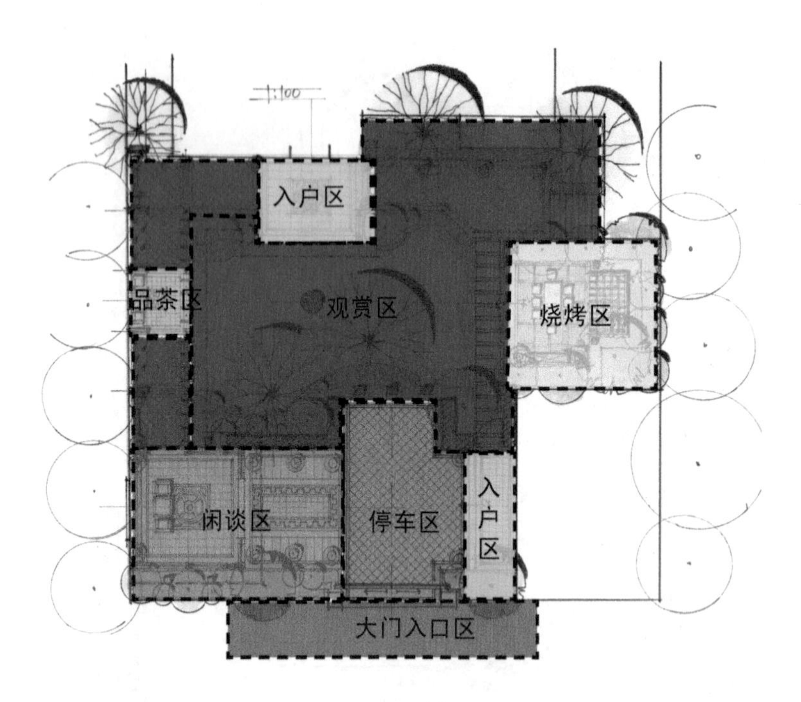

图 1-152　分区平面图功能分区

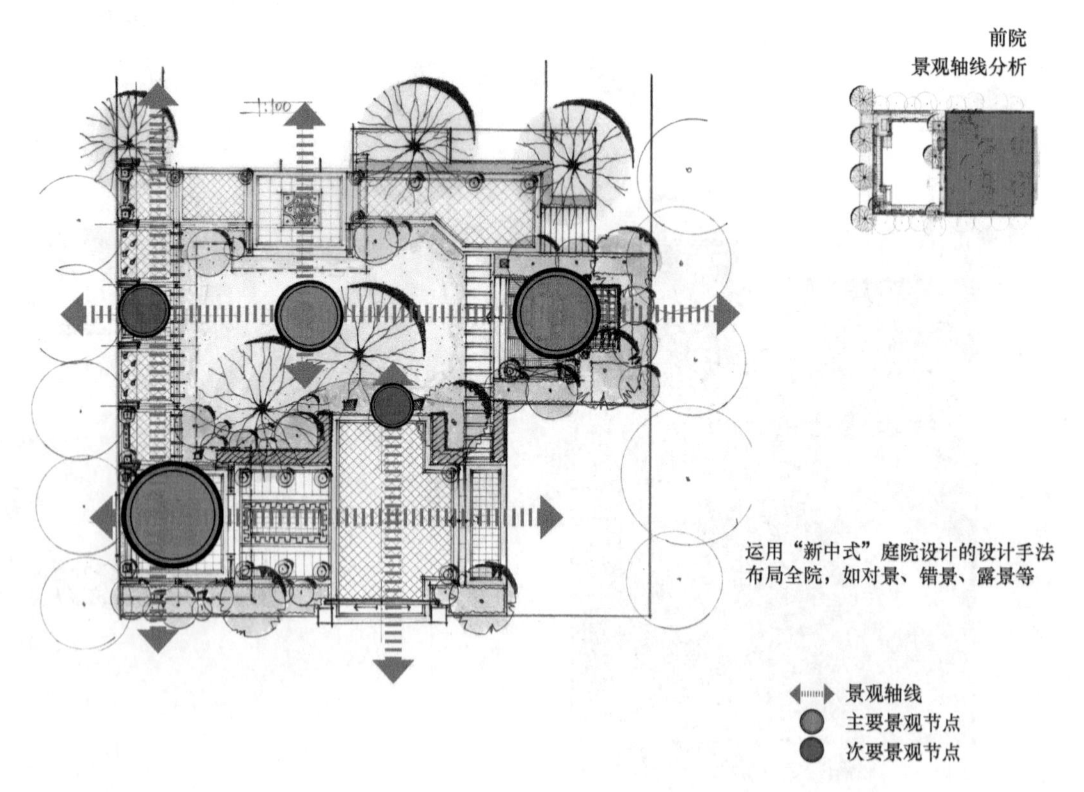

图 1-153　景观轴线分析

前院
分区交通分析

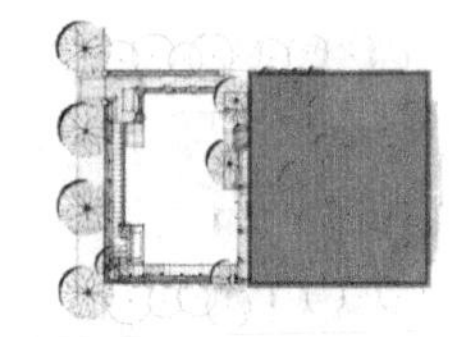

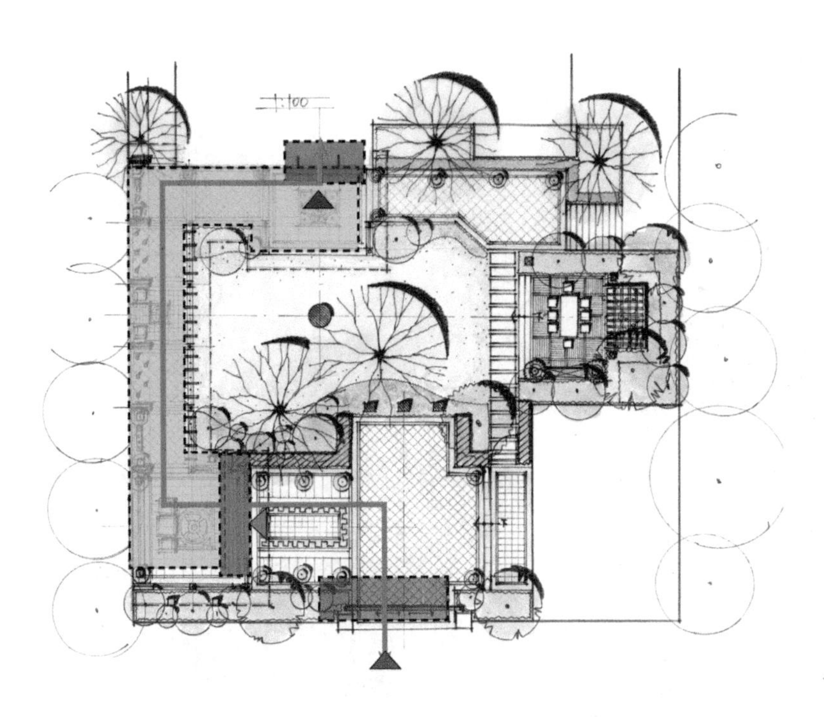

图 1-154　分区交通分析

前院
入口区意向图

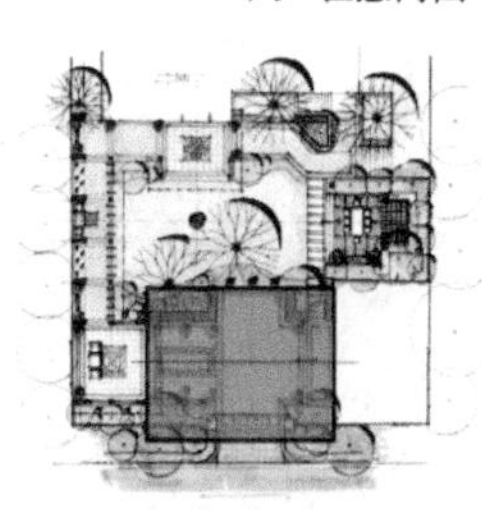

入口采用对称式规则布局，设定了明确的轴线，不仅诠释优雅的秩序,更传达出回家的尊贵仪式感

图 1-155　前院入口区意向图

前院
品茶区意向图

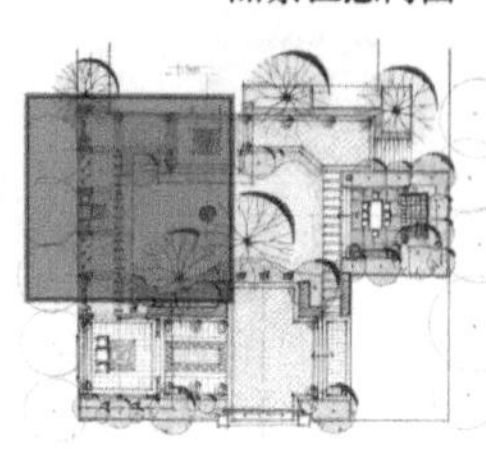

坐在这里，可以一边品茶一边品味中国传统文化和中庭区的自然绿化景观，让人心旷神怡

图 1-156　前院品茶区意向图

前院
烧烤区意向图

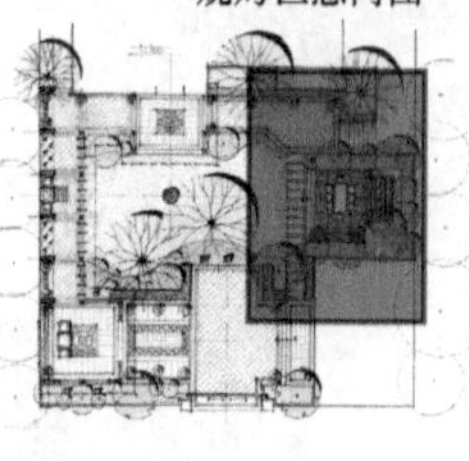

烧烤区在色彩上选择柔和的粉绿色，一堵虎皮石围墙保证了院子的私密性，而清晨的阳光却可以透过墙上古典的木窗棱，在餐桌上投下美丽的树叶形状

这里还布置了操作台和烧烤架，顶上是木制的廊架，一旁种了两棵葡萄

图 1-157　前院烧烤区意向图

在分区设计完成之后还可加入景观元素设计内容，此部分内容主要包括庭院铺装材料、植物配置、室外家具、庭院景观照明等，并可配备相应的设计效果图和意向图等。

思　考　题

1. 庭院空间的分类有哪些？
2. 设计的美学原则是什么？
3. 中式庭院和日式庭院的区别有哪些？
4. 谈谈庭院景观设计的过程。

第2章

道路景观设计

2.1 道路的分类

根据《中华人民共和国道路交通安全法》的规定，道路是指公路、城市道路和虽在单位管辖范围但允许社会机动车通行的地方，包括广场、公共停车场等用于公众通行的场所。

公路的现行分类方法有两种：行政分级和技术分级。公路的行政分级是指公路按照行政管理体制，根据所在的位置及在国民经济中的地位和运输特点，可分为若干行政等级，即国道、省道、县道、乡道及村道。公路的技术分级是指公路按照使用功能、适用的交通量分为高速公路、一级公路、二级公路、三级公路和四级公路五个等级。

城市道路是指城市供车辆、行人通行的，具备一定技术条件的道路桥梁及其附属设施。按照城市道路在城市中所处地位、位置、作用、交通功能与性质、交通量大小等进行分类，城市道路共分四类：城市快速干道（快速路）、主干道（主干路）、次干道（次干路）、支路（图2-1）。道路中的功能设置，以及道路断面的尺寸设计，应依据每种道路的不同使用功能和设计师的表达意图来做具体设定。

此外，城市道路按功能和性质分类，还可分为商业道路（步行街）、风景区道路、居住区道路、公园步道等特色步行道。

（1）快速路

快速路一般只设置车行道，主要满足车辆快速通过的需求。快速路一般设置在城市相对边缘的区域，但对于大城市来说，高架路也属于城市的快速路。

（2）主干路

主干路是连接城市各主要部分的交通干路，是城市道路的骨架，主要功能是交通运输。主干路上的交通要保证一定的行车速度，故应根据交通量的大小设置相应宽度的车行道，以供车辆通畅地行驶。机动车道与非机动车道应用隔离带分开；同时，两侧应有适当宽度的人行道，因设计需要还可以配置绿化隔离带。此类道路以车辆优先为原则，不宜设置停留空间。

（3）次干路

次干路是一个区域内的主要道路，是一般意义上的交通道路并兼有服务功能，配合主干路共同组成干路网，起广泛联系城市各部分与集散交通的作用。一般情况下次干路允许快慢车混合行驶，条件许可时也可另设非机动车道。道路两侧应设人行道，并可设置吸引人流的公共建筑物。

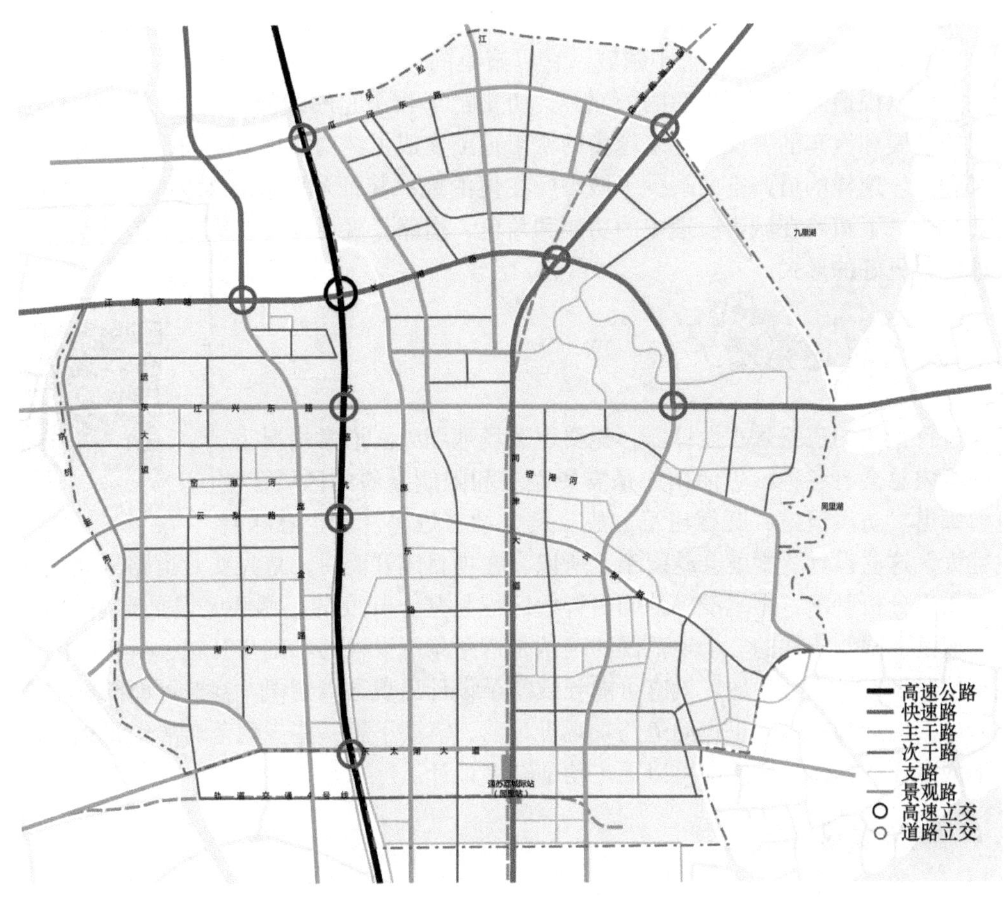

图 2-1　城市道路分类

（4）支路

在一个城市里，支路（邻里道路）越多，说明这个城市的步行友好度越高、到达性越便捷。以往的中国城市发展，扩大了路网格局，优先了车行需求，但牺牲了步行尺度，近年来我国在大力提倡“高密度路网”的城市发展理念，支路数量的增加在其中扮演着重要角色。支路一般只有双向两车道，用尽可能小的道路断面来解决步行和车辆的通达需求，同时让步行和非机动车的通行变为优先考量，周边的商业及绿地公园的活动空间也会相应增加。

（5）地块内部道路

地块内部道路满足车辆到达住家、办公楼等地点，或内部步行的需求，通常居住区的内部道路采用人车分流的处理方法，即车行道路进入地块后直接进入地库，地面只保留步行通道，但应满足消防车通行的需求。所以，铺装材料的选择和道路尺度的控制变得尤为重要。办公地块的内部道路，车辆时常会在地面行驶到办公楼入口处，较好的处理方式是设置局部的人车分流，将办公建筑围合的公共空间设计成无车区域。

（6）特色步行道

特色步行道包括商业步行街、公园步道等，主要满足步行功能需求，配合必要的应急消防与后勤服务需求，应根据不同的功能需求、道路的特色等进行具体设计。

道路除了是城市的自然构成元素之外，它还是一种社会因素。道路不仅是通道，也有着一系列相互联系的地点以供人停留。《场所精神：迈向建筑现象学》的作者诺伯格·舒尔茨曾说，“道路在以前……是一个小领域，它以聚集的形式向路人呈现出了那个区和城市的整体特性，可以说道路代表了生活的一部分，历史已形成了它的细枝末节。”然而，伴随着工业文明的发展和汽车的普及，越来越多的城市道路变成了纯功能性的空间，而抛弃了传统城市的亲和力。这样的道路空间缺少了城市所在地的地域特征和收放自如的宜人尺度。所以，有必要检验一下道路在城市肌理中的功能和角色，道路景观设计师应深刻理解并赋予这种城市设计元素更好的形式。

2.2 确认场地范围

读懂场地设计范围

在进行正式的道路景观设计前，先要识读场地图纸。通常情况下，场地图纸内总会有各种不可使用或是需要避免和限制发展的区域，例如电力廊道、防洪河道、既有建筑，甚至是文物古迹等。这也意味着场地越大，这些设计要素就会越复杂。所以，在项目刚开始时，首先要对道路景观设计的场地范围做出分析判断，用笔准确地画出哪些区域是禁止开发的、哪些区域是有条件发展的、哪些区域是无限制条件的。场地范围的确认是道路景观设计的基础与开端，一旦范围弄错了或现有情况没有被充分考虑，就有可能导致整个设计出现逻辑错误，甚至可能需要被推翻重来。所以，设计师在进行正式的道路景观设计前，需要了解一些规划范畴的知识点，以保证在与不同专业的合作与衔接中可以更主动地开展设计。

2.2.1 城市规划“七线”

城市规划“七线”，是为了加强对城市道路、城市绿地、城市历史文化街区和历史建筑、城市水体和生态环境等公共资源的保护，促进城市的可持续发展而设置的控制线。我国在城乡规划管理中设定了七种控制线：规划红线、规划绿线、规划蓝线、规划黑线、规划紫线、规划黄线、规划橙线，并分别制定了管理办法。这“七线”指的是土地层面的边界线，只有在土地使用图上能准确分辨，并非是平时肉眼能够真实看到的边界，就如“设计范围线”在图纸上一定存在，但现实中不一定有明显的边界。

（1）规划红线

规划红线是指城市道路用地规划控制线，包括用地红线、道路红线和建筑红线。对“红线”的管理，体现在对容积率、建设密度和建设高度等的规划管理。

（2）规划绿线

规划绿线是指城市各类绿地范围的控制线，简单理解就是平日里看到的城市公园、街头绿地、防护林等的范围控制线。

（3）规划蓝线

规划蓝线一般称为河道蓝线，是指水域保护区，即城市各级河道、渠道用地规划控制线，用于指出河道水体的宽度、堤坝、河道两侧绿化带以及河道应急道路等。有时，地图上看河道很宽，但真实的水面要窄很多，季节性河流多出现这种情况。所以，景观中涉及水体时通常需要了解以下关键性数据：常水位（即全年水位相对稳定的数值）、高水位（即设计的防洪最高水位）、低水位（即全年最低水位），这些数据对滨水空间景观设计尤为重要。

（4）规划黑线

规划黑线一般称为“电力走廊”，是指城市电力的用地控制线，通常包含平时人们肉眼能看到的架空电力传输线，以及传输线两侧退界的安全距离。规划黑线的安全宽度依据电力传输的电压不同设定，道路景观设计师要根据电力传输的电压查找设计规范后取值，或根据政府相关文件要求取值。要特别注意，规划黑线范围内不能有任何建筑物，景观种植也有限制要求。

（5）规划紫线

规划紫线是指国家历史文化名城内的历史文化街区和省、自治区、直辖市人民政府公布的历史文化街区的保护范围界线，以及历史文化街区外经县级以上人民政府公布进行保护的历史建筑的保护范围界线。

（6）规划黄线

规划黄线是指对城市发展全局有影响的、城市规划中确定的、必须控制的城市基础设施用地的控制界线。

（7）规划橙线

规划橙线是指为了降低城市中重大危险设施的风险水平，对其周边区域的土地利用和建设活动进行引导或限制的安全防护范围的界线。

2.2.2　城市用地分类标准

根据《城市用地分类与规划建设用地标准》（GB 50137—2011），用地分类包括城乡用地分类、城市建设用地分类两部分，应按土地使用的主要性质进行划分。

用地分类采用大类、中类和小类三级分类体系。大类应采用英文字母表示，中类和小类应采用英文字母和阿拉伯数字组合表示。

1）城乡用地是指市（县、镇）域范围内所有土地，包括建设用地与非建设用地。建设用地包括城乡居民点建设用地、区域交通设施用地、区域公用设施用地、特殊用地、采矿用地等，非建设用地包括水域、农林用地以及其他非建设用地等。

2）城市建设用地是指城市（镇）内的居住用地、公共管理与公共服务设施用地、商业服务业设施用地、工业用地、物流仓储用地、道路与交通设施用地、公用设施用地、绿地与广场用地等。

城市建设用地共分为 8 大类、35 中类、42 小类。8 大类分别是指居住用地 R、公共管理与公共服务设施用地 A、商业服务业设施用地 B、工业用地 M、物流仓储用地 W、道路与交通设施用地 S、公用设施用地 U、绿地与广场用地 G，见表 2-1。

表 2-1　城市建设用地分类

类别代码			类别名称	内容
大类	中类	小类		
R			居住用地	住宅和相应服务设施的用地
	R1		一类居住用地	设施齐全、环境良好，以低层住宅为主的用地
		R11	住宅用地	住宅建筑用地及其附属道路、停车场、小游园等用地
		R12	服务设施用地	居住小区及小区级以下的幼托、文化、体育、商业、卫生服务、养老助残公用设施等用地，不包括中小学用地

（续）

类别代码			类别名称	内容
大类	中类	小类		
	R2		二类居住用地	设施较齐全、环境良好，以多、中、高层住宅为主的用地
		R21	住宅用地	住宅建筑用地（含保障性住宅用地）及其附属道路、停车场、小游园等用地
		R22	服务设施用地	居住小区及小区级以下的幼托、文化、体育、商业、卫生服务、养老助残公用设施等用地，不包括中小学用地
	R3		三类居住用地	设施较欠缺、环境较差，以需要加以改造的简陋住宅为主的用地，包括危房、棚户区、临时住宅等用地
		R31	住宅用地	住宅建筑用地及其附属道路、停车场、小游园等用地
		R32	服务设施用地	居住小区及小区级以下的幼托、文化、体育、商业、卫生服务、养老助残公用设施等用地，不包括中小学用地
A			公共管理与公共服务设施用地	行政、文化、教育、体育、卫生等机构和设施的用地，不包括居住用地中的服务设施用地
	A1		行政办公用地	党政机关、社会团体、事业单位等办公机构及其相关设施用地
	A2		文化设施用地	图书、展览等公共文化活动设施用地
		A21	图书展览用地	公共图书馆、博物馆、档案馆、科技馆、纪念馆、美术馆和展览馆、会展中心等设施用地
		A22	文化活动用地	综合文化活动中心、文化馆、青少年宫、儿童活动中心、老年活动中心等设施用地
	A3		教育科研用地	高等院校、中等专业学校、中学、小学、科研事业单位及其附属设施用地，包括为学校配建的独立地段的学生生活用地
		A31	高等院校用地	大学、学院、专科学校、研究生院、电视大学、党校、干部学校及其附属设施用地，包括军事院校用地
		A32	中等专业学校用地	中等专业学校、技工学校、职业学校等用地，不包括附属于普通中学内的职业高中用地
		A33	中小学用地	中学、小学用地
		A34	特殊教育用地	聋、哑、盲人学校及工读学校等用地
		A35	科研用地	科研事业单位用地
	A4		体育用地	体育场馆和体育训练基地等用地，不包括学校等机构专用的体育设施用地
		A41	体育场馆用地	室内外体育运动用地，包括体育场馆、游泳场馆、各类球场及其附属的业余体校等用地
		A42	体育训练用地	为体育运动专设的训练基地用地
	A5		医疗卫生用地	医疗、保健、卫生、防疫、康复和急救设施等用地
		A51	医院用地	综合医院、专科医院、社区卫生服务中心等用地
		A52	卫生防疫用地	卫生防疫站、专科防治所、检验中心和动物检疫站等用地
		A53	特殊医疗用地	对环境有特殊要求的传染病、精神病等专科医院用地
		A59	其他医疗卫生用地	急救中心、血库等用地

（续）

类别代码			类别名称	内容
大类	中类	小类		
	A6		社会福利用地	为社会提供福利和慈善服务的设施及其附属设施用地，包括福利院、养老院、孤儿院等用地
	A7		文物古迹用地	具有保护价值的古遗址、古墓葬、古建筑、石窟寺、近代代表性建筑、革命纪念建筑等用地。不包括已作其他用途的文物古迹用地
	A8		外事用地	外国驻华使馆、领事馆、国际机构及其生活设施等用地
	A9		宗教用地	宗教活动场所用地
B			商业服务业设施用地	商业、商务、娱乐康体等设施用地，不包括居住用地中的服务设施用地
	B1		商业用地	商业及餐饮、旅馆等服务业用地
		B11	零售商业用地	以零售功能为主的商铺、商场、超市、市场等用地
		B12	批发市场用地	以批发功能为主的市场用地
		B13	餐饮用地	饭店、餐厅、酒吧等用地
		B14	旅馆用地	宾馆、旅馆、招待所、服务型公寓、度假村等用地
	B2		商务用地	金融保险、艺术传媒、技术服务等综合性办公用地
		B21	金融保险用地	银行、证券期货交易所、保险公司等用地
		B22	艺术传媒用地	文艺团体、影视制作、广告传媒等用地
		B29	其他商务用地	贸易、设计、咨询等技术服务办公用地
	B3		娱乐康体用地	娱乐、康体等设施用地
		B31	娱乐用地	剧院、音乐厅、电影院、歌舞厅、网吧以及绿地率小于 65% 的大型游乐等设施用地
		B32	康体用地	赛马场、高尔夫、溜冰场、跳伞场、摩托车场、射击场，以及通用航空、水上运动的陆域部分等用地
	B4		公用设施营业网点用地	零售加油、加气、电信、邮政等公用设施营业网点用地
		B41	加油加气站用地	零售加油、加气、充电站等用地
		B49	其他公用设施营业网点用地	独立地段的电信、邮政、供水、燃气、供电、供热等其他公用设施营业网点用地
	B9		其他服务设施用地	业余学校、民营培训机构、私人诊所、殡葬、宠物医院、汽车维修站等其他服务设施用地
M			工业用地	工矿企业的生产车间、库房及其附属设施用地，包括专用铁路、码头和附属道路、停车场等用地，不包括露天矿用地
	M1		一类工业用地	对居住和公共环境基本无干扰、污染和安全隐患的工业用地
	M2		二类工业用地	对居住和公共环境有一定干扰、污染和安全隐患的工业用地
	M3		三类工业用地	对居住和公共环境有严重干扰、污染和安全隐患的工业用地

（续）

类别代码			类别名称	内容
大类	中类	小类		
W			物流仓储用地	物资储备、中转、配送等用地，包括附属道路、停车场以及货运公司车队的站场等用地
	W1		一类物流仓储用地	对居住和公共环境基本无干扰、污染和安全隐患的物流仓储用地
	W2		二类物流仓储用地	对居住和公共环境有一定干扰、污染和安全隐患的物流仓储用地
	W3		三类物流仓储用地	易燃、易爆和剧毒等危险品的专用物流仓储用地
S			道路与交通设施用地	城市道路、交通设施等用地，不包括居住用地、工业用地等内部的道路、停车场等用地
	S1		城市道路用地	快速路、主干路、次干路和支路等用地，包括其交叉口用地
	S2		城市轨道交通用地	独立地段的城市轨道交通地面以上部分的线路、站点用地
	S3		交通枢纽用地	铁路客货运站、公路长途客运站、港口客运码头、公交枢纽及其附属设施用地
	S4		交通场站用地	交通服务设施用地，不包括交通指挥中心、交通队用地
		S41	公共交通场站用地	城市轨道交通车辆基地及附属设施，公共汽（电）车首末站、停车场（库）、保养场，出租汽车场站设施等用地，以及轮渡、缆车、索道等的地面部分及其附属设施用地
		S42	社会停车场用地	独立地段的公共停车场和停车库用地，不包括其他各类用地配建的停车场和停车库用地
	S9		其他交通设施用地	除以上之外的交通设施用地，包括教练场等用地
U			公用设施用地	供应、环境、安全等设施用地
	U1		供应设施用地	供水、供电、供燃气和供热等设施用地
		U11	供水用地	城市取水设施、自来水厂、再生水厂、加压泵站、高位水池等设施用地
		U12	供电用地	变电站、开闭所、变配电所等设施用地，不包括电厂用地。高压走廊下规定的控制范围内的用地应按其地面实际用途归类
		U13	供燃气用地	分输站、门站、储气站、加气母站、液化石油气储配站、灌瓶站和地面输气管廊等设施用地，不包括制气厂用地
		U14	供热用地	集中供热锅炉房、热力站、换热站和地面输热管廊等设施用地
		U15	通信用地	邮政中心局、邮政支局、邮件处理中心、电信局、移动基站、微波站等设施用地
		U16	广播电视用地	广播电视的发射、传输和监测设施用地，包括无线电收信区、发信区以及广播电视发射台、转播台、差转台、监测站等设施用地
	U2		环境设施用地	雨水、污水、固体废物处理等环境保护设施及其附属设施用地
		U21	排水用地	雨水泵站、污水泵站、污水处理厂、污泥处理厂等设施及其附属的构筑物用地，不包括排水河渠用地
		U22	环卫用地	生活垃圾、医疗垃圾、危险废物处理（置），以及垃圾转运、公厕、车辆清洗、环卫车辆停放修理等设施用地

（续）

类别代码			类别名称	内容
大类	中类	小类		
	U3		安全设施用地	消防、防洪等保卫城市安全的公用设施及其附属设施用地
		U31	消防用地	消防站、消防通信及指挥训练中心等设施用地
		U32	防洪用地	防洪堤、防洪枢纽、排洪沟渠等设施用地
	U9		其他公用设施用地	除以上之外的公用设施用地，包括施工、养护、维修等设施用地
G			绿地与广场用地	公园绿地、防护绿地、广场等公共开放空间用地
	G1		公园绿地	向公众开放，以游憩为主要功能，兼具生态、美化、防灾等作用的绿地
	G2		防护绿地	具有卫生、隔离和安全防护功能的绿地
	G3		广场用地	以游憩、纪念、集会和避险等功能为主的城市公共活动场地

通过图 2-2 可以简要了解城市建设用地的类型。

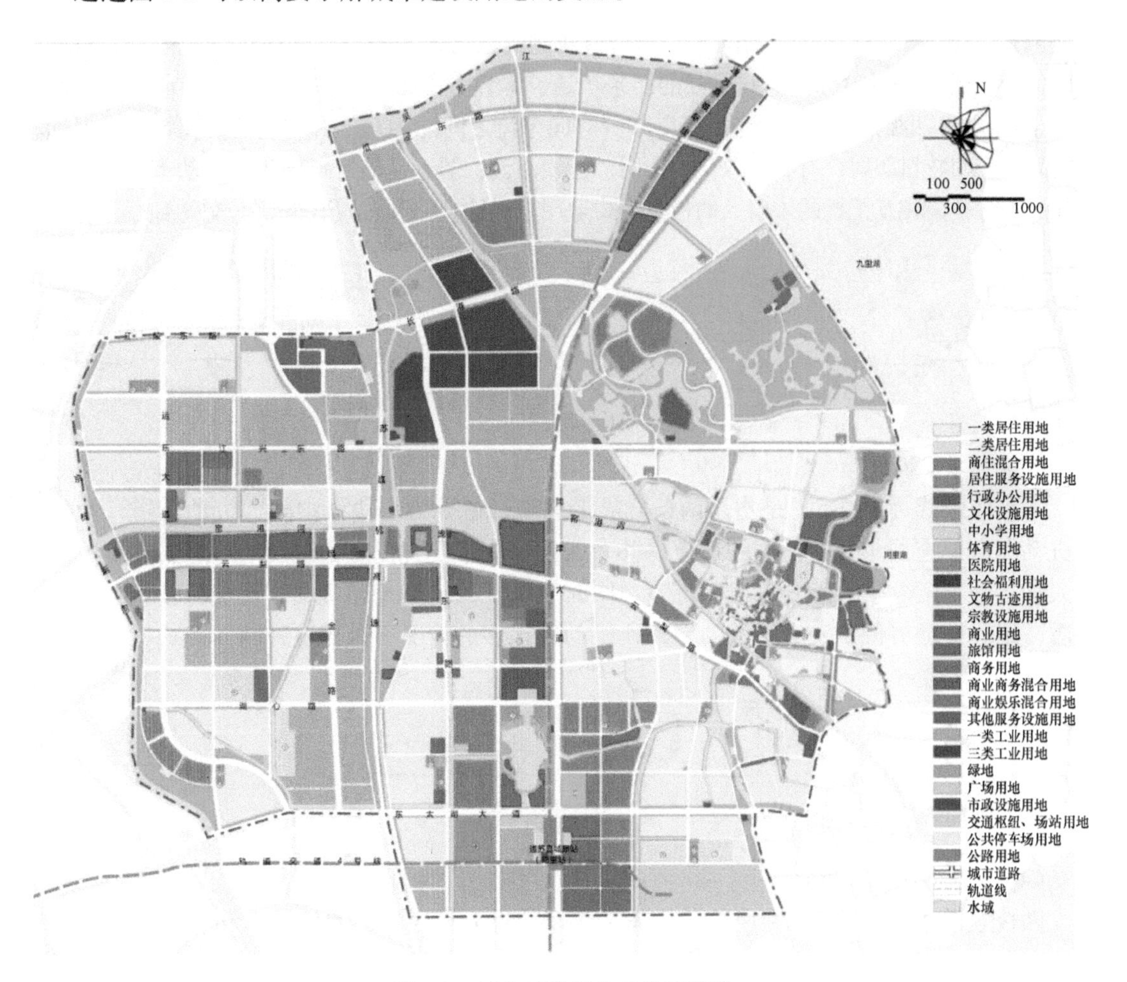

图 2-2　城市建设用地的类型示意

2.3 道路设计要点

城市道路是指城市供车辆、行人通行的，具备一定技术条件的道路桥梁及其附属设施，一般包括机动车道、非机动车道、人行道、广场、停车场隔离带、路边绿化带、沿路边沟、雨水口、地下管线构造物、地上各种架空构造物（包括跨河桥、立交桥、人行天桥、架空杆线等）、隧道、地下通道、路灯及道路交通安全与消防设施。

2.3.1 道路横断面形式

道路的横断面形式有以下几种：

（1）一板两带式

一板两带式（图2-3）是指在车行道两侧的人行道分隔带上种植行道树，其优点是简单整齐、用地经济、管理方便；缺点是当车行道过宽时遮阴效果较差，景观单调，不能解决机动车辆和非机动车辆混合行驶的矛盾，多用在小城市或者车辆较少的街道。

（2）两板三带式

两板三带式（图2-4）是指除了在车行道两侧的人行道分隔带上种植行道树以外，再用一条绿化分隔带把车行道分成单向行驶的两条车道。绿化分隔带上不种乔木，只种草皮或不高于70cm的灌木。两板三带式的优点是可以减少对向车流之间的相互干扰和避免夜间行车时对向车流之间头灯的眩目照射，有利于绿化、照明、管线敷设；缺点是仍然解决不了机动车辆与非机动车辆混合行驶、相互干扰的矛盾。两板三带式适用于高速公路和入城道路等比较宽阔的道路。

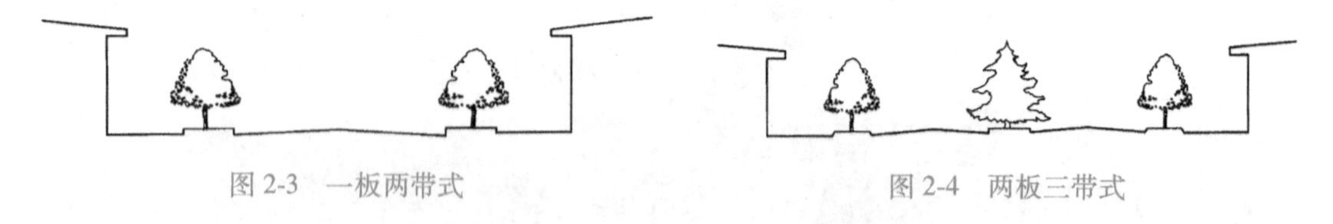

图2-3　一板两带式　　　图2-4　两板三带式

（3）三板四带式

三板四带式（图2-5）是指用两条分隔带把车行道分为三块，中间为机动车道，两侧为非机动车道，连同车行道两侧的行道树共有四条绿化带。其优点是遮阴效果好，在夏季能使行人和各种车辆驾驶者感觉凉爽、舒适，同时解决了机动车和非机动车混合行驶相互干扰的矛盾，组织交通方便，安全系数高。在非机动车很多的情况下采用这种断面形式比较理想。

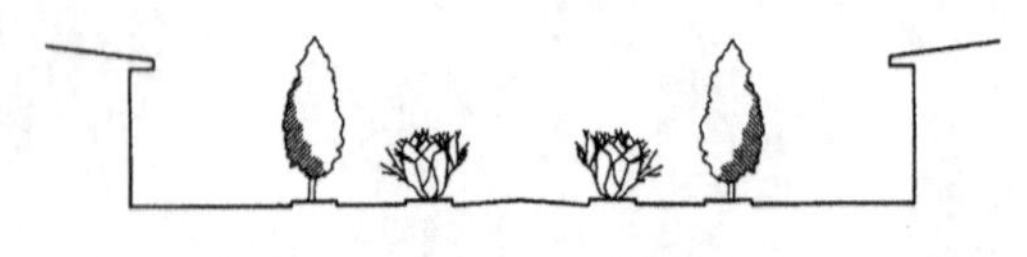

图2-5　三板四带式

（4）四板五带式

四板五带式（图2-6）利用三条分隔带将车行道分为四块，使机动车和非机动车都分上下行，各车道互不干扰。其优点是行车安全、有保障；缺点是用地面积较大。有时候也采用栏杆代替分隔带以节约用地。

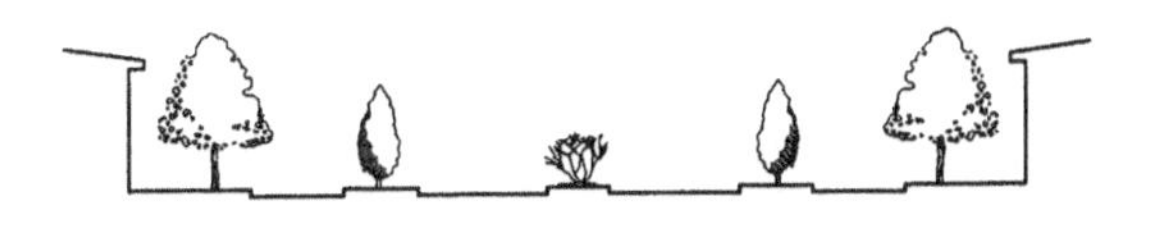

图 2-6　四板五带式

道路绿地的名称如图 2-7 所示，各种道路的横断面形式也可在图中找到对应。

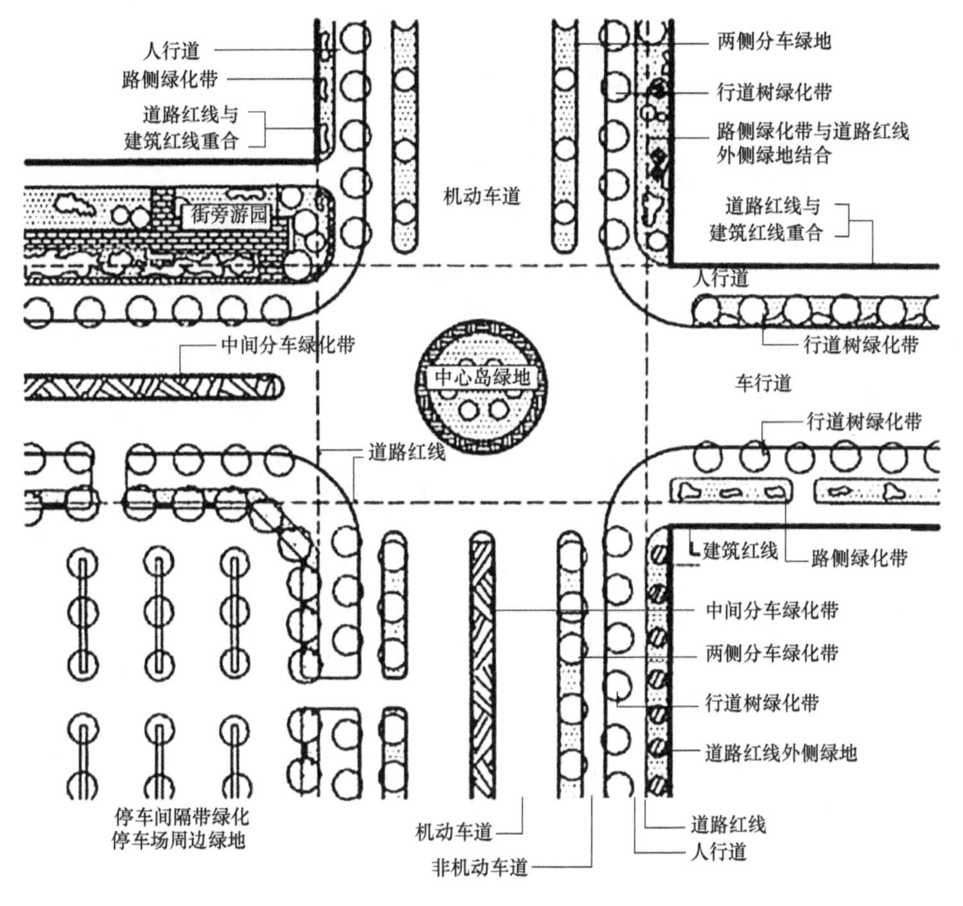

图 2-7　道路绿地的名称示意

2. 3. 2　道路设计要求

1. 通道的宽度

道路平面设计应尽量平顺，避免陡坡或急转弯的产生，否则将严重影响土方工程的造价及增加道路排水等的处理难度。在道路方案设计工作完成之后，道路工程师将进一步完善道路线形等工程设计，所以这个阶段的平面设计只是概念设计或方案设计阶段。一般城市道路的单条车道宽度为 3. 75m，最窄不小于 3m。如果设计为机动车、非机动车混行道，车道需加宽至 4. 25m。自行车道宽度不小于 1. 5m，人行道宽度不小于 1. 2m。道路剖面设计中，机动车道净空高度一般不小于 4. 5m，自行车道和人行道净空高度不小于 2. 2m。某道路断面示意图如图 2-8 所示，某道路平面与剖面对应图如图 2-9、图 2-10 所示。

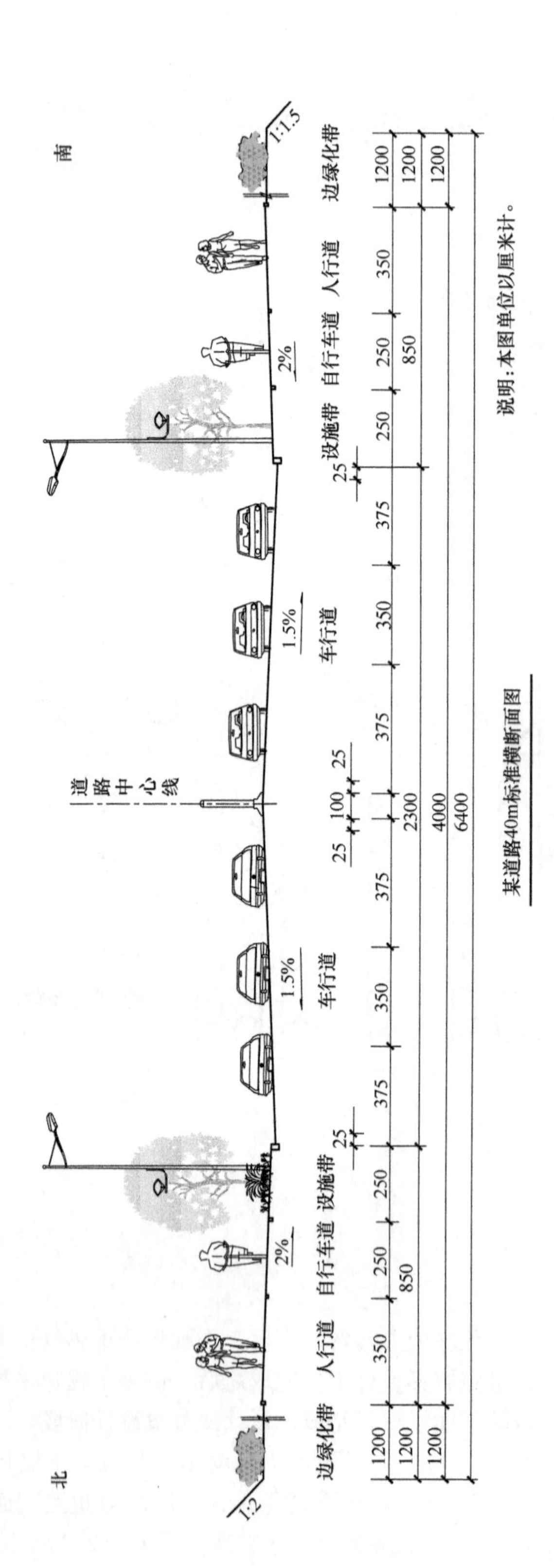

北
南
道路中心线
1:2
1:1.5
边绿化带
人行道
自行车道
设施带
车行道
2%
1.5%
1200
350
250
25
375
100
850
2300
4000
6400
某道路40m标准横断面图
说明：本图单位以厘米计。

图 2-8　某道路断面示意

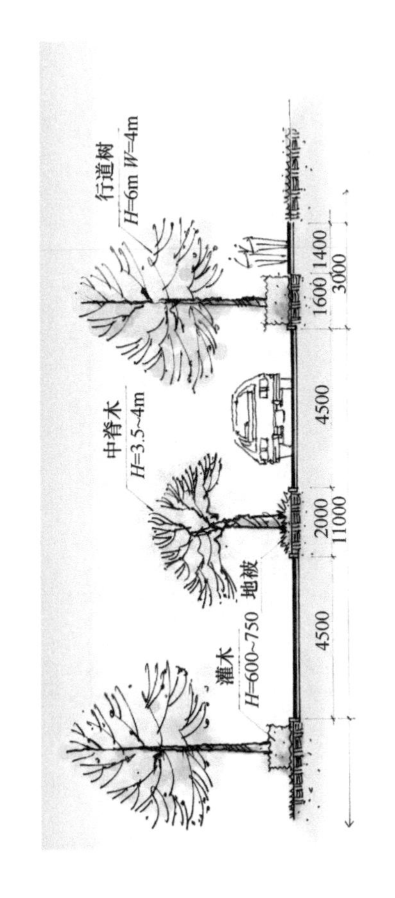

■剖面

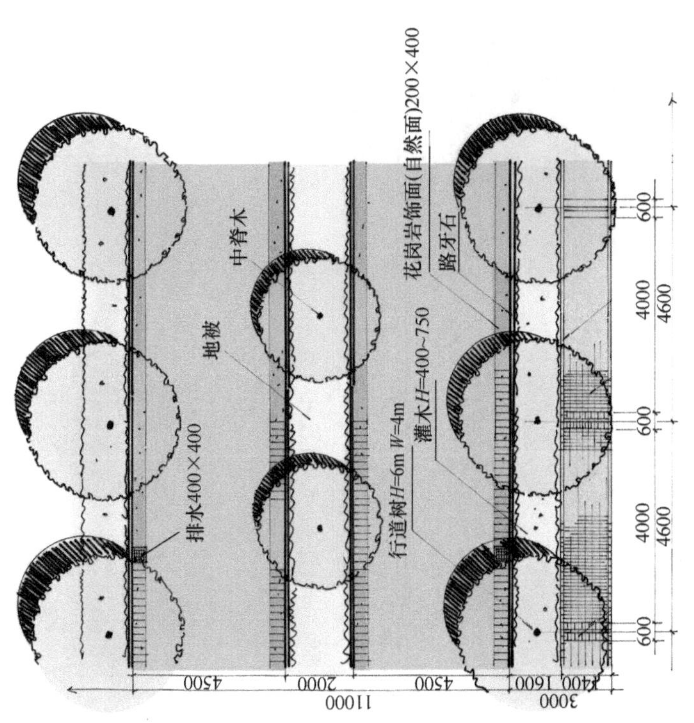

■平面

图 2-9　某道路平面与剖面对应图（一）

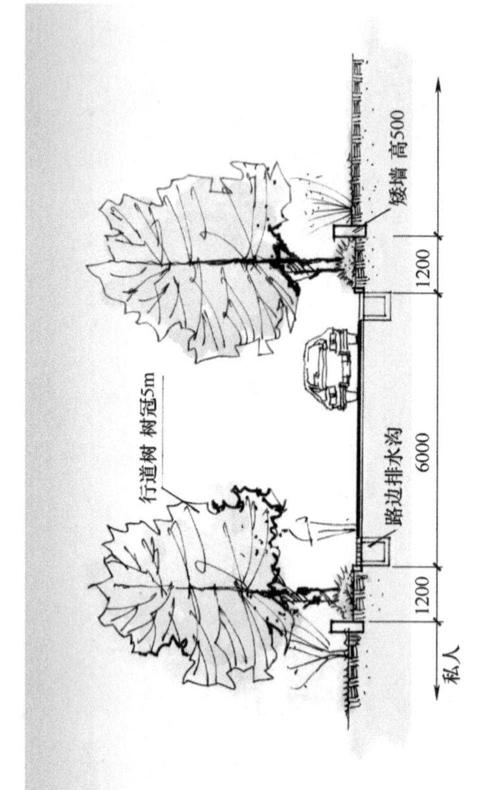

■ 剖面

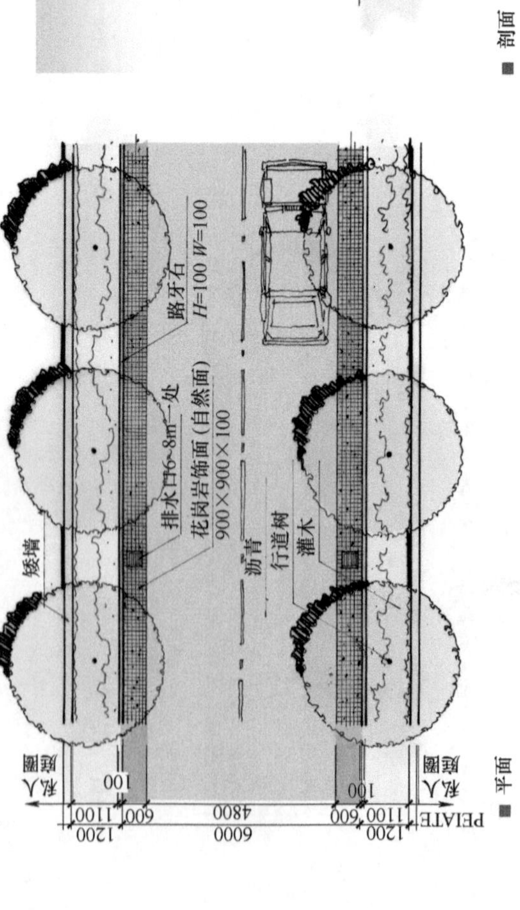

■ 平面

图 2-10 某道路平面与剖面对应图（二）

2. 道路纵坡设计

道路除了有平面设计要求外，还有纵坡设计要求，以满足机动车或非机动车爬坡通行需要，或是雨水收集等要求（图 2-11、表 2-2）。道路纵坡设计对于有地形设计要求的道路来说尤为重要，机动车道的最大坡度一般情况下宜控制在 5%以下；非机动车道的坡度应控制在 2.5%以下，否则人骑车上坡就会变得无法实现。道路纵坡设计具体数据可查阅《城市道路工程设计规范》（CJJ 37—2012）。

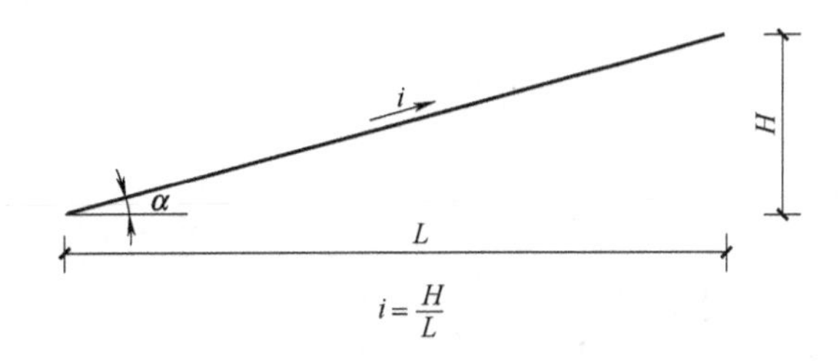

图 2-11　道路坡度计算式

图 2-11 中，道路中线两点间的高差与水平距离的比值（以%计）称为纵坡或坡度，以 i 表示。从路线起点至止点的方向看，路线升高为上坡，降低为下坡。规定纵坡上坡为“+”，下坡为“-”。例如 5.3%为上坡，-2.8%为下坡。

表 2-2　常用道路坡度数据

坡度类型	常用坡度	最大坡度	备注
机动车道坡度	0.3%~6.0%	8%	—
消防车道坡度	0.3%~6.0%	9%	消防登高面取 2%
轮椅坡道坡度	0.3%~6.0%	8%	—
自行车专用道坡度	0.3%~1.5%	5%	—
步行道坡度	0.3%~8.0%	8%	宜改为台阶
停车场坡度	0.3%~1.0%	5%	—
广场坡度	0.3%~1.0%	2%	—
运动场坡度	0.2%~0.5%	1.5%	—
中、高乔木种植面坡度	—	57%	30°
草坪修剪作业面坡度	—	33%	—
草皮坡面最大坡度	—	100%	45°

3. 道路交叉口设计

道路交叉口一般可设计成平面交叉口，这是城市道路中最常见的交叉口形式；也可以是立体交叉口，即道路上立交或者下立交的方式，这种方式多用在两条主干道交汇的情况；在城市中心区以外，交通流量不很大时常使用环岛交叉口（图 2-12），这种方式一般不使用红绿灯，这要求使用者有很好的通行意识，以先到路口车辆优先通行为原则。除了考虑车辆通行外，道路交叉口的人行和非机动车通行的设计也是道路设计考虑的重点。路口空间放大的处理是比较理想的一种设计方式（图 2-13），因为路口的行人需要等待过街的空间，从使用功能来说这种设计方式也是较为合理的。或是设置为“口袋花园”的道路交叉口形式，这种做法在国外应用较普遍。

4. 道路转弯半径设计

道路转弯半径与车辆的类型及道路的设计时速有关，具体可以查阅相关规范，其中小型

车的最小转弯半径为6m，这在居住区道路设计中经常使用（图2-14）。

图2-12　环岛交叉口

图2-13　路口空间放大

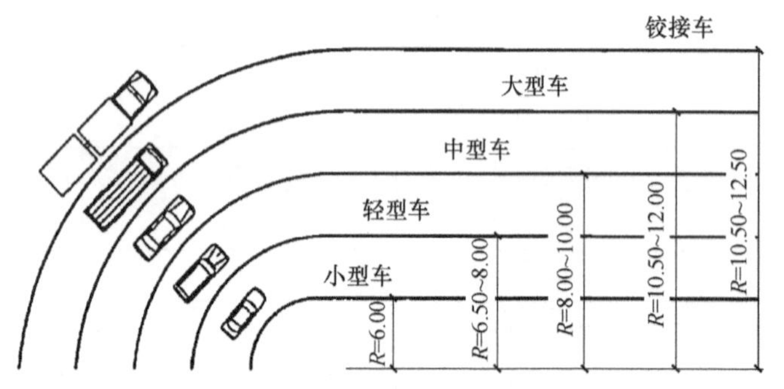

图2-14　道路转弯半径设计

5. 车速与视线设计

进行车速与视线设计时，先要了解各类道路中车辆的行驶速度。一般快速路的设计时速为80km/h，城市道路的设计时速为60km/h，支路的设计时速为40km/h，自行车的行驶速度是15~22km/h，人步行速度是4~6km/h。

当要利用道路一侧的绿化带设置艺术装置或是形成视线通廊时，就必须考虑车速对视线的影响。例如利用地铁匀速行驶的特性在隧道里布置静态的广告，通过视觉速度形成了动态的画面（图2-15）。

图2-15　通过视觉速度形成动态的画面

在道路植物设计中，植物的图案或组团的模数设计应参考车速，在图2-16中，设计师在设计道路中央绿化带及分车带的种植时，就根据车行及步行的不同速度来确定绿化组群的大小和连续节奏。

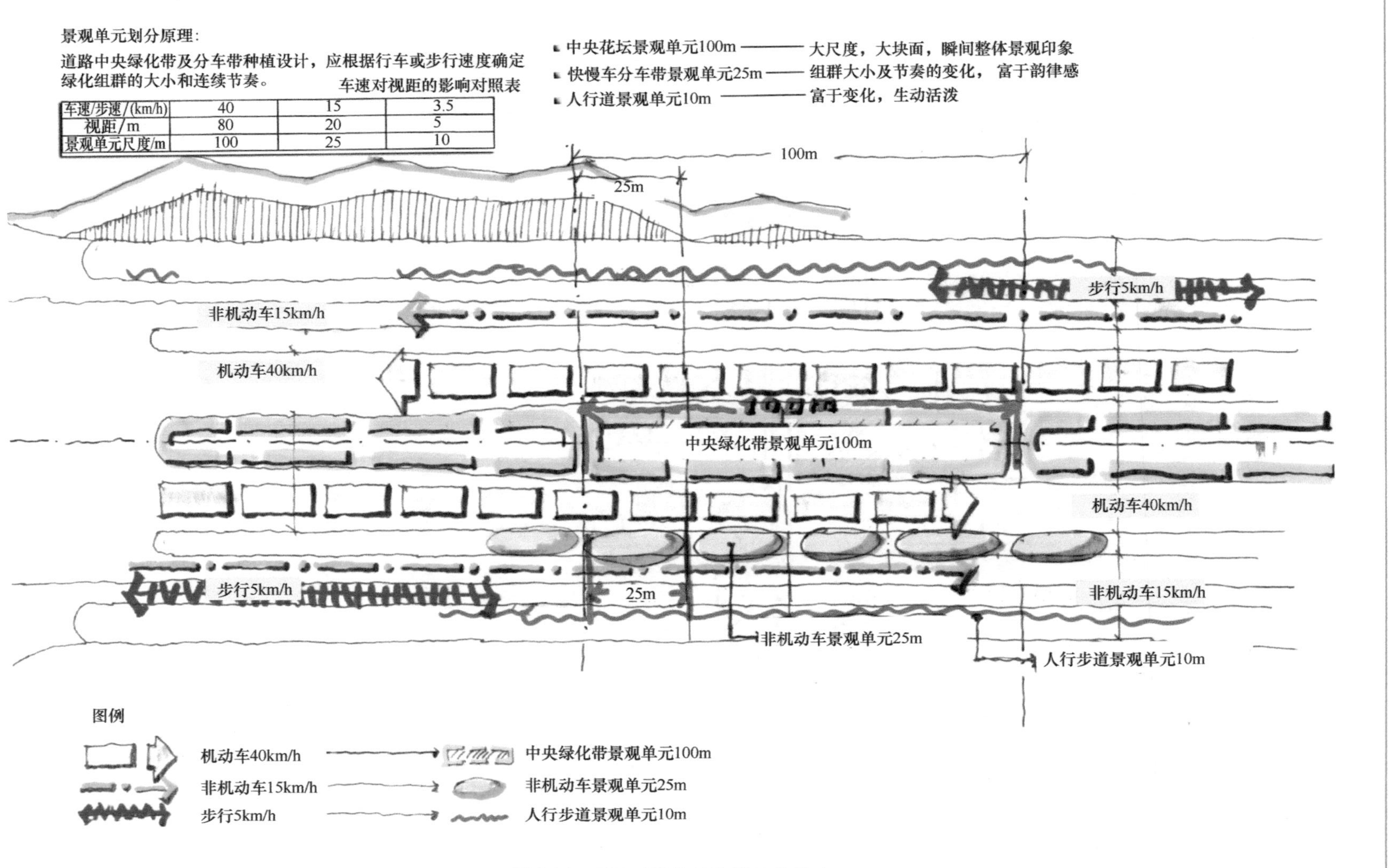

车速/步速/(km/h)	40	15	3.5
视距/m	80	20	5
景观单元尺度/m	100	25	10

图 2-16　车速对道路植物设计的影响

6. 安全视距三角形

为了保证行车安全，在进入道路的交叉口时，必须在路转角处空出一定的距离，使驾驶员在拐弯或通过路口之前能看到侧面道路上的通行车辆，并有充分的制动距离和停车时间，防止交通事故的发生。这种从发现对方汽车开始立即制动而不致发生撞车的距离，称为“安全视距”。根据两相交道路的两个最短视距，可在交叉口平面图上绘出一个三角形，称为安全视距三角形（图 2-17）。在此三角形内不能有建筑物、构筑物、树木等遮挡驾驶员视线的地面物，在布置植物时其高度不得超过 0. 70m。一般采用 30~35m 的安全视距为宜。

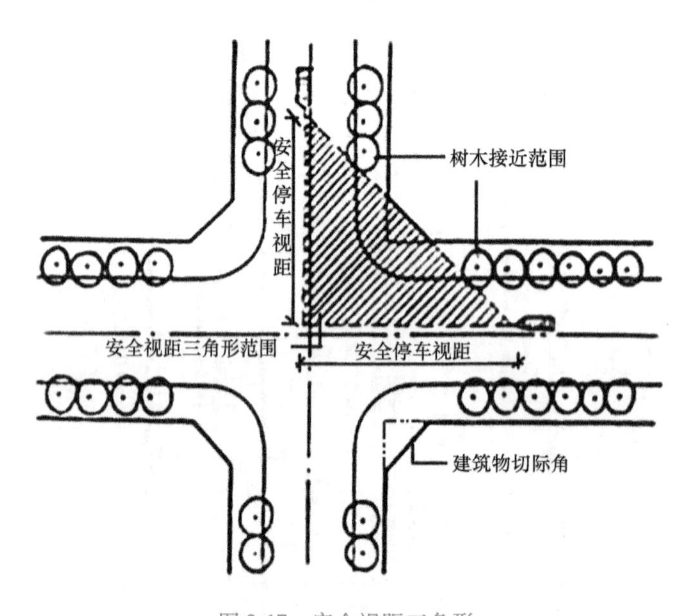

图 2-17　安全视距三角形

2. 3. 3　停车设计

停车位标准尺寸设计主要分大、小两种尺寸，大型停车位长 15. 6m、宽 3. 25m，适用于中大型车辆；小型停车位长 6m、宽 2. 5m，适用于小型车辆。停车位排列方式可以分为三种：平行式、倾斜式（倾角 30°、45°、60°）和垂直式，大型车辆停车位不应采用倾斜式和垂直式（图 2-18）。

条件允许的情况下，一辆小汽车的停车位最好能做到 3m×6m，但不能小于 2. 5m×5. 5m。各种停车位排列方式中，垂直停车（图 2-19）相对占地面积最小，斜向停车（图 2-20）以及平行停车（图 2-21）相对停车宽度最小。一般的地面停车场，平均每辆车占地面积约 30m^2（含车道面积），地下停车库平均每辆车占地面积约 35m^2（含车道面积）。利用这个指标，就能大致测算出整个停车场所需要的面积，在方案布局阶段非常有用。除停车场外，还可设计成路边停车（图 2-21、图 2-22）或路中央停车。

关于自行车停放（图 2-23），单台自行车停放可按 2m×0. 6m 计算，停放方式可分为单向排列、双向错位、高低错位等。现在大面积的自行车停放场已不多见，取而代之的是分散型停放，利用装置、科技等手段与景观相结合。

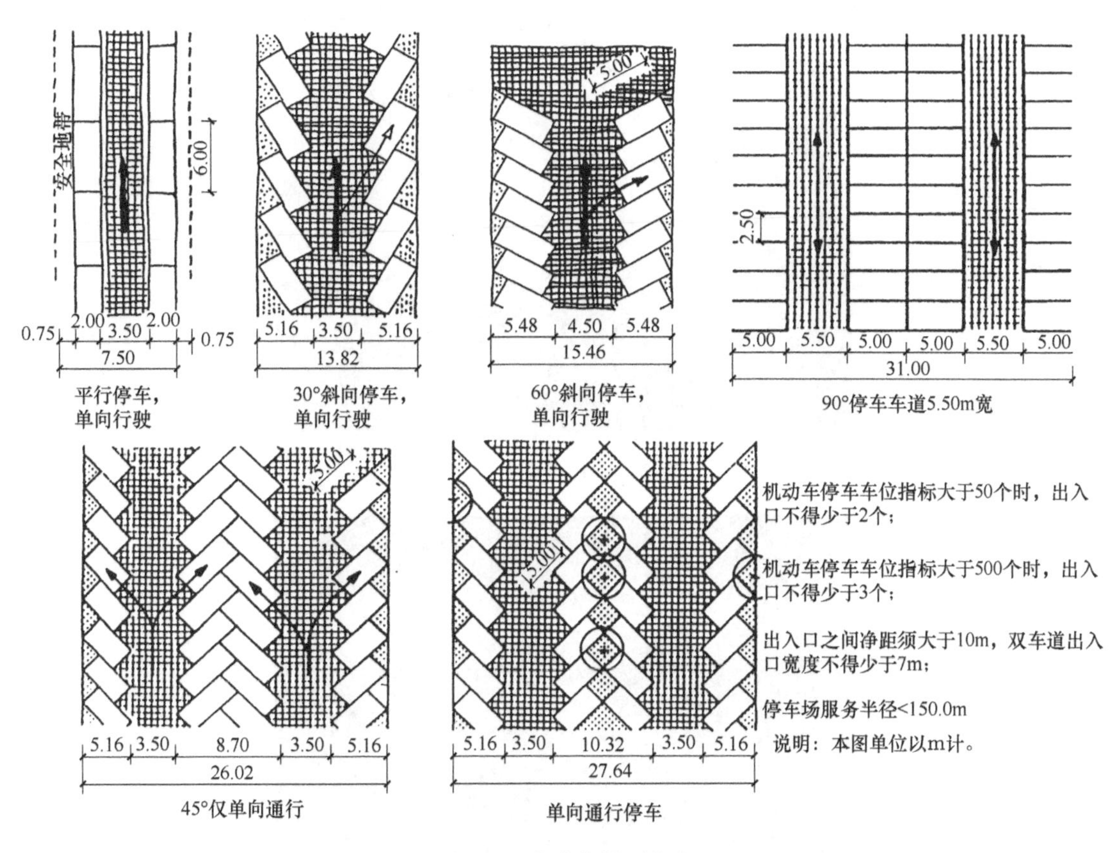

图 2-18　停车位排列方式

图 2-19　垂直停车

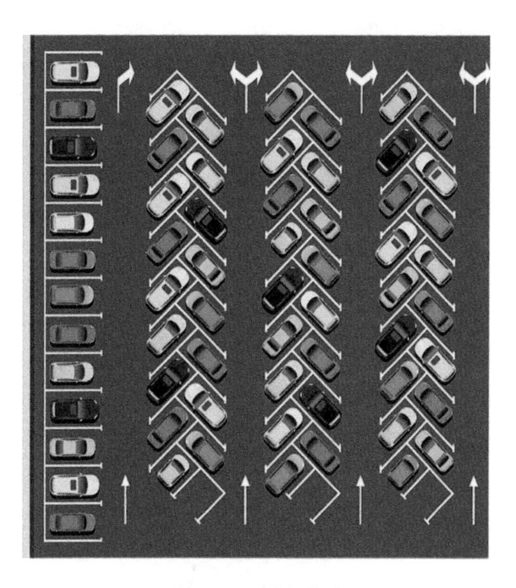

图 2-20　斜向停车

图 2-21　路边平行停车

图 2-22　路边斜向停车

图 2-23　自行车停放

2.3.4　道路景观设计人体工程尺度参考

一个人的正常行走宽度约为 0.6m（图 2-24），对于公共步道而言最小路宽宜为 1.2m，即两人步行通过的宽度，最少要有 2.5m 的路宽。公共步道设计要考虑人体工程尺度和人的行走习惯。

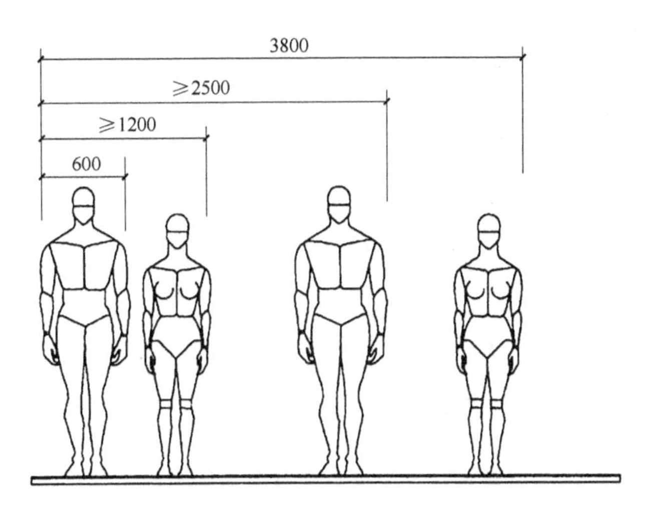

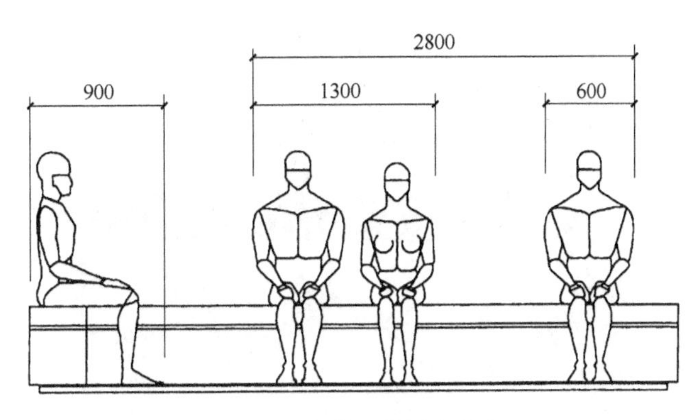

图 2-24　人体工程尺度参考

2.3.5　其他道路设计

1. 视线设计

除了人的行为尺度外，人的视觉尺度也是非常重要的设计考量因素（图 2-25）。人在步行的时候，视场的垂直方向的角度大约为 30°，即上下看到的范围；水平方向的角度大约为 60°，即左右看到的范围，所以在设置标识牌时要位于上述范围内，设计中用到的“视线通廊”“视线焦点”要位于步行线路的切线方向。进行视线设计时，还要考虑以下数据：成年人的站立视高约为 1.6m，坐立视高约为 0.75m；正常视力情况下，12m 为可以看清人的面部表情的最大距离，135m 为可以看清一个人动作的最大距离，大于 1200m 就看不清人的轮廓了。一般 250m 之后的内容，都宜作为设计背景来处理。

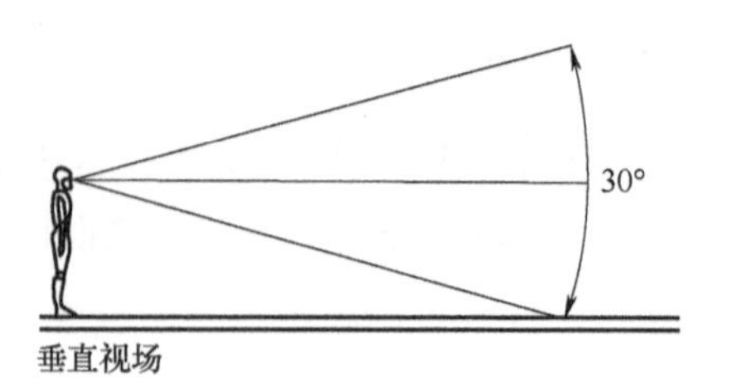

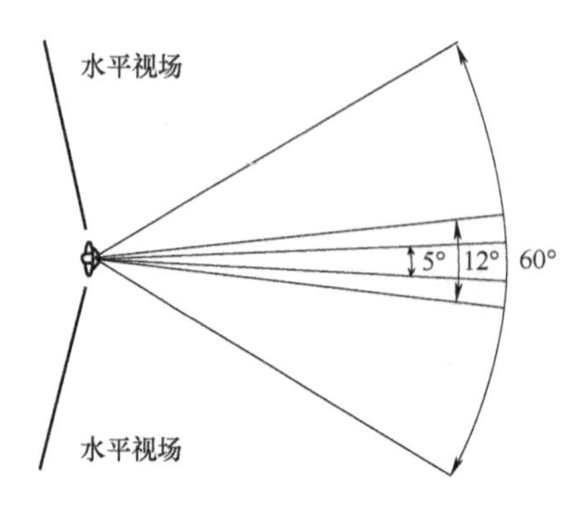

图 2-25　视线设计

2. 台阶设计

户外台阶的高度一般采用 120~150mm，在户外太高或太低的台阶高度都会造成不安全或带来使用上的不便。公共场合的台阶设计还要考虑无障碍设计（图 2-26），具体设计参考相应规范。

图 2-26　台阶与无障碍设计结合

3. 座椅设计

户外通常会设置座椅或将座椅与挡墙结合为座椅墙，典型的座椅宽度为 400~450mm，高度为 350~450mm。座椅设计既可以直接采购成品，也可以结合景观一同设计，两种方式依设计需要而定（图 2-27）。

4. 游线设计

进行道路景观设计时，必须设计一条可达、连续且无障碍的游线（图 2-28），确保绝大多数人可以抵达和使用。这条游线应该连接停车场，主要出入口，重要的活动场所、设施和

图 2-27　座椅设计

建筑等。同时，这条游线的每一段（即从停车场到活动场所或是从一个活动场所到另一个活动场所的距离）还必须在一般公众可接受和喜爱的最大步行范围内。这在公共空间的设计中是一个重要而基本的问题。

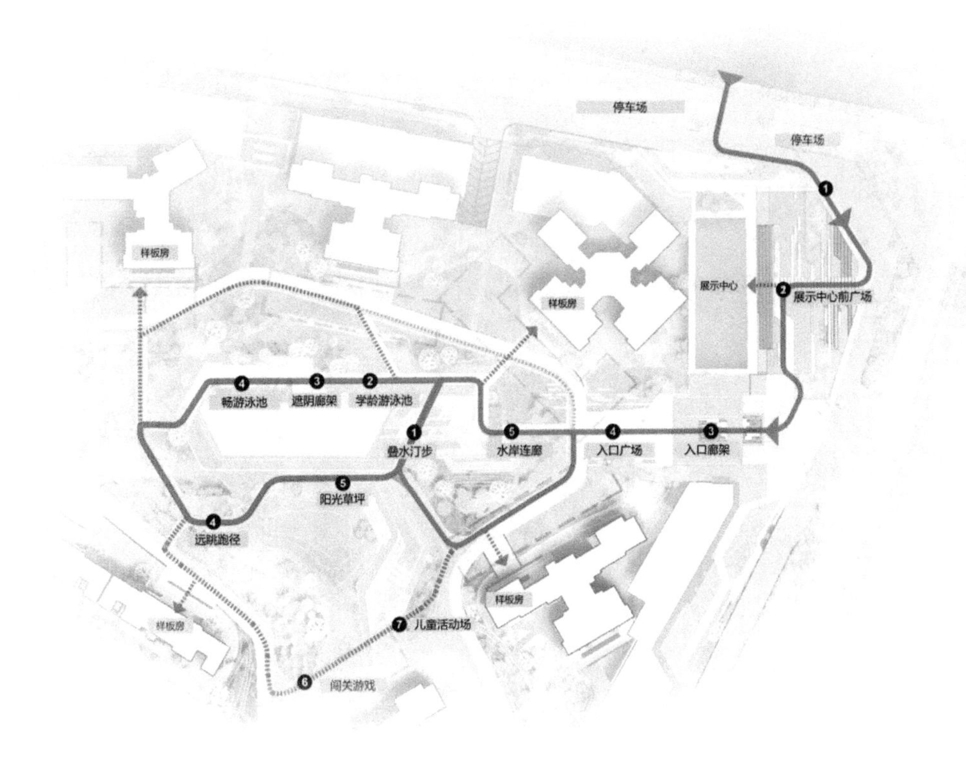

图 2-28　游线设计

人们愿意在不同活动场所之间采用步行的交通方式，但实际步行距离会受某些具体因素影响，这些具体因素包括步行的目的、步行的距离、天气状况等。多数情况下，人的平均步行距离是 250m；在有景物、娱乐活动的情况下或处于商业环境中，人的最大步行距离不宜超过 400m，大于这些距离后，人们会尝试休息一下。

例如佛山市保利天寰道路景观设计，该设计以“都市中的绿丘”为设计概念，强调多维的景观体系和竖向的变化，以起伏的绿丘和统一的折曲线的景观构筑形成高低错落的游走体验，各个功能组团与路径环环相扣，从而提高了行人参观的体验效果。

2.4 景观设计元素

明白景观设计元素

上一节通过技术角度分析了道路设计的要点，本节从景观设计元素的角度进行分析。道路景观设计的景观设计元素主要包括铺装设计、植栽设计、小品设计、公共艺术设计和生态环境设计。

2.4.1 铺装设计

铺装设计在道路景观设计的最终呈现效果中占有非常重要的地位，因为人们的各种行为（散步、跑步、唱歌、跳舞等）都是在道路的铺装上完成的。进行铺装设计时，可以利用不同的材料、不同的材料加工方式以及不同的拼装方式形成各种视觉效果，给人以不同的心理感受（图 2-29、图 2-30）。

图 2-29　圆形图案小料石铺装

图 2-30　木材和石材的规则式铺装

常见的铺装设计有花岗石铺装、透水铺装、沥青铺装等，随着技术的发展，新型复合铺装材料逐渐增多，对道路铺装材料的要求也越来越高。道路铺装材料要考虑可持续性，不仅要满足实用功能和美观要求，还要具备经济、生态、环保等性能。

1. 花岗石铺装

花岗石因颜色、质地、产地等不同而价格有很大差别。芝麻灰色、金麻黄色或者荔枝红色，这些都是比较常见的花岗石颜色，相对来说价格就会比较便宜；而纯黑色花岗石、纯白色花岗石因比较稀少，所以价格较高。花岗石的面层做法有很多种，常见的主要有火烧面、抛光面、亚光面、荔枝面、自然面、拉丝面、机切面等，在公共场合或者室外项目中一般不使用面层光滑的石材，因为一旦下雨，路面会变得非常滑而容易造成行人摔倒。在室外，应采用火烧面或荔枝面花岗石，前者是用火烧的方式形成花岗石表面的粗糙感，后者是用人工凿石的方式形成表面纹理的粗糙。所以，火烧面相比于荔枝面，粗糙感更均匀，凹凸感较小，但颜色因火烧会略微暗淡或有所变化。设计师需要利用好材料的不同特质，拼装出多姿多样的铺装效果（图2-31、图2-32）。

图2-31 人行路面花岗石铺装

图2-32 商业街路面花岗石铺装

考虑到人行和车行的不同承重要求，花岗石的厚度也会不同，人行道常用20~30mm厚的花岗石，车行道则需要50~80mm厚度。有些特殊的情况如商业街路面，既会有人行也会有服务性车辆通行的需求，所以道路铺装需要以车行标准来处理。

可将花岗石制成道路上的减速带，让通过的车辆产生抖动感，给车辆驾驶员警示，主动降低车行速度，与橡胶减速带的效果类似，常用在人流密集的商业街附近，或是居住社区的人行过街通道（图2-33）。

深圳蛇口沿山路某处，在景观车行道的沥青路面边缘，采用100mm×100mm的花岗石铺在道路两侧，各铺设500mm宽的路面，很好地改善了使用者的交通体验。设计师希望此处的车辆能感受道路的美景以降低车速，另外也可以让常见的沥青路面更富有变化（图2-34、图2-35）。

图2-33 花岗石减速带

2. 透水铺装

与传统不透水路面相比，透水铺装路面为树木和其他植物的根系提供了更多的水分、氧气和营养物质，更有利于其生长；不仅考虑了人类活动对硬化场地的使用要求，而且所拥有的具有良好透水性的生态优势减少了传统不透水路面对自然的生态破坏，还缓解了城市热岛效应。透水铺装的常用材料有透水混凝土、透水砖等。

图 2-34　深圳蛇口沿山路某处花岗石铺装（一）

图 2-35　深圳蛇口沿山路某处花岗石铺装（二）

常见的透水砖颜色有红色、青灰色，也有彩色。透水砖铺装常做成“人字铺”或者“错缝平铺”形式，施工方式也较简单，找平地面后铺装透水砖，最后用细沙填缝即可。通常，透水铺装可在道路的重要节点或广场部分形成一些特殊的花纹，这些特殊的效果会给整个区域带来亮点（图 2-36、图 2-37）。

图 2-36　透水铺装（一）

图 2-37　透水铺装（二）

3. 沥青铺装

车道上的铺装大多采用沥青材质，透水沥青现在被普遍使用，排水性能很好。除常见的灰黑色沥青路面之外，还有彩色沥青路面（图 2-38），更有与科技结合的沥青铺装的“充电公路”“音乐公路”（图 2-39）。

图 2-38　彩色沥青路面

图 2-39　沥青铺装的“音乐公路”

2.4.2　植栽设计

道路景观设计中的植栽设计的主要作用：

1）可以美化城市形象，实现对道路景观的塑造，同时也能够给人们带来精神上的愉悦。

2）良好的园林绿化还能够起到降温遮阳的效果，尤其是在夏季温度较高的时候，利用树荫能够起到防暑降温的效果，为车辆行驶和行人的安全提供保障。

3）借助道路绿化景观，可实现行人和车辆通道的有效分隔，在一定程度上可避免交通事故的出现。

道路景观设计中的植栽设计应遵循以下几项原则：

1）功能性原则。城市内部不同性质的道路在植栽设计方面会表现出不同的需求，因此围绕道路进行植栽设计时，就需要充分考虑城市道路本身的性质以及功能需求，保证最终的设计效果和整体环境的一致性。

2）以人为本的原则。进行道路景观植栽设计时，应考虑不同出行目的使用者的需求，依据人的行为规律和视觉特性，保证最终呈现出的道路绿地景观的人性化属性。例如，车行速度较快的情况下，为了保证驾驶员视野清晰，在道路景观植栽设计方面需要关注整体性和序列性；而在人群停留时间较长的地方，对植物的细节要求较高。

3）地域性原则。不同地域对应的气候条件会呈现出显著的差异，所以道路景观植栽设计需要遵循地域性原则。同时，城市本身发展过程中的历史文化以及人文内涵也会表现出明显的不同，因此道路景观植栽设计应选择适宜的树种，保证植物配置和城市特色之间的匹配，从而建立独特的城市景观。

1. 草坪

对于草坪、灌木、乔木，人的感受是不同的。草坪非常低矮，它能给人提供走进去和休息的空间，或是视觉延展的空间。对于人们的活动感受来说，草坪是一条道路或者广场空间的延伸。当设计师画了一条 2m 宽的道路，而两边设计有一片大的草坪时，这个空间尺度的感觉是被延伸了的。虽然草坪不是道路，但加上了草坪的空间尺度，人们就不会只感受到2m的空间（图2-40）。

道路的作用是引导人们到达另外的目的地，而草坪可提供人们在这里逗留和活动的休息空间，让人们步行的时候产生不同的空间感受。灌木和乔木设计在草坪后面，是为了对空间形成围合感，使空间不至于无限扩展。通常设计师会做一个多层次的植栽效果，比如草坪加两层的灌木系统或两层的乔木系统，高低搭配不同的颜色，来形成空间界面的多层次感（图2-41）。

图2-40　道路及草坪空间

图2-41　多层次的植物组合

2. 灌木

灌木通常是集中种植的，是道路景观植栽设计中介于乔木和草坪之间的过渡空间。由于其可部分吸收车辆行驶过程中产生的噪声，因此在分车带和人行道领域的应用十分广泛。灌木应尽量选择枝叶丰满的类型，既能保证对噪声的吸收效果，同时也能强化道路整体的绿化作用，一般以无刺灌木为主，便于后期的修剪维护。

3. 乔木

在道路景观植栽设计中合理应用乔木，既能改善城市的气候条件，也能对城市道路景观的整体性观赏效果进行强化；同时，乔木一般较高大且笔直生长，会形成一个垂直向上的感觉，让整条道路产生序列的节奏感。在道路的剖面图绘制中，可根据乔木的树形特点选用不同的图样形状，例如银杏树在道路剖面图上可以用一根很长的树干和一个纵向的椭圆形表示；街道上常见的梧桐树，它在道路剖面图中可用树干与圆形或横向的椭圆形来表示，让空间具有纵向进深感（图2-42），这样的树形可使一条双向车道形成一段林荫“隧道”，在夏日里，对道路的遮阴有非常好的效果。

图2-42　植物营造的道路进深感

2.4.3　小品设计

在道路景观设计中常常可以看到各式室外家具及小品，比如路灯、垃圾桶、座椅等。

1. 路灯

路灯主要为车行道照明，有时也会有自行车道或人行道的路灯。路灯的安装间距不是完全固定的数值，路灯的间距由路灯的照明功率、路灯高度、马路宽度等多种因素共同决定。例如 60W 的 LED 灯头，6m 左右高的灯杆，间距 15~18m；8m 高的灯杆，间距 20~24m；12m 高的灯杆，间距 32~36m。路灯不仅用于照明，它也是序列感设计的重要元素，它应该与路面铺装、植栽等形成一定的模数关系。道路景观设计师的任务是推荐灯具造型和确定灯具布置的光源颜色及间距等。有时，设计师会将科技感融入路灯的设计中，如太阳能、低功耗的无线网络传输等，未来科技的融入一定是道路景观设计的亮点。

2. 垃圾桶

垃圾桶的设置在道路景观设计中是必不可少的，垃圾桶不像路灯那样要形成序列感，而是应该设置在公共空间最需要的地方，比如广场和公园的休息区。如果是商店集中的地方，可以不在户外设置公共垃圾桶，而是利用商店的内部设施即可解决公众需求。同时，需要注意垃圾桶使用的发展方向和我国的垃圾分类政策。这里要注意，允许宠物进入的公园，有必要设置宠物垃圾桶。

3. 座椅

小品设计中的座椅设计，可参考 2. 3. 5 节中的座椅设计。

2.4.4　公共艺术设计

公共艺术不仅是一种空间装饰，更是一种通过艺术手法反映一个城市或是区域文化特质的设计手段，是设计师对文化理念的认同（图 2-43）。公共艺术受到特定社会文化的影响，一方面集中体现社会整体文化价值观，另一方面又浸透着自然原生态环境及其衍生出的特定生态文化经验的特性。西方的各个时期把其辉煌历史、宗教信仰等用艺术的形式凝固在公共空间，供人瞻仰或是纪念，如各种纪念碑等。东方的公共艺术则更为含蓄内敛，常利用建筑、景石、造型独特的名贵古树创造空间场所的中心。在现代景观中，常用雕塑作为文化象征的核心，人们会因为某种文化的存在而聚在一起，空间场所和人一样需要各自的“灵魂”，文化艺术和文化视觉的存在会给人们精神上的享受（图 2-44）。

图 2-43　公共艺术设计

图 2-44　雕塑设计

2.4.5 生态环境设计

道路景观设计中的生态环境设计，主要体现在水资源的综合管理方面。水资源是世界上最为珍贵的自然资源，广泛而复杂的水资源管理方法是以“环境友好型”为设计目标。随着人们生态环境意识的提高，人们意识到必须通过减少污水的产生以及雨水和中水的收集、处理与回用来对水资源进行更高效的利用，在道路景观设计中也是如此。这里简要介绍两种生态环境设计做法：

1）“生态草沟”的设置。没有受到污染的雨水是相对干净的，但雨水落在路面后的几分钟时间内，由于冲刷路面污染物的原因，雨水会受到一定的污染而不宜直接被收集，生态草沟可以想象成在雨水收集前过滤路面污染物的“装置”，以保证收集的雨水是干净的可以再次被利用（图 2-45）。

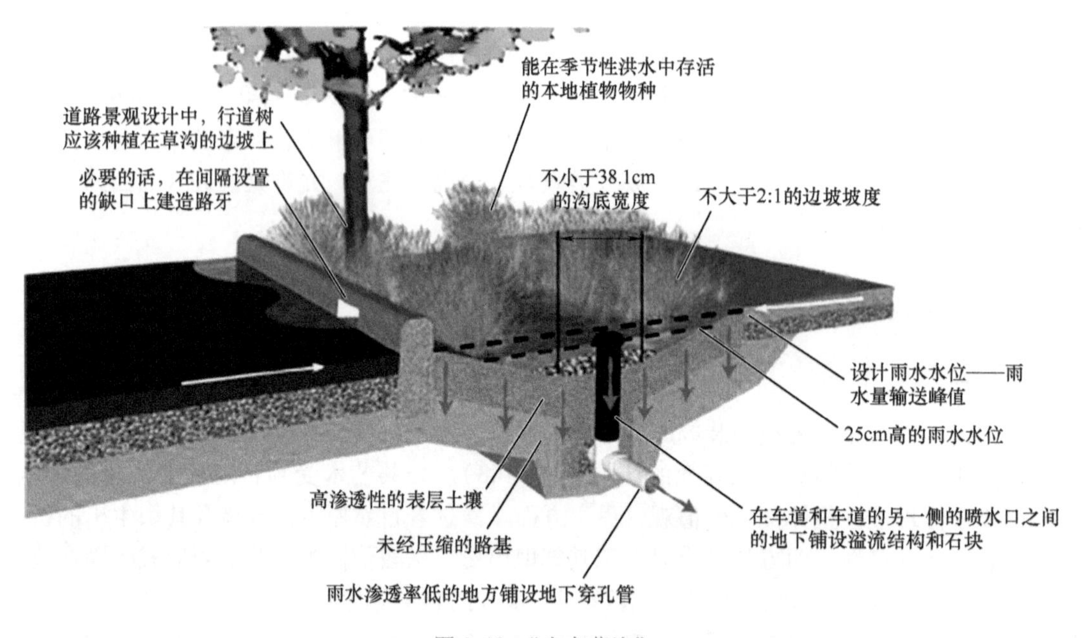

图 2-45 “生态草沟”

2）“雨水花园”的设置。当雨季来临的时候，雨水花园有部分蓄水的功能，同时可以改善城市的热岛效应并提升地区的微气候质量（图 2-46）。生态草沟和雨水花园可根据设计

图 2-46 “雨水花园”

的需要组合在一起，雨水通过回收和再利用系统进一步处理和使用。例如河南省信阳市的南湾区新七大道海绵化改造工程就运用了下凹式绿地、植草沟、雨水花园和透水铺装等措施，取得了良好的生态效果（图 2-47），不仅对道路本身汇水区域内的雨水径流进行了有效消纳和净化，减轻了入河污染，还收集和净化了周边部分地块内的雨水，降低了管网和河道的排水压力。

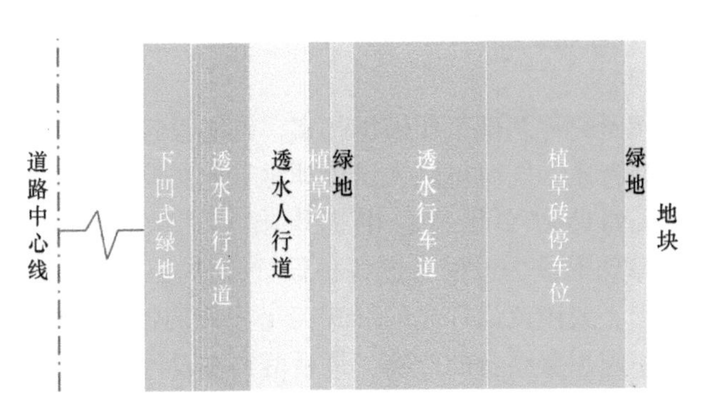

图 2-47　海绵化改造工程案例示意

2.5　道路景观设计流程

道路景观设计的流程包括方案设计、扩大初步设计和施工图设计三个部分。扩大初步设计和施工图设计都有标准的成果要求，可以查阅相关标准，本节重点讲解道路景观设计的方案设计部分。

2.5.1　资料准备

道路景观设计资料一般包含设计范围、CAD 资料等。设计前应清楚了解项目的设计目标、施工成本控制、工作周期等。同时，还需要了解上位规划的内容，包括规划设计、市政设计或建筑设计，必要时还需要由设计师进行设计的交底工作。

在资料准备阶段，要将基地踏勘产生的所有资料、照片等进行仔细分类；同时，完成设计项目的现状分析，分析内容一般包括：上位规划分析、现状土地使用性质分析、现状交通分析、现状场地与高程分析、主要的视线方向和视线焦点分析，以及规划或者建筑退界分析。在这一阶段，设计师需要明确基地内是否有高压走廊、河道控制线在哪个位置等问题；需要跟生态环境专家共同讨论在设计中是否有生态议题，如雨水花园、生态草沟的设置，河道湿地的设置等，这些都将成为道路景观设计方案的前提条件。

在资料准备阶段，必须对基地现状的每一个分析得出必要的结论，这个结论是站在项目基地的角度得出的。对于基地的分析，有可能得出的是有利结论，也有可能是不利影响，对于有利的一面，在设计中应尽可能发挥和重点突出，而对于不利的一面则必须避免。所以，设计师在这个阶段需要把项目的优势和劣势完整而客观地分析出来，并明确优先考量的顺序。

2.5.2　案例研究

完成了资料准备后，就可以搜寻类似项目的优秀案例，以此作为后续设计的参考。案例研究通常可以解决两个议题：让业主了解整个项目最终会达到什么效果；知道优秀案例如何处理与本项目类似的不利因素。作为一名设计师，需要经常出去走走、看看，思考解决问题的方法。除了已有的文本资料之外，还可以借助“百度街景”等程序辅助进行案例研究。同样，案例研究也需要有目的性地提出结论，这个结论就是针对已经发现的问题提出解决的方法。

2.5.3 概念设计

如果资料准备和案例研究等基础工作做得扎实，就能很容易地将道路分出若干个片段场景，形成每个场景的独特特质，同时可融入设计师对于此次设计的概念表达。例如在某设计项目中，设计师在一系列地方文化特色中提炼出了“养殖文化——珍珠”概念设计（图2-48~图2-50），将珍珠形成的过程通过各种设计手法融入道路景观设计中，例如平面构图中多采用河蚌的扇形，或用夜景灯光的形式突出珍珠的特点。概念设计必须有因有果，概念设计是客观分析与主观想象结合的产物，最后落实在设计构图和景观空间里。

图2-48　文化特征提炼

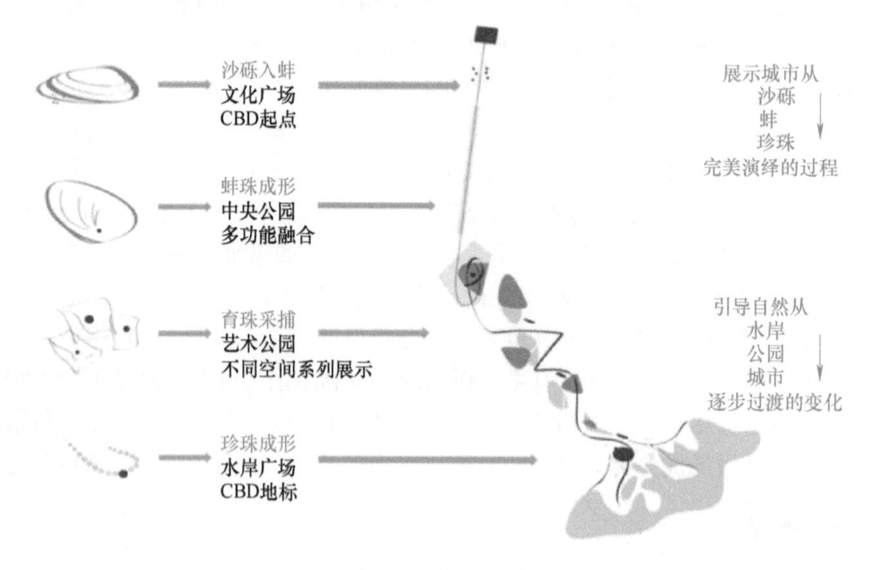

图2-49　概念设计

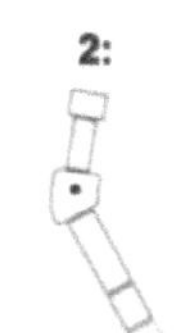
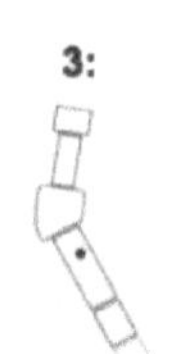

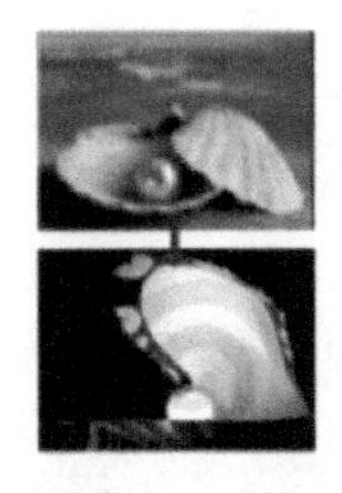

图 2-50　设计策略

在进行方案设计时需要考虑多个因素，它们之间是相互衔接的关系，最终只有在确认这些因素相互都不冲突的情况下，方案设计才达到平衡。这些因素包括车行道的平面与断面设计、停车设计；按照区段特质确定使用何种造型的行道树（直立的或横向舒展的），是否需要中间隔离带；自行车道的设置（独立自行车道还是人车混行道）等。

进行方案设计时要考虑以下因素：如果条件允许，道路应该与周边的广场、商业街等因素一同考虑；要重视景观视线与景观焦点，既考虑行车感受，也要考虑自行车和行人的行动视线与停留视线；要考虑空间收放的韵律感，这将给使用者带来舒适的空间感（图 2-51）；要考虑生态草沟和雨水花园的设置，一般可以与道路分隔带、停车带一同设置（图 2-52）。同时，要鼓励智能化装置在道路景观设计中的应用，例如深圳湾公园从红树林保护区至海风运动广场路段，添置了 5G 智慧半程马拉松跑道，提供了一个新颖有趣且健康的智慧化运动体验。

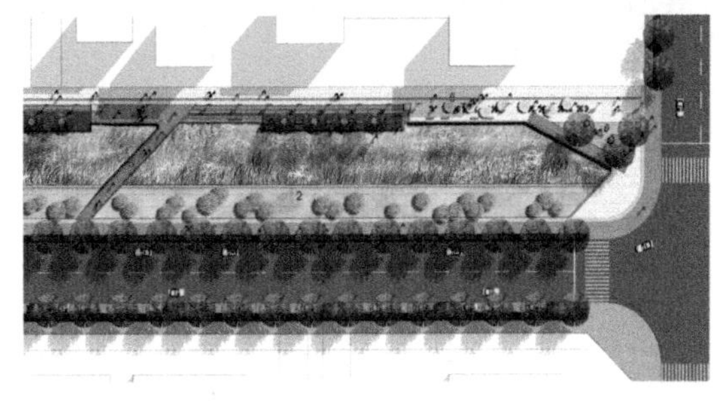

图 2-51　道路的空间感

图 2-52　考虑雨水花园的道路设计

在完成了上述方案设计后，就可以进行更深入的细部设计，包括铺装设计、小品设计、植栽设计、雕塑设计等，可以搜集并整理设计意向图，并与效果图共同反映设计意图。

思　考　题

1. 城市规划“七线”分别代表什么？
2. 一般情况下，道路红线是否就是车行道的边界线？
3. 公园中的步行小径宽度一般不小于多少米？
4. 在有景物或有商业活动的情况下，间隔多少米的人行距离需要设置休息点？
5. 进行道路设计时，设计师要着重考虑哪些设计元素？

第3章

广场景观设计

3.1 广场景观设计概述

城市广场是城市不断发展的映射表现，回看其发展进程，城市广场也是人类文明生活方式的写照。作为城市中开敞的空间，广场是一种构成城市肌体的重要元素，它既可以连接建筑与建筑、建筑与道路，也可以让人们在此休闲、停留；同时，城市广场也是一种公共艺术形态，它承袭着城市的传统和历史，传递着美的韵律和节奏，成为塑造自然美和艺术美的舞台。城市广场是城市文明建设的缩影，也是景观设计中非常重要的类型。

从景观设计的方面来看，由于城市广场娱乐性、高密度性、聚集性等特点，使其成为一座城市必要的基础设施，这也是城市建设的一项必不可少的内容；从城市形象方面看，城市广场是城市名片，同时也承载了经济发展与文化发扬的功能。城市广场景观设计与该地区的文化与艺术紧密结合，需要明确设计空间的主题与功能，同时给予城市功能性的场地，充分发挥其重要价值，通过不同景观元素的应用创造满足多方面需求的城市空间（图 3-1）。

图 3-1　某广场效果图

3.1.1 广场的起源与演变

广场的起源

“广”者，宽阔、宏大之意也；“场”，是指平坦的空地。“广场”，即广阔的场地，是指由两条或几条街道汇合形成的空地，现今特指城市中广阔的场地。

广场是以二维的开敞空间实体形式存在的，同时这种二维的存在形式又是以周边的三维立体建筑为背景围合而成的。这些三维立体建筑构成广场的空间界限，同时其体量、造型、景观特点也体现了某种精神，成为广场精神内核的重要组成部分。

1. 欧洲的广场

欧洲广场由来已久，作为城市整体空间的一个重要组成部分，欧洲广场的发展几乎与城市的发展同步，是欧洲各国历史、文化和艺术的缩影。

早在古希腊时期，建筑物的布置就是以神庙为中心的，各种建筑围绕着它形成广场，如阿索斯广场，这一时期的广场普遍具有宗教功能。

从古罗马时代开始，广场的使用功能逐步由宗教、集会、市场扩大到礼仪、纪念和娱乐等，广场也开始作为某些公共建筑前方附属的外部场地，广场的建设达到了一个高峰，广场的类型逐渐多样化，出现了政治性广场、纪念性广场等。

中世纪意大利的广场，功能和空间形态进一步拓展，城市广场已成为城市的“心脏”，在高度密集的城市中心区创造出具有视觉、空间和尺度连续性的公共空间，形成与城市整体互为依存的城市公共中心广场。

欧洲广场从文艺复兴风格发展到 17 世纪的巴洛克风格，这一时期城市广场的空间最大程度地与城市道路联成一体，广场不再单独附于某一建筑物，而是成为整个道路网和城市动态空间序列的一部分。巴洛克风格广场主要有四种形式：位于城市轴向道路交汇点处的广场；作为宗教广场和城市纪念碑广场；在新城市或新地段中建立的广场；在现存广场的基础上通过增设雕像和喷泉改造而成的广场。这四种形式广场的共同特点是最大限度地与城市道路体系联成体；强调自由的、流动的连续空间，以及建筑的动态视觉美感；中央设方尖碑或雕塑、喷泉，以此统一空间并成为广场中心。

当工业革命席卷欧洲时，广场的传统作用逐渐发生了改变，像巴黎的星形广场，是城市东西向轴线的重要交汇地点，起到了改变巴黎地区网状交通的作用，与凯旋门有同样的纪念意义；20 世纪初，城市设计师侧重便利交通的考虑，星形广场作为社会活动的场所从建筑群中分离了出来。

（1）意大利田园广场

意大利田园广场位于意大利锡耶纳城，是欧洲中世纪较大的城市广场之一，以其完整的建筑和独特的美感而著称于世（图 3-2、图 3-3）。

图 3-2　意大利田园广场

图 3-3　意大利田园广场全景

从图 3-4 和图 3-5 可以看出，在田园广场中教堂占统治地位，围合的边界平面不规则，建筑排列自发而成；道路网以教堂为中心呈放射状；入口景观由塔楼控制，形成了良好的视觉景观和空间连续性。

图 3-4　意大利田园广场鸟瞰图

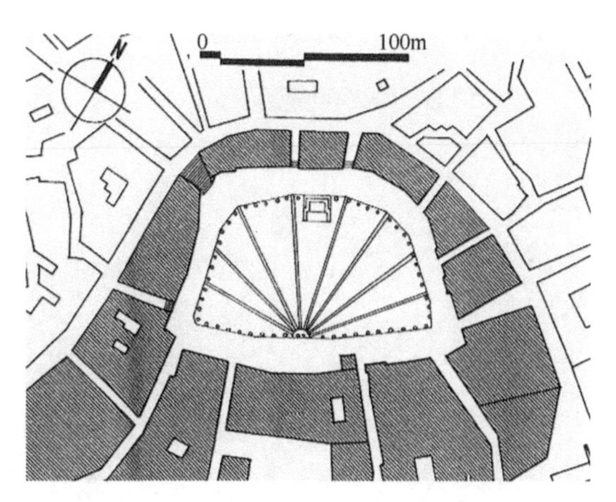

图 3-5　意大利田园广场平面图

（2）圣彼得广场

圣彼得广场（图 3-6～图 3-8）位于圣彼得大教堂的前面，广场中央矗立着一座埃及方尖碑。

圣彼得广场可容纳 50 万人，是罗马教廷用来从事大型宗教活动的地方。广场略呈椭圆形，地面用黑色小方石块铺砌而成。两侧由两组半圆形大理石柱廊环抱，形成三个恢宏雄伟的走廊。这两组柱廊为梵蒂冈的装饰性建筑，共由 284 根圆柱和 88 根方柱组合成四排，形成三个走廊。

图 3-6　圣彼得广场鸟瞰图

图 3-7　圣彼得广场内部空间

图 3-8　圣彼得广场雕像

（3）圣马可广场

圣马可广场（图 3-9、图 3-10）位于威尼斯的市中心，是威尼斯的心脏地带。广场总面积超过 1 万 m^2，长 170m，从东到西呈梯形（东面宽 80m，西面宽 55m），是威尼斯举行盛大的节日庆典、政治活动、宗教活动的重要地点。

早期的圣马可广场继承了欧洲中世纪建筑传统，建筑布局灵活、空间封闭、雕塑多位于一边；扩建后的广场比较完整，多采用柱廊形式。

图 3-9　圣马可广场内部空间

图 3-10　圣马可广场鸟瞰图

2. 中国的广场

中国具有更为悠久的城市广场发展史并形成了独具特色、内涵丰厚的广场体系。《周礼·考工记》记载："匠人营国，方九里，旁三门。国中九经九纬，经涂九轨，左祖右社，面朝后市，市朝一夫。"这对广场在城市中的位置和规模都作了规定，而且这种城市规划思想一直影响着我国古代城市建设（图 3-11）。

在距今约六千年前的仰韶文化初期的母系氏族村落（陕西姜寨遗址）的考古中发现，当时的居住区中心是约 4000m^2 的广场，房屋建于广场四周，屋门都朝向广场。广场四周有五个建筑群，各以一座方形大房屋为中心。这种露天的公共空间，应是先民出于生活需要而有意识地用建筑围合而成的，其格局表明了它在社会生活中的中心地位，成为全体成员的公共活动空间。先民在此举行祭神、部族集会等公共活动，由此产生了最初的广场文化。

从原始社会进入阶级社会后，广场的形式和功能设施发生了不少变化，但其原始的核心依然存在——广场的宗教功能以及由此引发的社会凝聚功能，并在此基础上分化演进，衍生出了新的功能、形式，形成了丰富多彩的中国广场体系。

（1）殿堂广场

殿堂广场是展示帝王权力的场所，夏、商、周三朝的宗庙占据着都城的中心，既是君王祭祀祖先的庙宇，也是国君处理政务的殿堂。但从春秋后期始，宗庙与殿堂的功能开始分离，殿堂逐渐取得独立且更为重要的地位，成为大型政治活动、礼仪活动的场所。

至隋、唐时期，都城长安最终形成了宫城、皇城、外城层层相套的都城格局，城内布局也变为东西对称的中轴线形式。殿堂广场自唐代承天门广场开始不断演化，最终形成了明、清时期天安门广场端庄神圣而又富于节奏的布局。同时，使用主体也有明显变化，殿堂广场由隋、唐时期对民众的有限开放，到明、清时期的完全封闭。

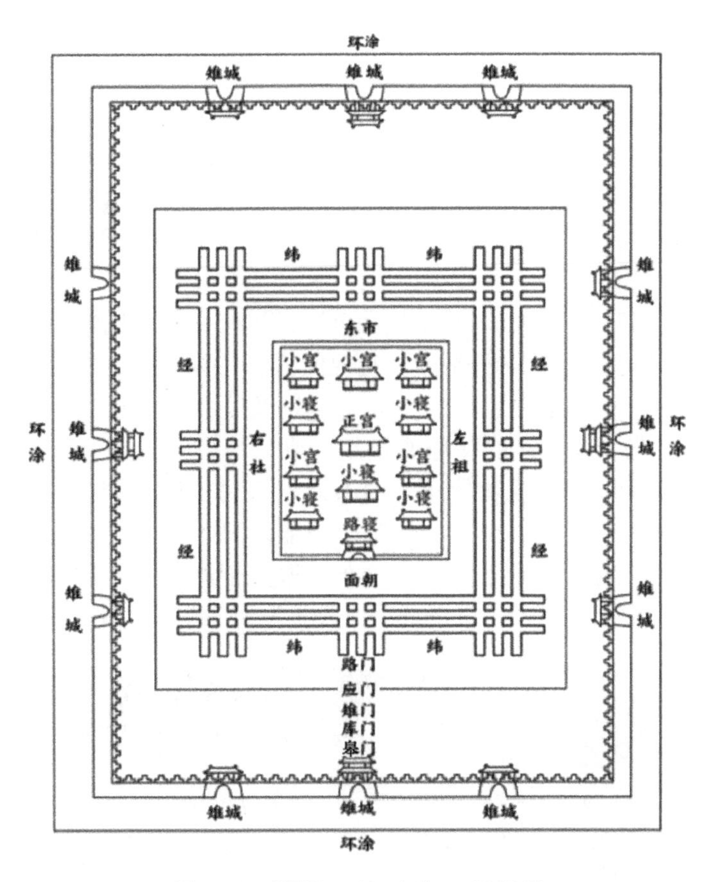

图 3-11　《周礼·考工记》王城规划

殿堂广场不仅举行体现皇权的朝仪活动，而且在不同的历史时期还举行娱乐活动，例如张衡的《西京赋》中就描述了西汉上林苑平乐观举行的广场文化活动，开创了在殿堂广场上定期举行大规模社会活动的先例。

（2）娱乐广场

娱乐广场上的娱乐活动最初是与坛庙的祭祀活动联系在一起的，坛庙祭祀活动后来成为统治者的特权，但由此形成的娱乐形式仍在民间长期流行。

宋代城市中的住宅与商店可沿街道两旁布设，使民间艺人的街头演出有了新的空间（图 3-12），这导致了以勾栏为中心的演出场所的产生，由此形成了临时集市，并逐渐演变为勾栏周边的繁华市场，使城市居民的娱乐生活大为活跃，有力地促进了包括戏曲在内的多种艺术形式的发展。

图 3-12　宋代开放的街市结构

此外，还有练武场广场、市场性广场等多种类型。中国的广场城市形制与欧洲不同，早期为封闭结构，形状为方形或长方形，四周有围墙，每面墙的中间有门；后周世宗开创的新街道制度，广场多布设在开放性的街道空间中。

3.1.2　广场的概念

广场的概念

我们现在所说的广场，通常指的是现代城市广场（图 3-13）。现代城市广场是现代城市开放空间体系中最具公共性、最具艺术性、最具活力、最能体现都市文化的开放空间。在现代城市广场中，商业广场成为主要的广场形式，较大的建筑、庭院或建筑之间的开阔地等也具有广场的性质。

现代城市广场具备开放空间的各种功能和意义，并有一定的规模要求、特征和要素，位于城市中的服务于市民公共活动的开放空间是现代城市广场的重要特征。

现代城市广场的三大要素是设施、空间围合以及公共活动场地。只具备广场特征而不具备三大要素的广场，如单纯的绿地或空地；或只具备三大要素而不具备广场特征的广场，如仅供某一商业区或建筑物使用，则不能纳入现代城市广场的范畴。因为现代城市广场兼有集会、贸易、运动、交通、停车等功能，因此在城市总体规划中，对广场布局应作系统安排，而广场的数量、面积、分布则取决于城市的性质、规模和广场的功能定位（图 3-13）。

图 3-13　现代城市广场——塞浦路斯尼克西亚自由广场

1. 广场的定义

广场一般是指由建筑物、道路和绿化带等围合或限定形成的开敞的公共活动空间。广场的广义形态可分为两大类：一类是以内部的空间为特征的有限定的场地（图 3-14），这种场地是由围合物、覆盖物所形成的空间场所或场地；另一类是以外部的空间为特征的无限定的场所或场地，这种场所或场地是由围合物（而无覆盖物）所形成的空间场所或场地。由此，可以把广场定义为：为满足多种城市社会生活的需要而建设，以建筑、道路、山水、地形等进行围合，由多种软、硬质景观构成，采用步行交通手段，具有一定的主题思想和规模的结点型城市户外公共活动空间（图 3-15）。

2. 广场的功能

广场的功能与广场在城市中的位置及广场周围的建筑性质有关。古代的城市广场，其功能主要是交通、集会、宗教、商业集市等。现代城市广场在功能上增加了纪念、交往、休闲、娱乐、观赏等内容。

图 3-14　以内部的空间为特征的有限定的场地

图 3-15　上海人民广场

城市中的市中心广场、区中心广场平时为城市交通服务，同时也可作为旅游及一般活动的场地，有需要时可进行集会活动。广场应有足够的面积，并可合理地组织步行系统与城市主干道相连，满足人流集散的需要。例如北京天安门广场（图 3-16）、上海人民广场、昆明东风广场和莫斯科红场（图 3-17）等，均可供群众集会游行和节日联欢之用。

3. 广场的作用和发展趋势

广场的作用体现在以下几方面：

1）广场不仅是城市中不可缺少的有机组成部分，它还是一个城市、一个区域具有标志性的主要公共空间载体。

2）广场是国家、政府举行重大活动的主要场所，它为国家、政府提供了举行国务活动、集会、游行检阅所需的空间。

3）广场是人民群众陶冶情操、休闲娱乐的场所，它为市民文化活动（音乐、舞蹈、戏曲、服饰表演）以及节日文化活动提供了宽广的空间。

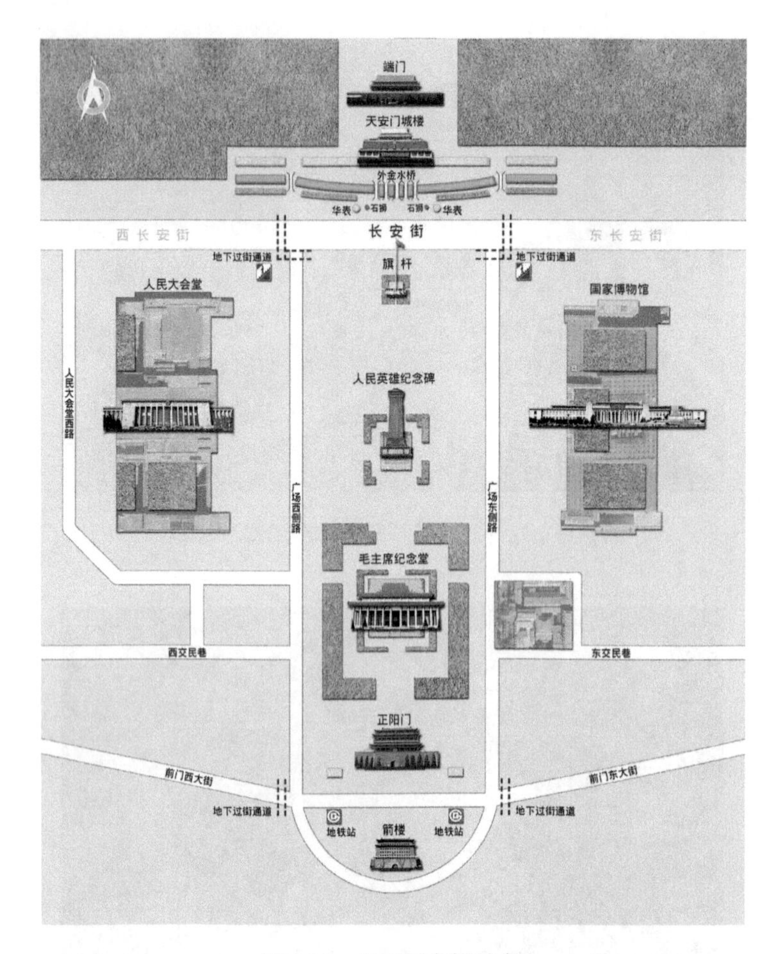

图 3-16　天安门广场示意

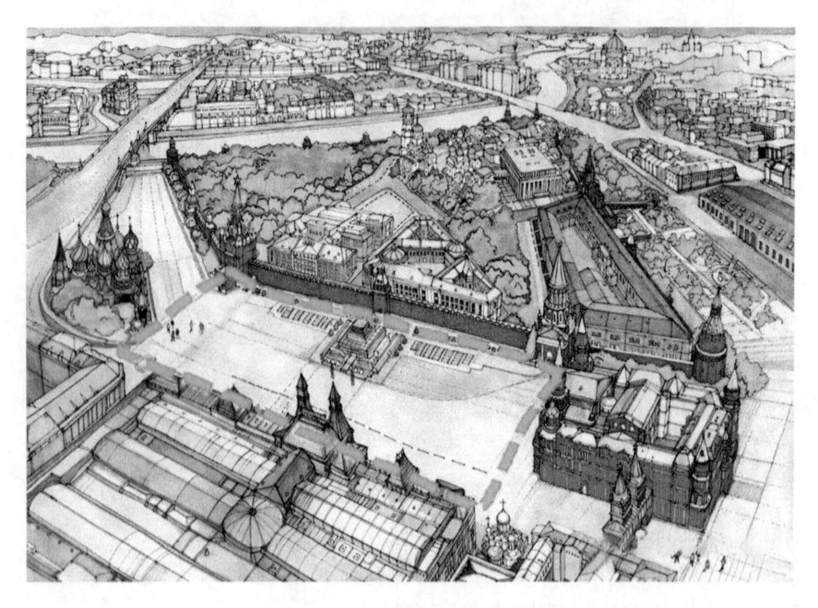

图 3-17　莫斯科红场手绘图

4）广场是旅游观光的集散中心，因为广场多为城市政治、商业、文化集中的地区，是带动城市经济发展的寸金之地。

5）广场是人民群众强体健身的场所。

广场的发展趋势体现在功能上越来越复合，空间层次更多，现代城市广场更加立体化，包括下沉式广场、空中平台和步行街广场等（图3-18、图3-19）；对地方特色、历史文脉的继承，避免不同城市出现同一个广场面貌；注重广场文化内涵的建设，注重挖掘广场所在城市的文化内涵。

图3-18 上海创智天地广场

图3-19 深业上城南广场景观

3.1.3 广场的分类

广场的分类

广场的分类是相对的，现实中的每一类广场都或多或少具备其他类型广场的某些功能。

1. 以使用功能分类

（1）集会广场

集会广场（图3-20、图3-21）包括政治广场、市政广场和宗教广场等类型，一般用于政治集会、文化集会、庆典、游行、检阅、礼仪活动、传统民间节日活动等用途。集会广场一般位于城市中心地区。集会广场是反映城市面貌的重要部位，一般设计成矩形、正方形、梯形、圆形或其他几何形状。

图3-20 天安门广场

(2) 纪念广场

纪念广场一般在广场的中心或侧面设置突出的纪念性雕塑和纪念性建筑作为标志物，主体标志物位于构图中心。纪念广场通常具有很强的艺术表现力，以纪念历史上的某些人物或事件作为主题和背景，广场设计中应体现良好的观赏效果，以供人们瞻仰。广场应充分考虑绿化、建筑小品等，使整个广场配合协调，形成庄严、肃穆的环境，例如上海国歌纪念广场（图 3-22）。

图 3-21　莫斯科红场

图 3-22　上海国歌纪念广场

美国的越战纪念碑广场，整体好像是地面被“砍了一刀”，留下了这个“不能愈合”的伤痕。广场两面黑色的花岗石墙体相交，中轴最深处约有 3m，然后逐渐向两端浮升，直到落差消失，广场的寓意贴切、深刻（图 3-23、图 3-24）。美国“9・11”国家纪念广场的设计传达了希望和更新的精神，创造了一个沉迷的空间，与繁华的大都市进行了分隔（图 3-25、图 3-26）。

图 3-23　美国越战纪念碑广场内部空间

图 3-24　美国越战纪念碑广场

图 3-25　美国“9・11”国家纪念广场

图 3-26　美国“9・11”国家纪念广场俯瞰

（3）交通广场

交通广场包括站前广场和道路交通广场。站前广场一般设在人流大量聚集的车站、码头、飞机场等处，以提供高效便捷的交通流线，强化人流疏散功能。道路交通广场设在城市交通干道的交汇处，通常有大型的立交系统。

交通广场是城市道路交通系统的组成部分，是连接交通的枢纽，起着交通、集散、联系、过渡及停车等作用，由人行道与人流集散区域、车道、公共交通换乘站、交通岛、公共设施、绿化隔离带、照明设施等组成。

交通广场一般是指有数条交通干道的较大型的交叉口广场，主要功能是组织和疏导交通，所以应处理好广场与所衔接道路的关系，合理确定交通组织方式和广场平面布置。在广场四周不宜布置有大量人流出入的大型公共建筑，主要建筑物也不宜直接面临广场。应在广场周围布置绿化隔离带，保证车辆、行人能顺利、安全地的通行（图 3-27）。

（4）商业广场

商业广场（图 3-28）包括集市广场、购物广场等，主要是用于集市贸易、购物的广场。也可以在商业中心区以室内外结合的方式把室内商场与露天、半露天市场结合在一起组成商业广场。商业广场宜布置城市中具有特色的广场设施。

图 3-27　嘉兴火车站广场

图 3-28　商业广场

（5）雕塑广场

雕塑广场是指以雕塑作为主体和中心的广场。许多著名的广场是以雕塑的名字来命名的，并成为城市的中心和标志。如芝加哥千禧公园广场的“云门”雕塑，不锈钢曲面的凹凸设计将繁华街道的天际线尽收其中（图 3-29）。青岛五四广场的“五月的风”雕塑，采用螺旋向上的钢体结构组合，坐落在观海迎月台上（图 3-30）。

（6）文化娱乐休闲广场

文化娱乐休闲广场包括音乐广场、街心广场等。文化娱乐休闲广场通常会有各自的主题，广场的活动内容主要是市民的休憩、交往和各种文化娱乐行为，因此具有欢快、轻松的气氛（图 3-31）。

（7）附属广场

附属广场是指依托大型建筑前的空间形成的广场，其体量较小，包括商场前广场、大型公共建筑前广场等。这类广场的功能具有综合性，个性和特色不明确，具有随机性。

图 3-29 “云门”雕塑

图 3-30 “五月的风”雕塑

2. 以广场的尺度分类

1）特大尺度广场，一般用于国务活动、检阅、集会、联欢等大型活动。

2）中型广场，比如商业广场、休闲广场等。

3）小尺度广场，比如街区休闲广场、庭院式广场等。

3. 以广场的空间形态分类

1）开敞性广场，比如露天市场、体育场等。

2）封闭性广场（图 3-32），比如室内的商场等。

图 3-31 文化娱乐休闲广场

图 3-32 封闭性广场

4. 以广场的材料构成分类

1）硬质材料为主的广场，一般以混凝土或其他硬质材料作为广场的主要铺装材料，分为素色和彩色两种形式。

2）绿化材料为主的广场，比如公园广场、绿化广场等。

3）水质材料为主的广场，比如水景广场等（图 3-33、图 3-34）。

5. 按平面组合形态分类

广场按照平面组合形态分为规整形广场、不规整形广场及广场群（图 3-35）等。规整

形广场包括正方形、长方形、梯形、圆形、椭圆形以及组合形体等形式。

图 3-33　水景广场（一）

图 3-34　水景广场（二）

6. 按剖面形式分类

广场按照剖面形式分为平面广场和立体广场。其中，立体广场又分为上升式广场和下沉式广场，如拜斯比公园广场（图 3-36）。

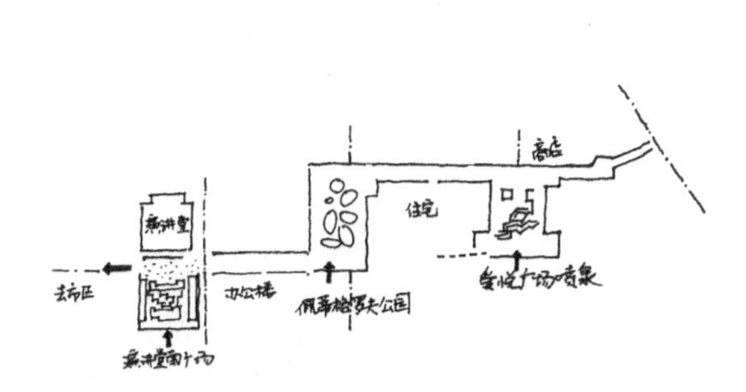

图 3-35　波特兰市广场群手绘稿

图 3-36　拜斯比公园广场

7. 按照等级分类

广场按照等级可分为市级中心广场、区级中心广场和地方性广场。其中，地方性广场包括居住街区广场、重要地段公共建筑集散广场和建筑物前广场等。

3.2　广场景观设计的基本元素

3.2.1　广场铺装

1. 铺装的图案处理方式

广场铺装

铺装是景观设计的一个重点方面，尤其以广场景观设计表现突出。世界上有许多著名的广场因精美的铺装设计而给人留下深刻的印象，从平面上俯视看，广场景观铺装是最主要的视觉源，如威尼斯城圣马可广场、罗马市政广场等。广场铺装的图案处理方式可分为以下几种：

（1）标准图案重复使用

采用某一标准图案重复使用，这种方法有时可取得一定的艺术效果，其中方格网式的图案是最简单的。这种线装设计虽然施工方便、造价较低，但在面积较大的广场中也会产生单调感。这时，可适当插入其他图案，或用小的标准图案组织起较大的图案，使铺装图案更丰富些（图 3-37）。

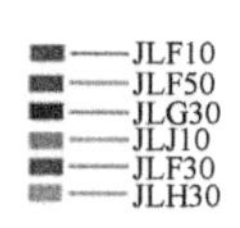

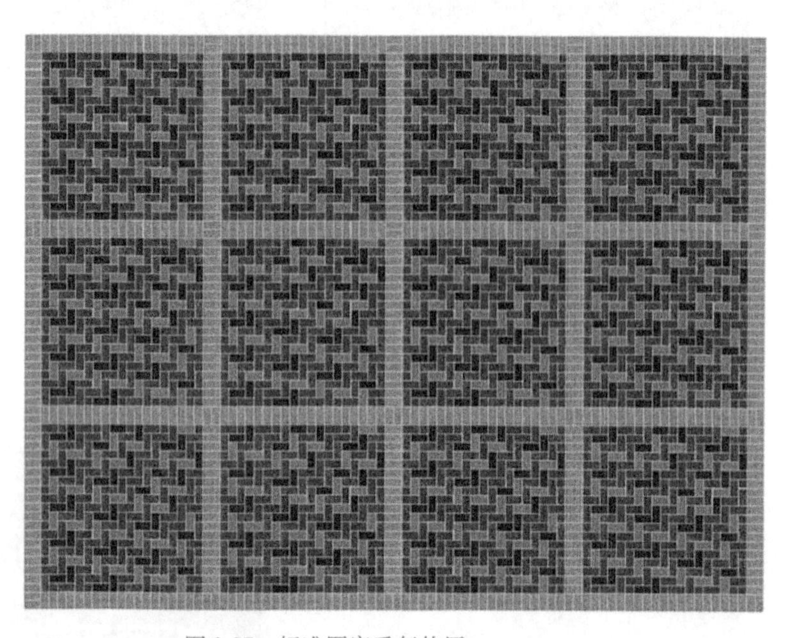

图 3-37　标准图案重复使用

（2）整体图案设计

整体图案设计是指把整个广场作为一个整体来进行整体性图案设计。在广场景观设计中，将铺装设计成一个大的整体图案，将取得较佳的艺术效果，并易于统一广场的各要素，取得较好的广场空间感。例如结合广场形式设计成的同心圆式的整体构图，使广场统一、完整（图 3-38）。

图 3-38　整体图案设计

（3）铺装图案的多样化

人的审美快感来自于对某种介于乏味和杂乱之间的图案的欣赏，单调的图案难以吸引人们的注意力，过于复杂的图案则会使人们的知觉系统负荷过重而停止对其进行观赏。因而，广场铺装图案应该多样化一些，给人以更多的美感（图 3-39）。但是，追求过多的图案变化是不可取的，会使人眼花缭乱而产生视觉疲倦，降低了注意力与兴趣。合理选择和组合铺装材料也是保证广场铺装效果的主要方式之一。

2. 广场铺装的材料

作为广场景观环境中的重要组成要素，铺装材料的选择在营造广场空间的整体形象上有着极为重要的作用。广场铺装材料的选择、色彩的搭配，以及广场面层处理方式的

不同，使得广场的铺装设计越来越精致。在实际应用中，还可利用铺装材料的质地、色彩等来划分不同空间，产生不同的使用效果（图 3-40）。例如广场的交通空间与停留空间往往采用不同的材质，即使材质相同，在色彩和面层做法上也各有差异；而在一些健身场所则采用一些鹅卵石铺地，使其既具有足底按摩的功效，又形成独特的空间领域。

图 3-39　阿尔巴尼亚地毯广场铺装设计

除了广场铺装材料本身以外，还要考虑附属工程的材料，比如路缘石、雨水井、台阶和种植池等的材料。路缘石分为立缘石和平缘石两种形式，立缘石又叫侧石，平缘石又叫平石。路缘石能保护路面，便于排水。雨水井是路面排水的构筑物，在广场景观中多采用砖块砌成，多为矩形，为了造型美观，石材、不锈钢等材料也应用于雨水井的制作。当路面坡度超过 12%时，在不通行车辆的路段上可设台阶。在人行道或广场上栽植植物，应提前预留种植池，种植池的大小根据植物的大小而定。为使植物免受损伤，最好在种植池上设保护栅栏。可用砖、防腐木和不锈钢等材料铺砌种植池以供人行走。也可以用花灌木装饰种植池。

下面介绍广场景观中常见的几类铺装材料：

1）人造石材常用于水景、平台、游路、景墙、矮墙、廊架、景观亭、种植池等的铺装与构筑物中（图 3-41），常见尺寸为 100mm×100mm、200mm×200mm、300mm×300mm、400mm×400mm、500mm×500mm、600mm×600mm、800mm×800mm、100mm×200mm、200mm×400mm、300mm×600mm 等。

图 3-40　广场不同材质的组合

图 3-41　条石铺装

2）砾石、河卵石、雨花石等天然石材常散置于平台、游路边，用于排水时也可作为游路铺装材料（图 3-42），尺寸可根据实际情况确定。

图 3-42　河卵石铺装

3）透水砖、烧结砖、高压砖、植草砖、青砖、红砖常用于游路、人行道、平台、景墙、种植池、廊架、景观亭等的铺装和构筑物中，常见尺寸为 200mm × 100mm × 50mm、230mm×115mm×50mm、400mm×600mm×100mm 等。

4）菠萝格、樟子松、芬兰木、栗木、高压竹常用于亲水平台、木平台、木栈道、廊架、景观亭等的铺装和构筑物，并主要用于室外（图 3-43），常见尺寸为 100mm × 1200mm、150mm × 1200mm、100mm×1500mm、150mm×1500mm 等。

图 3-43　菠萝格铺装

3. 广场铺装设计要点

广场的地面作为空间画面的一个方面而存在着，由于它自始至终伴随着使用者，影响着广场景观效果，成为整个空间画面不可缺少的一部分，参与广场景观的营造。无论是选择石材或是其他材料，在广场铺装设计中都需要考虑以下问题：

（1）铺装的尺度

铺装图案的不同尺度能取得不一样的空间效果。铺装图案的大小对外部空间能产生一定的影响，形体较大、较舒展的图案会使空间产生一种宽敞的尺度感；而较小、紧缩的形状，则会使空间具有压缩感和私密感。

通过运用不同尺度的图案并合理采用材料，

能影响空间的比例关系，可构造出与环境相协调的布局。通常，大尺寸的花岗石、抛光砖等材料适宜大空间，而中小尺寸的地砖和小尺寸的马赛克适用于中小型空间（图 3-44）。

（2）铺装的色彩

铺装的色彩要与周围环境的色调相协调，它也是设计师情感的表现，能把设计师的情感注入人们的心灵。铺装色彩的选择要充分考虑人的心理感受，色彩要具有鲜明的个性——暖色调热烈，冷色调优雅，明色调轻快，暗色调宁静（图 3-45）。

图 3-44　铺装的尺度

图 3-45　铺装的色彩

色彩的应用应追求在统一中求变化，即铺装的色彩要与整个广场景观相协调，同时用视觉上的冷暖节奏的变化以及轻重缓急节奏的变化打破色彩千篇一律的沉闷感，最重要的是要做到稳重而不沉闷、鲜明而不俗气。

（3）铺装的质感

铺装的质感在很大程度上依靠材料的质感给人们带来的各种感受。大空间要做得粗犷些，应该选用质地粗大而厚实、线条较为明显的材料，因为粗糙往往使人感到稳重、沉重、开朗。另外，在烈日下面，粗糙的铺装可以较好地吸收光线，不显得耀眼。小空间则应该采用较细小、圆滑、精细的材料，细致感给人轻巧、精致、柔和的感觉。不同的素材创造了不同的美的效应，不同质感的材料在同一景观中出现时必须注意协调性，要恰当地运用相似原理及对比原理，组成统一、和谐的铺装景观（图 3-46）。

（4）铺装的纹样

广场铺装可以运用多样化的纹样形式来衬托和美化环境，增加广场的景致。纹样因环境和场所的不同而具有多种变化，不同的纹样给人们的心理感受也是不一样的。一些采用砖铺设成直线或者平行线的路面具有增强地面设计效果的作用；一些规则的形式会产生静态感，暗示一个静止空间的出现，如正方形、矩形铺装；三角形和其他一些不规则图案的组合则具有较强的动感。广场景观设计中还有一种效仿自然的不规则铺装纹样，如乱石纹、冰裂纹等，可以使人联想到乡间、荒野，具有朴素自然的感觉（图 3-47）。

图 3-46　铺装的质感

图 3-47　铺装的纹样

3.2.2　广场绿化

广场绿化及水体景观

植物景观造景（广场绿化）是广场景观设计中不可或缺的设计手法，在自然式景观设计中采用自由式的布置方式，在规则式景观设计中采用对植、排植、树阵等设计手法（图 3-48），都体现了植物材料在造景中的重要性。

传统意义上的广场绿化主要是强调植物景观的视觉效果，现代的广场景观设计中，四季常绿、三季有花已经是广场绿化的基本要求。随着景观生态学的引入，现代广场景观设计更强调其生态效益以及对环境的改善、调节作用，同时还包含着生态上的景观、文化上的景观等概念。例如，丹麦哥本哈根暴雨防范项目——Sankt Kjelds 广场（图 3-49），该项目通过众多专门设计的城市绿色空间来蓄存和滞留雨水，从而保护了该地区免于洪水泛滥，雨水不再直接排入下水道，而是就地处理，既有益于植被的生长，又在城市中心创造出水青树绿的自然环境。

图 3-48　树阵广场绿化

图 3-49　丹麦哥本哈根暴雨防范项目——Sankt Kjelds 广场

广场绿化区别于其他广场景观设计要素的根本特征是它的生命特征，这也是它的魅力所在。在广场绿化设计中，需要充分考虑植物的生长特性，对能否达到预期的景观效果、季节

变化的影响、植物生长速度等因素需要进行深入细致的考虑，同时还需要考虑植物栽植地的小气候、环境干扰等因素。在成活率达标的基础上，利用广场绿化艺术设计原理，形成乔木、灌木和地被植物的立体化种植效果，实现疏林与密林的完美结合，勾绘出优美的天际线与林缘线（图 3-50）。

广场绿地布局应与广场总体布局统一，成为广场的有机组成部分，更好地发挥广场的主要功能，符合广场的主要性质要求。广场绿地规划应具有清晰的空间层次，独立形成或配合广场周边的建筑、地形等形成良好、多元、优美的广场空间体系；应与所在城市绿化的总体风格协调一致，符合地理区位特征要求；植物选择应符合植物的生长规律，并突出地方特色。例如西安小雁塔南广场改造项目中保留了原有的皂荚树，结合院落式布局，诠释了塔文化内涵，增强了历史街区的浑厚气势（图 3-51）。在其周边选用当地的自然植物群落，结合生态湿地，为动物提供生存环境，促进了生物多样性。

图 3-50　泰国清莱中环广场

图 3-51　西安小雁塔南广场改造项目

3.2.3　广场水体

1. 水体在广场空间的分布

水体在广场空间的设计中有以下几种形式：作为广场主题，此时水体面积很大，广场上的其他设施均围绕水体展开，如西安大雁塔喷泉广场（图 3-52）和美国达拉斯喷泉广场（图 3-53）；以水景的形式作为局部主题，水景成为广场局部空间领域内的主体，成为该局部空间的主题，起辅助、点缀作用，通过水体来引导或传达某种信息。

图 3-52　西安大雁塔喷泉广场

图 3-53　美国达拉斯喷泉广场

在广场水体设计中，应该先根据实际情况确定水体在整个广场空间环境中的作用和地位，然后再进行设计，这样才能达到预期效果。

2. 水景的基本形式

1）静水。静水可使广场物体产生倒影，使广场空间显得格外深远，如彼得·沃克的克利夫兰心脏和血管中心水景（图 3-54）。

2）动水。动水可在视觉上保持空间的连续性，丰富广场的空间层次，如凯瑟琳·古斯塔夫森的法国泰拉松幻想花园、枡野俊明的瀑松庭（图 3-55、图 3-56），以及彼得·沃克设计的波特兰市詹姆森广场水景（图 3-57）。

图 3-54　克利夫兰心脏和血管中心水景

图 3-55　瀑松庭

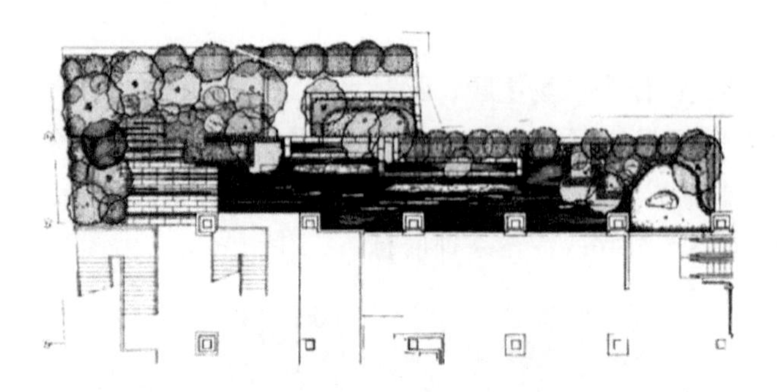

图 3-56　瀑松庭平面图

图 3-57　波特兰市詹姆森广场水景

3）喷泉。喷泉在现代广场景观中的应用越来越多，应用的类型、方式随着工艺的不断改进变得多种多样，例如彼得·沃克设计的利用光纤代替灯光的伯奈特公园喷泉（图 3-58、图 3-59）。喷泉可以光、声、形、色等形式产生视觉、听觉、触觉等艺术感受，使生活在城市中的人们感受到大自然的水的气息。现代雾森技术的应用，为水体景观增添了不少魅力，如彼得·沃克的哈佛大学唐纳喷泉（图 3-60）。要注意的是，广场景观中的水体设计必须考虑驳岸的处理方式、水体的循环处理以及后期维护等多方面问题。

图 3-58　伯奈特公园喷泉

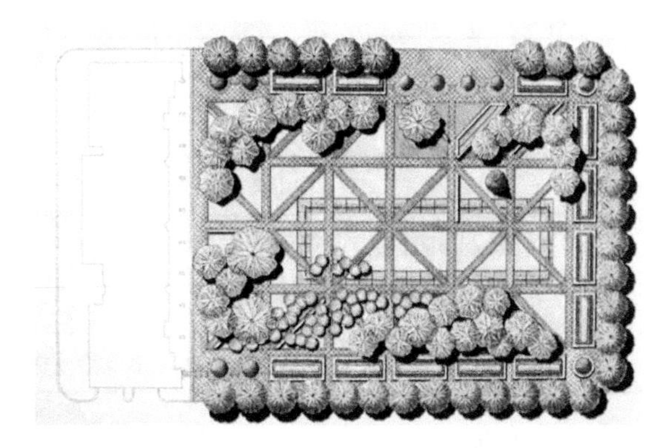

图 3-59　伯奈特公园平面图

还有一些广场以组合型水系或旱喷泉为主体形式，其中旱喷泉实用性较高，因其既不占用游人的休闲空间，又能喷水为游人提供近水嬉戏的场所，可实现游人活动和水景的双重功能，如上海人民广场旱喷泉（图 3-61）。

图 3-60　哈佛大学唐纳喷泉

图 3-61　上海人民广场旱喷泉

3.2.4　广场小品与细部设施设计

广场景观设计中的色彩及小品与细部设施设计

广场小品泛指花坛、廊架、座椅、街灯、时钟、垃圾筒、指示牌、雕塑等种类繁多的小物件，一方面，它为人们提供识别、倚靠、洁净等功能；另一方面，它具有点缀、烘托、活跃环境气氛的精神功能。细部设施包括廊架、亭、雨水井、检查井、灯柱等必要的设施。广场小品与细部设施设计很重要，一个广场的好坏不仅要看结构，也要看细部，从台阶的尺寸、花池的高矮、雨水口的处理到铺装的图案、建筑的立面种植方式等，都很关键，要反复推敲设计方案。

广场小品与细部设施分类见表 3-1。

表 3-1　广场小品与细部设施分类

类型	小品设施
休息类	休息座椅
庇护类	亭、廊、张拉膜等

（续）

类型	小品设施
便利类	饮水器、垃圾箱、书报亭、广告灯箱、自行车停车架等
信息类	各类指示牌
交通控制与防护类	车挡、灯柱和防护栏等
装饰类	花盆、花坛、种植池、旗杆、雕塑等
市政类	雨水口、各类市政检修井盖

1. 座椅

座椅是广场最基本的设施，广场景观中的有些建（构）筑物可提供辅助座位，如台阶、挡土墙、矮墙等（图 3-62、图 3-63）。

图 3-62　兼有挡土墙功能的座椅

图 3-63　台阶座椅

2. 廊架与景观亭

廊架、景观亭是广场景观设计中重要的庇护类景观小品（图 3-64、图 3-65），其设计形式应与广场风格相一致。如无锡 WⅢ JOY PARK 空间的街角广场采用极简的设计手法，使用 80 余根钢管组合成光影廊架构成城市记忆点（图 3-66、图 3-67）。

图 3-64　钢结构廊架

3. 雕塑

雕塑景观以中小型雕塑或组合小品为主，结合下沉式广场主题及当地文化，形成休闲的视觉焦点，增强广场的故事性（图 3-68）。

4. 灯光照明

广场景观灯光照明设计主要是依靠灯光照明塑造出丰富的景观效果，从而对原有环境进行再创造。人们对城市室外照明的需求分为基本功能、感官信息和精神文化审美需求三种层面，与此相对应，广场景观灯光照明

图 3-65　澳大利亚蓝花楹广场廊架

图 3-66　无锡 WⅢ JOY PARK 空间街角广场

分为基本照明、景观照明、节假日照明三种类型。其中，基本照明对应于基本功能层面，而节假日照明和景观照明则兼顾感官信息和精神文化审美需求两种层面，是视觉美的创造并带来精神上的愉悦（图 3-69）。

图 3-67　无锡 WⅢ JOY PARK 空间街角广场光影廊架

图 3-68　广场雕塑

图 3-69　无锡 WⅢ JOY PARK 空间街角广场光影灯光效果

3.2.5　广场景观设计中的色彩设计

色彩是用来表现广场空间的性格和环境气氛，创造良好的空间效果的重要手段之一。一个经过了良好色彩处理的广场，给人带来无限的欢快与愉悦，比如红白相间的同心圆式的地面色彩设计，加上园中的碧水喷泉，给人以赏心悦目、清晰明快的欢愉感。然而，并不是有了强烈的色彩设计就会取得良好的效果，也并不是所有的广场都应以强烈的色彩来表现。在纪念性广场中不能有过分强烈的色彩，否则会冲淡广场的严肃气氛；相反，商业性广场及休息性广场则可选用较为温暖而热烈的色调，使广场产生活跃与热闹的气氛，加强了广场的商业性和生活性（图 3-70）。

图 3-70　哥本哈根超级线性公园

在空间层次处理上，在下沉式广场中采用暗色调，上升式广场中采用较高明度的轻色调，便可有沉的更沉、升的更升的感觉。尤其是在层次变化不明显时，为了达到和强化这种感觉，利用色彩设计会有较好的效果。色彩对人的心理会产生远近感，高明度及暖色调的色彩给人扩张感，仿佛使色彩向前逼近，称为近感色；反之为收缩色，色彩仿佛向后退远。因此，色彩的处理有助于创造广场良好的空间尺度感，深色高层建筑的体量在蓝天的衬托下显得比浅色高层建筑要小；暖色的墙面使人感觉与之距离较近，冷色的墙面则使人感觉与之距离较远。

在广场色彩设计中，协调并搭配众多的色彩元素很重要，否则杂乱无章的色彩会造成广场的色彩混乱不堪，失去广场的艺术性。例如在灰色基调的广场中配置红色的构筑物或雕像，会赋予广场活跃的气氛；在白色基调的广场中配植绿色的草地，会使广场变得典雅而富有生气。每一个广场本身的色彩不能过分繁杂，应有一个统一的主色调，并配以适当的色彩点缀即可，切忌广场色彩众多而无主导色。例如襄阳中华紫薇园入口广场处由 500 片色彩鲜艳、高度各异的穿孔钢鳍片组成的景观雕塑，设计吸取襄阳古城的自然风貌，同时吸收了紫薇花的自然特征，将音乐、韵律和舞蹈融入景观（图 3-71、图 3-72）。

图 3-71　襄阳中华紫薇园入口广场紫色雕塑“声波”

图 3-72　襄阳中华紫薇园入口广场模型

3.3　广场景观设计的步骤

广场景观设计的方法

广场是历史文化、自然美和艺术美融合的空间，在设计过程中，需要和谐处理广场的规模尺度和空间形式，创造丰富的广场空间意向；要结合建（构）筑物实现广场的使用功能；要满足交通要求，完善市政设施，综合解决广场内外部的交通与配置问题。在进行具体的广场景观设计之前，先要完成广场景观设计空间尺度的确定。

3.3.1　广场景观设计空间尺度的确定

1. 广场大小的确定

广场的大小尺寸应与空间尺度相适应。凯文·林奇指出室外围合空间的墙高与空间地面宽度之比为 1∶（2~3）时给人的感觉最舒适。广场一大就很难有围合感，不能产生向心力，凝聚性差，削弱了广场的社交功能。

一般情况下，小城市和镇的广场面积不得超过 $1hm^2$，中等城市的广场面积不得超过 $2hm^2$，大城市的广场面积不得超过 $3hm^2$，人口规模在200万以上的特大城市的广场面积不得超过 $5hm^2$；而且，在数量与布局上也要符合城市总体规划与人均绿地规范等的要求。

广场景观设计的空间尺度

以盘州市人民医院前区广场景观为例，此广场占地面积约 $1hm^2$，该广场景观设计充分考虑了广场空间与城市的关系，以及作为医院景观的特殊功能性要求，使用曲线形式最大程度平衡医院建筑与市政版块的生硬界面，提供柔和的环境关怀（图3-73~图3-76）。

图3-73　盘州市人民医院前区广场俯瞰

图3-74　盘州市人民医院前区广场示意

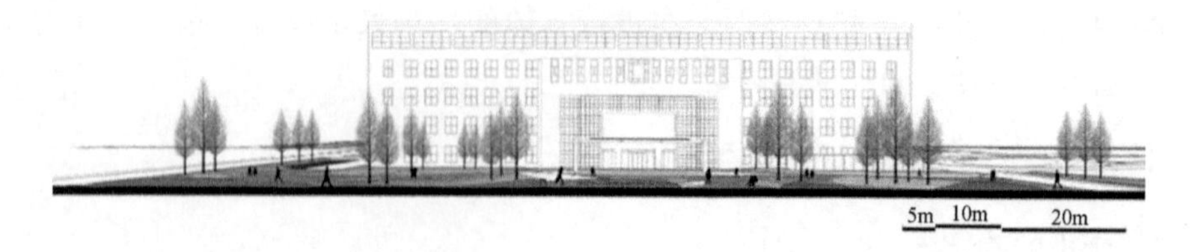

图3-75　盘州市人民医院前区广场正立面图

一个名副其实的广场，在空间构成上应具备以下四个条件：广场的边界应清楚，能成为“图形”，边界线最好是建筑外墙，而不是单纯遮挡视线的围墙；具有良好封闭空间的“阴

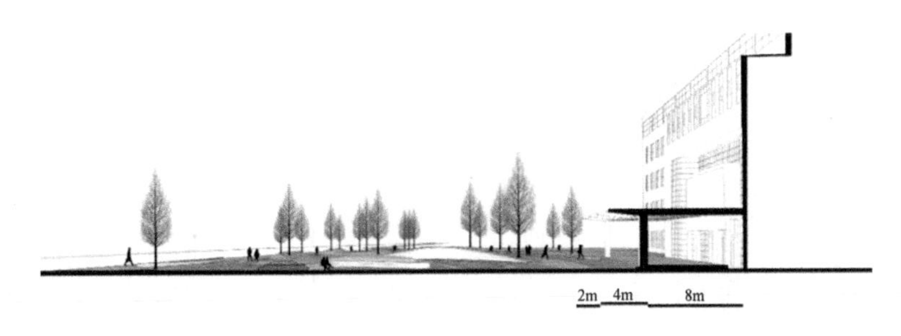

图 3-76　盘州市人民医院前区广场侧立面图

角”，容易构成“图形”；铺装面直至广场边界，空间领域明确，容易构成图形；周围的建筑具有某种统一、和谐，有良好的宽与高的比例。

2. 边界——竖向的空间围合元素

边界高度 H 与广场宽度 D 的关系如图 3-77 所示，不同情况产生的空间效果和心理反应是不一样的：当 $D:H$ 约为 1 时，空间有一种内聚、安定且不压抑的感觉；当 $D:H$ 约为 2 时，游人可以较完整地观赏周围实体的整体，仍能产生一种内聚、向心的空间感，而不会产生排斥、离散的感觉；当 $D:H$ 约为 3 时，游人可以看清实体的整体与背景，但会产生空间的排斥、离散的感觉；当 $D:H$ 约为 4 时，空间立面起远景、边缘的作用，空旷、迷失、荒漠的感觉更强。

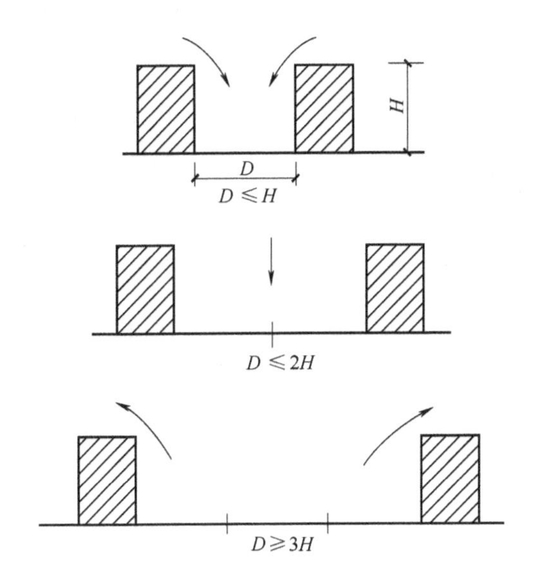

图 3-77　边界高度 H 与广场宽度 D 的关系

3. 广场的空间环境

（1）广场空间与周围建筑的关系

1）在四角敞开的广场空间，如图 3-78 所示，容易形成三种不同的广场空间与周围建筑的沟通方式。

2）在四角封闭的广场空间，容易形成两种不同的广场空间与周围建筑的沟通方式（图 3-79）。

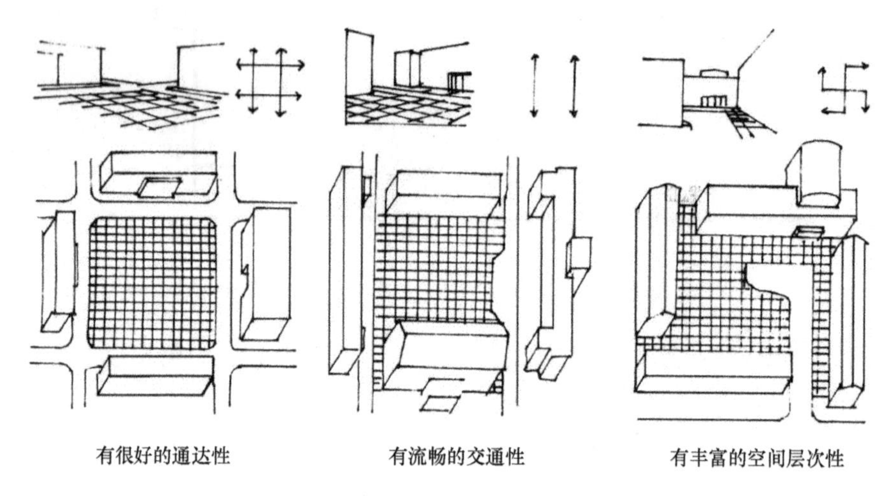

图 3-78 广场空间与周围建筑的关系（一）

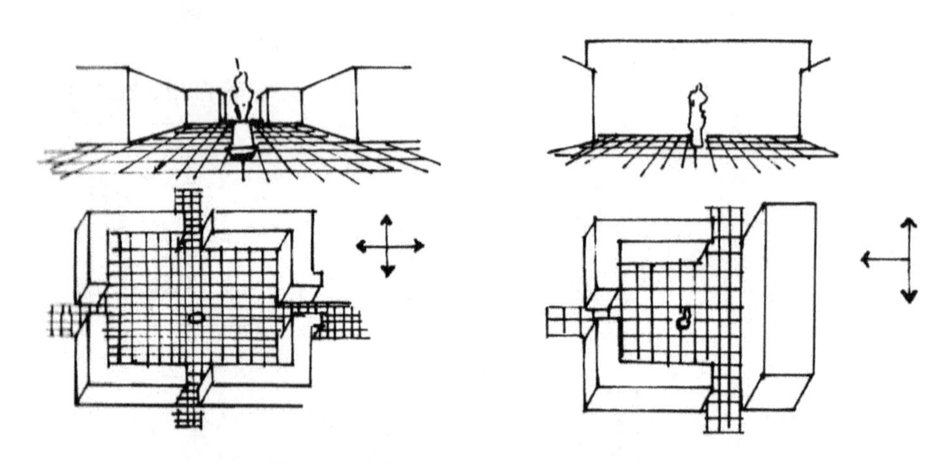

图 3-79 广场空间与周围建筑的关系（二）

（2）广场空间与道路的关系

常见的广场空间与道路可以形成以下三种联系方式：道路引向广场、道路穿越广场、道路位于广场一侧（图 3-80）。

（3）广场的空间序列

广场是城市的主体活动空间，必须展示城市的空间序列。这里所说的序列，可以简单地理解为按一定的次序排列。广义上讲，空间序列包涵两层意义，第一层是指人的形体运动按连续性、顺序性的秩序展开，具有依次递变、前后相随的时空运动特点；第二层是指人的心理随物理时空的变化所做出的瞬时性和历时性的反应。基于以上分析，在广场景观设计中，不能仅局限于孤立的广场景观空间，还应对广场周围的空间做通盘考虑，以形成有机的空间序列（图 3-81），特别是居于城市空间轴线上的广场。

3.3.2 广场景观设计的具体步骤

下面以郑州万科城市花园广场为例来具体介绍广场景观设计的具体步骤。广场景观设计

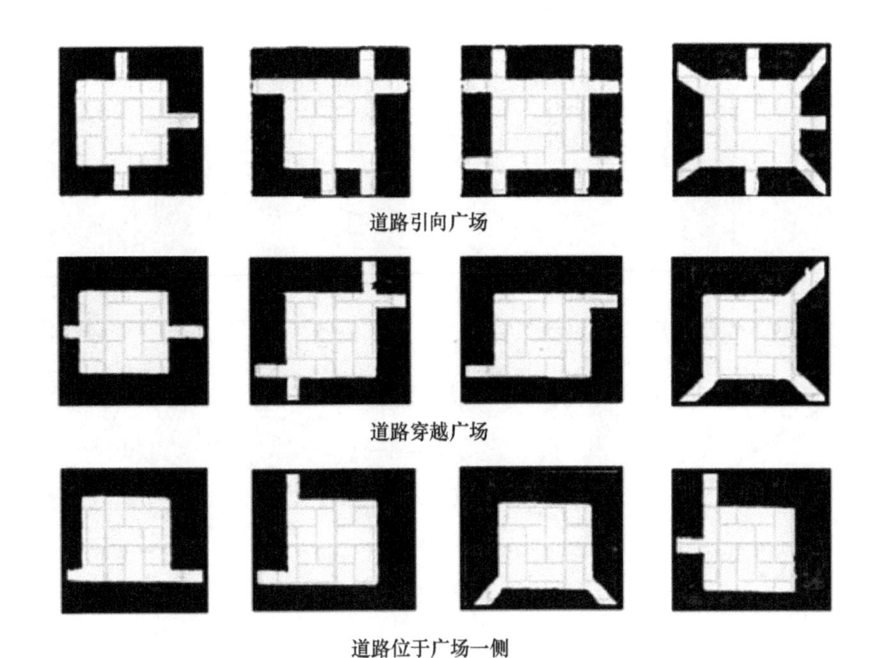

图 3-80　广场空间与道路的关系

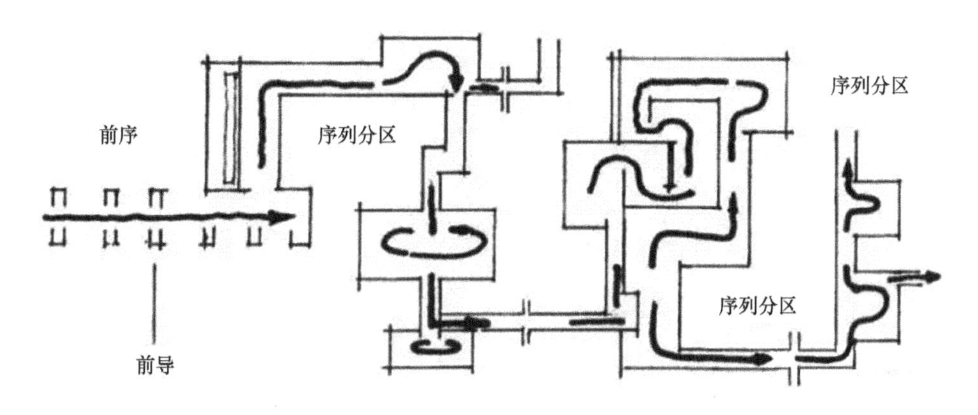

图 3-81　广场的空间序列示意

的具体步骤一般可分为现状功能关系图析、理想功能图析（功能图解）、交通分析、竖向分析等；然后基于以上分析形成方案构思，并进行形式构图研究，进一步完成初步总平面布置（草图）和最后的总平面图设计。

广场景观设计的过程

1）现状功能关系图析是对主要功能或空间相对于基地的配置所进行的分析，主要分析功能、空间彼此之间的相互关系（图 3-82）。

2）理想功能图析即功能图解，用于分析拟设计基地的主要功能、空间；功能、空间相互之间的距离或邻近关系；各个功能、空间围合的形式（即开敞或封闭）；障壁或屏障；引入各功能、空间的景观视域；功能、空间的进出点；除基地外部功能、空间以外，还要分析建筑内部的功能、空间（图 3-83）。

3）交通分析需考虑场地现状中各出入口的位置及人流量的大小（图 3-84），以及人群

现状功能关系图析
可考虑在交通设计上为穿越广场提供更便捷的路径

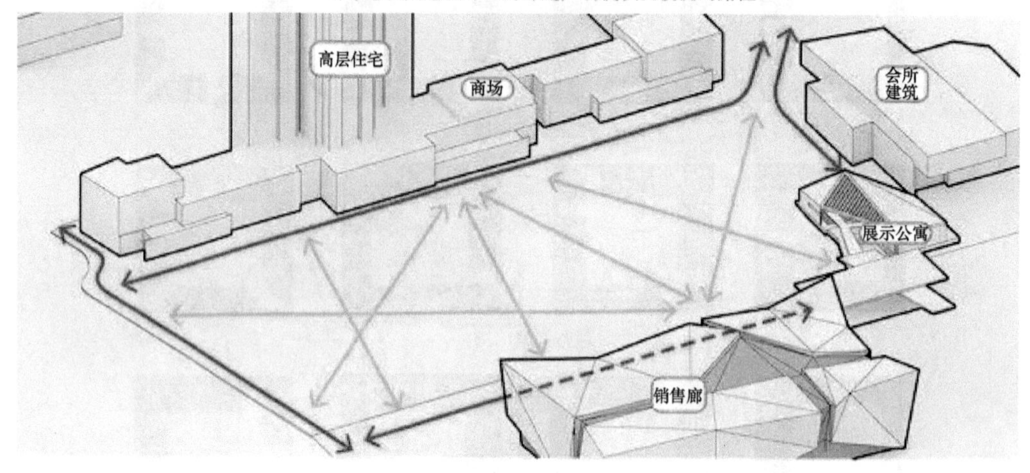

图 3-82　现状功能关系图析

理想功能图析
该广场是地块最为活跃的中心，设计旨在吸引各年龄段的人群，
主动或被动地参与到不同的项目当中

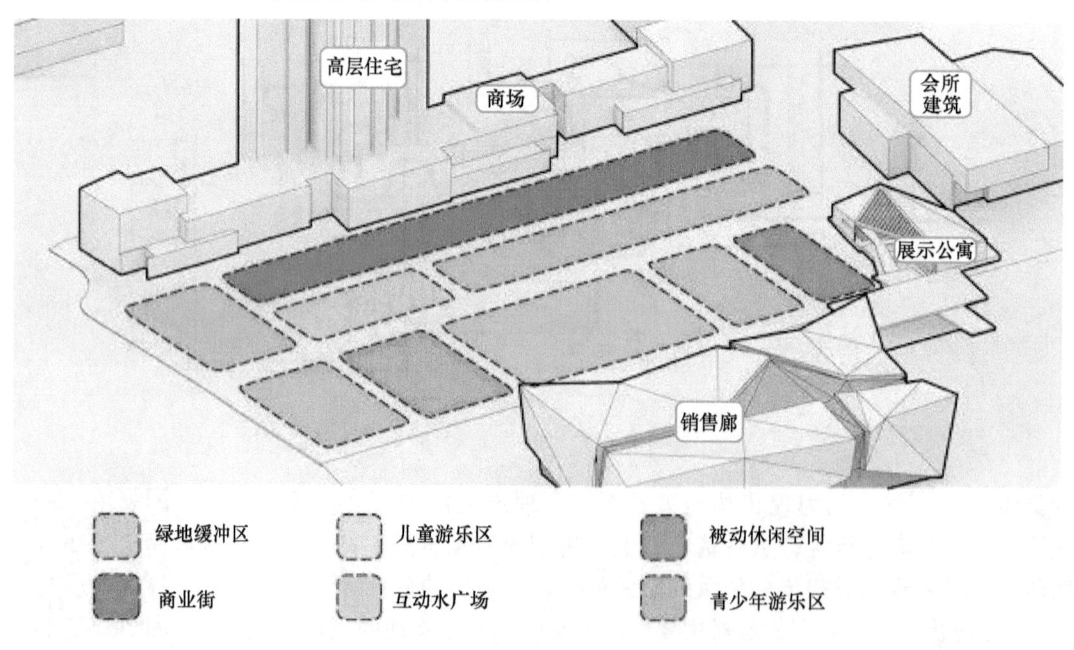

图 3-83　理想功能图析

行为习惯等因素，并要结合城市设计等内容判断场地未来发展趋势，从而做出更合理的交通路线设计（图 3-85）。

4）竖向分析的过程也是地形设计形成的过程。进行竖向分析时需要在二维平面设计的基础上兼顾总体平面和竖向使用功能上的要求，通过地形的营造形成丰富的空间层次（图 3-86），同时也要考虑设计和实施中的各种矛盾与问题，保证场地建设的合理性和经济性。

交通分析

在之前的功能分析的基础上，叠加了交通分析，通过设置直接的短路径，使广场的可达性更强，避免了长距离的交通

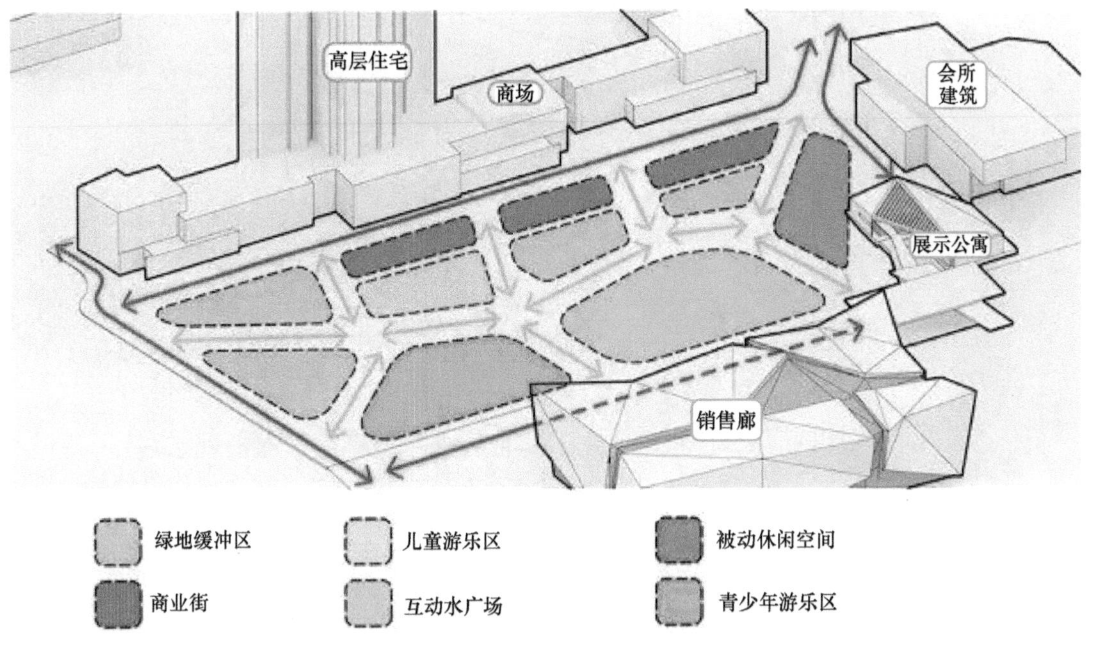

图 3-84　交通分析

东西向行人流线分析

从城市设计的角度看，从现有的河滨公园到对角线的商业街，未来在广场的东西方向将有大量的人行交通，所以在交通上设置了东西向的大长廊

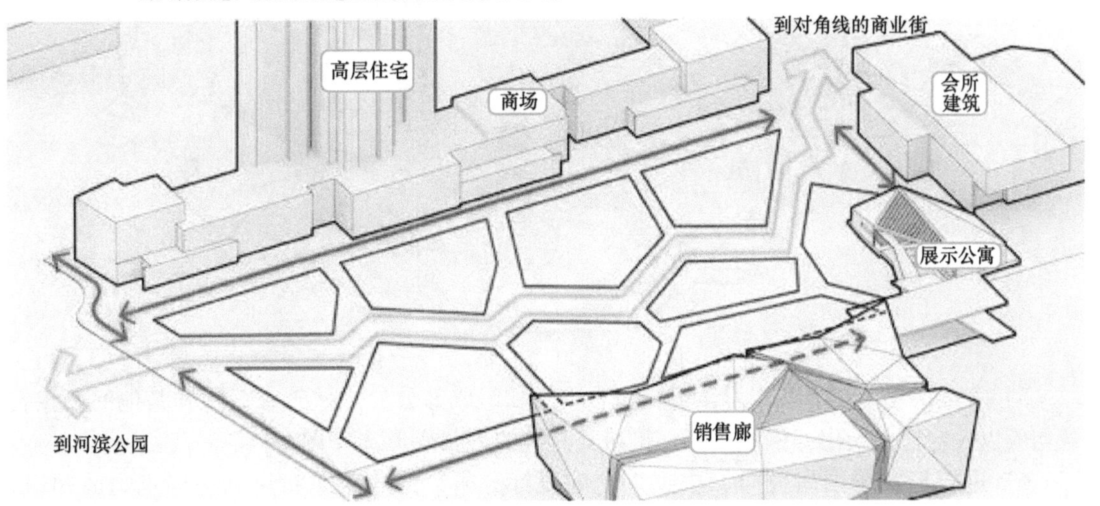

图 3-85　东西向行人流线分析

理想功能图析中所划分的区域，在竖向分析中可再分为若干较小的特定用途和区域，如增加水景空间（图 3-87）。

竖向分析

通过营造地形的起伏来形成视线通廊，从而提供更为安全和积极的区域，形成内部观察与被观察的空间

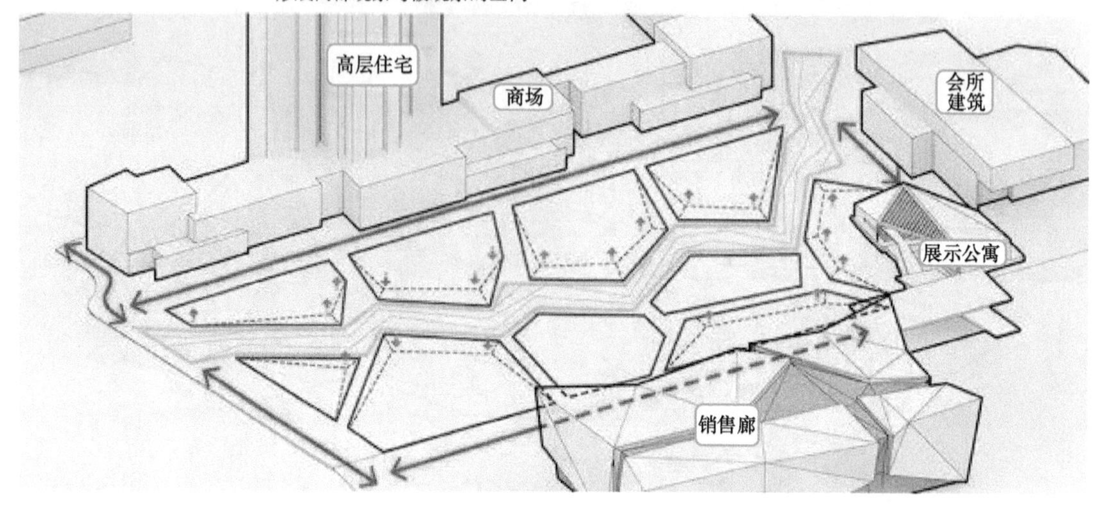

图 3-86　竖向分析

水景分析

水景很容易划分区域，旱喷泉和薄雾花园很受孩子们欢迎，紧邻着露天平台的水景可以形成一个被动的商业空间

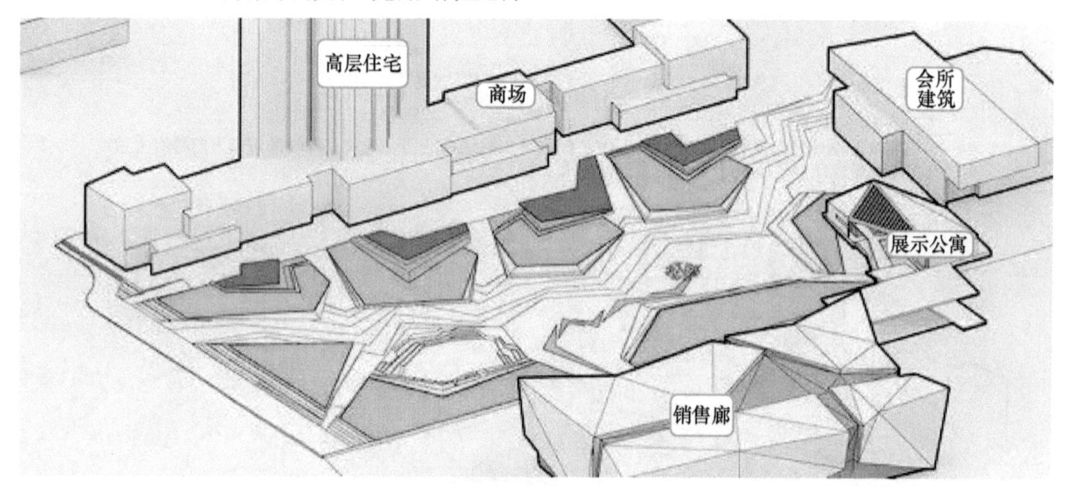

图 3-87　水景分析

5）方案构思。在方案构思阶段，所有空间和组成部分的区域轮廓草图和其他的抽象符号均应以一定比例绘出，但不用仔细推敲其具体的形状或形式（图 3-88）。

6）进行形式构图研究时，根据以上的设计分析，结合第 1 章讲到的形式构成知识，可以基于相同的基本功能区域做出一系列不同的配置方案，每个方案可有不同的主题、特征和布置。注意把方案构思图纸中的区域轮廓和抽象符号转变成特定的、确定的形式，在遵守方案构思图纸中的功能和空间配置的同时，还要努力创造富有视觉吸引力的形式构图。

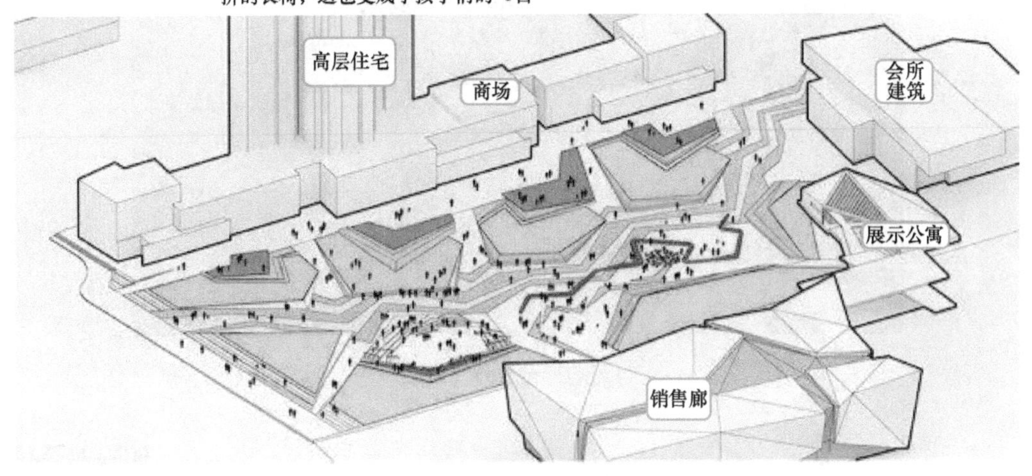

图 3-88　方案构思

7）进行初步总平面布置时，要考虑所有组成部分和区域所采用的材料（建筑的、植物的），包括色彩、质地和图案；分析各个组成部分所栽种的植物，需要考虑和研究植物的尺寸、形态、色彩等；设想三维空间设计的质量和效果，如树冠群、廊架、围墙和地形等组成部分的适宜位置、高度和形式；分析室外设施如椅凳、雕塑、水景、石等组成部分的尺度、外观和配置（图 3-89）。

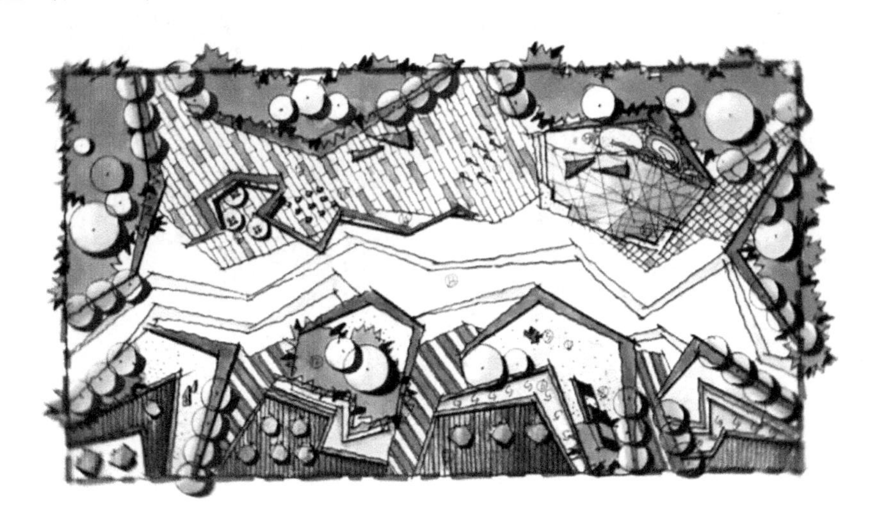

图 3-89　初步总平面布置（草图）

8）总平面图是初步总平面布置图的精细加工，在进行总平面图设计时，要对初步总平面布置图加以研究、加工、补充和完善，或对方案的某些部分进行修改。

上述设计步骤完成后就进入扩大初步设计阶段和施工图设计阶段，直到完成最后的工程施工（图 3-90）。

图 3-90　郑州万科城市花园广场鸟瞰图

3.4　广场景观设计案例分析

广场景观设计
案例分析

嘉兴南湖广场景观设计是一个兼具历史意义与实用价值的设计，它承接现在，对话未来，在表现时代特色与标志性的同时，设计方案兼具绿色生态思考与科技前沿理念的应用。

南湖广场坐落于嘉兴市南湖区政府南侧，东至景宜路，南至凌公塘路，西至中环东路，北至凌公塘河。广场周边多为住宅用地，但也兼有办公、商场、学校、体育活动中心和休闲公园等空间场所，是一个复合型多功能用地环境（图 3-91）。

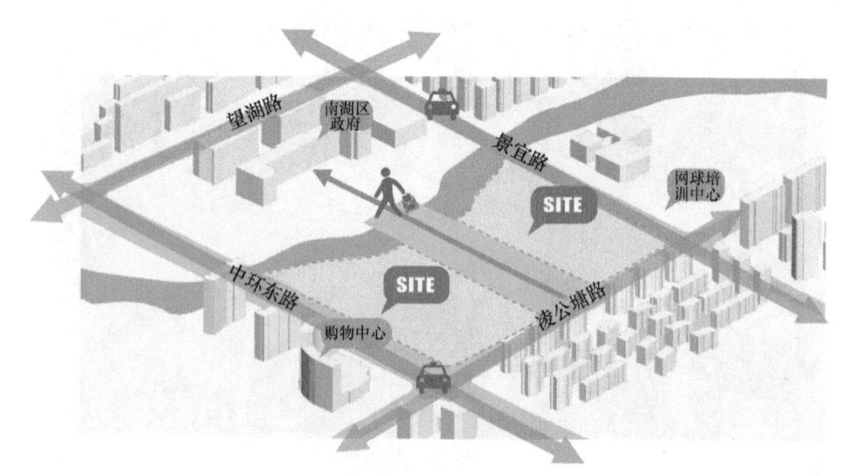

图 3-91　广场区位图

广场景观设计
实例分析与调研

广场设计在保持政府办公场所的庄重仪式感的同时，兼具对享受公共空间的周边居民的亲和力。设计提出了“百年逐梦，振翅腾飞”的概念，将“五色嘉兴”融入布局中（图 3-92），赋予广场改造所需的科技、文化、生态、生活、革命五色元素以五大改造策略，使其相互之间和谐友好、避免

干扰，又能局部构成主题活动片区。

图 3-92　概念设计

从空中俯瞰，整个广场的造型犹如一对蝴蝶翅膀，表达了百年之路、蝶变跃升的崭新篇章，记录了“勤善和美、勇猛精进”的嘉兴精神（图 3-93、图 3-94）。

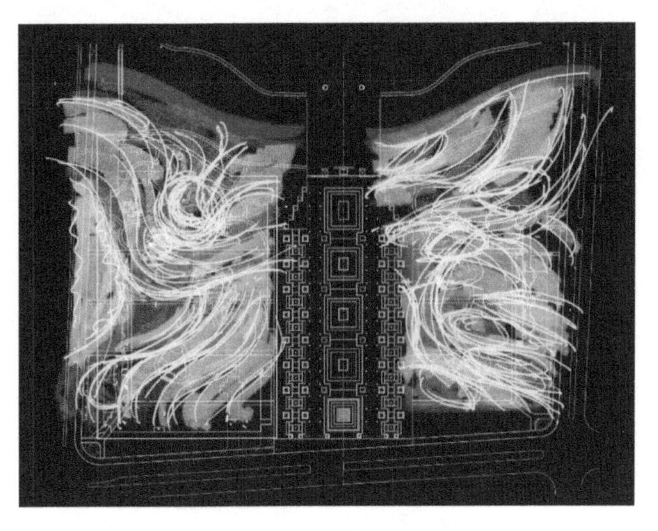

图 3-93　景观方案草图

设计考虑把场地还给市民、把空间做出层次、把活动办出特色：对既有绿地空间的广场空间和流线空间做了大幅调整，除了人防地下设施的占地外，尽可能让市民参与到公园当中；最大化地创造林下活动空间，将绿化覆盖与场地活动相结合；最大化地提升道路密度，将可达性与场地活动相结合（图 3-95）。

在分区设计上，从不同使用人群的需求着手，有策略地将潜在干扰降到最低；从不同的活动聚集性入手，有计划地将同类型活动集中布置。由此，广场东侧偏向于青少年运动空间，广场西侧则偏向于老年活动空间。

在细节设计上，以百姓需求为出发点，契合广场文化定位，体现地域文化特色（图 3-96）。

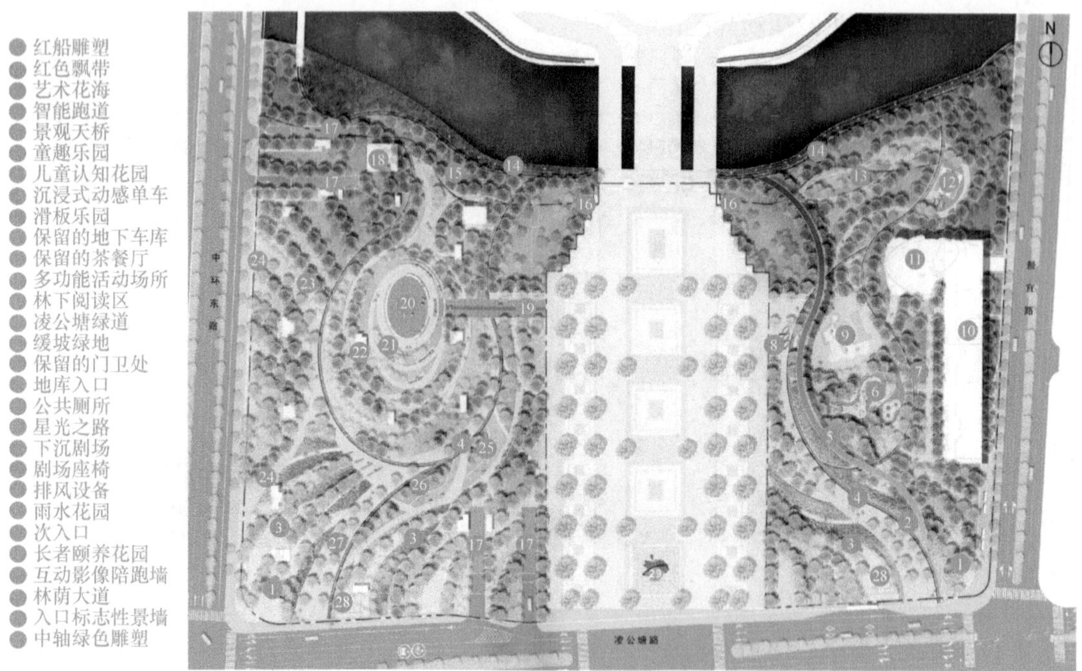

图 3-94　总平面图

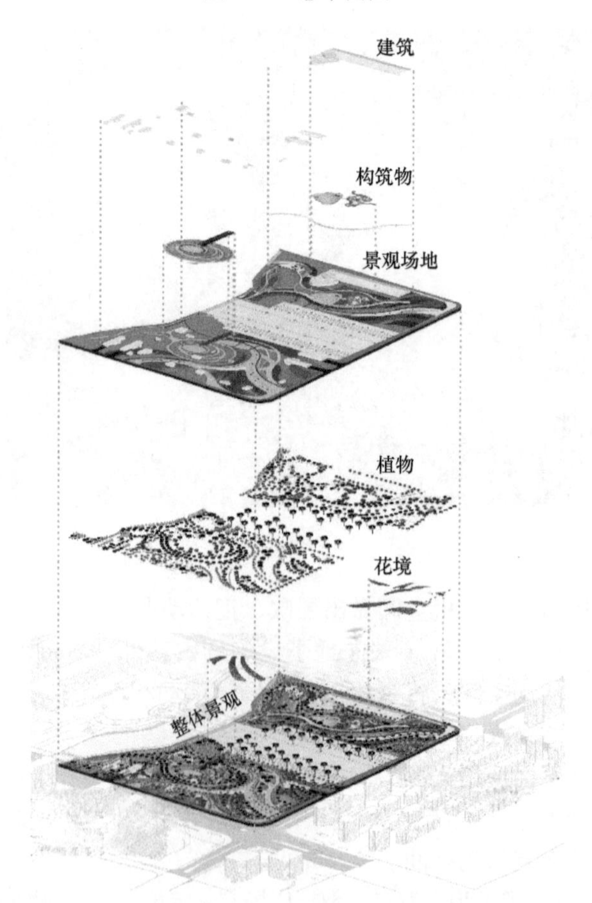

图 3-95　分层设计轴测图

图 3-96　景观小品设计

在满足功能照明的同时，广场的夜景照明设计以“静”构建“清静安全”的夜景空间，以“和”营造“祥和温暖”的舒适环境，以“简”展示广场“简约雅致”的设计理念，使灯光与景观建筑融为一体（图 3-97）。

图 3-97　照明设计

思　考　题

1. 广场景观设计中，既要考虑水平要素，又要考虑垂直要素，请思考一下，哪些景观元素属于水平要素，哪些景观元素属于垂直要素？

2. 广场景观设计主题的确定与哪些因素有关？

3. 说说给你留下印象最深的广场景观的设计特点。

第4章

滨水空间景观设计

4.1 滨水空间景观设计概述与发展

4.1.1 滨水空间的概念与设计发展概述

了解滨水空间的发展

水是生命不可或缺的因素。水是城市选址、人类定居、文明发展的源泉，有时也是城市的“边界”，是构成城市要素的线状景物和空间。滨水空间（本章滨水空间特指城市滨水空间）是城市中一个特定的空间区域，是指城市中与河流、湖泊、海洋毗邻的土地或建筑，其一般由水域、水际线、陆域三部分组成。滨水空间是人类社会城市化的产物，具有很多的人为特征。宾水空间按其毗邻的水体性质的不同，可分为河滨空间、海滨空间，其景观是以城市水域、江、河、湖等为中心，对滨水空间的设施、环境等所做的相关设计。

建筑大师查尔斯·摩尔认为“滨水地区是一个城市非常珍贵的资源，也是对城市发展富有挑战性的一个机会，它是人们逃离拥挤的、压力锅式的城市生活的机会，也是人们在城市生活中获得呼吸清新空气的机会。”

“得水而兴，废水而衰”这一城市发展规律在古代城市中表现得尤为明显，我国历代古都名城，如西安、洛阳、南京等，均是依水而建。而世界上许多著名的城市也与水有着亲密关系，如泰晤士河南岸、巴黎左岸、纽约水岸、东京水岸等。

中国的现代滨水空间开发与景观建筑学一样，相比于西方起步较晚，这是有历史和文化缘由的。西方很多城市的滨水空间建设较为成熟，那是因为这些城市通常是由沿河沿江的要塞城堡发展而来的，占据地形要点并获得优美景致是西方滨水城市发展的共同认识。

中国地域广阔，河流水域类型众多，在早期的城市中，水体作为城市生活和军事防御功能而存在，同时也是城市公共交通的主要空间之一，因此滨水空间成为中国古代城市最为繁华和人流活动最为集中的区域，如京杭大运河的沿河区域。也有一些沿河沿海地区因常年的水患等原因，加之传统农业大国和特有的东方文化的内敛性，中国的城市在变迁过程中往往与大海、大江保持着一定的间隔性，而不是直接向滨水空间发展。一些江南地区的小城镇因较少的水患，倒是形成了独特的沿着小水系周边成长的水乡特色（图 4-1）。

图 4-1　无锡荡口古镇

4.1.2　滨水空间景观的功能

滨水空间由于所在的特殊空间常具有城市的门户和窗口的作用，因此一项成功的滨水空间开发工程，不仅可以改善沿岸的生态环境，重塑城市优美景观，提高市民的生活品质，而且往往能增加城市税收，创造就业机会，促进新的投资，并获得良好的社会形象，进而带动城市其他地区的发展。

近年来，不断推进的城市转型为滨水空间的开发提供了契机，人们认识到了滨水空间开发潜在的巨大社会价值和经济价值。同时，由于中国经济日趋稳健，沿海主要城市通过改造和运营既有滨水空间带动开发新的滨水空间，能为城市经济带来重要的发展契机，而且这种开发往往反映出的是城市经济的转型，体现第三产业的蓬勃发展，以此实现城市经济结构的整体调整。滨水空间开发还是一个城市形象的重要载体。

4.2　滨水空间设计要点

掌握滨水
空间设计要点

滨水空间景观设计的基本原则是保持整体性和特色性的平衡，如果以常用的点、线、面的关系来比喻，则可以理解为一个景点的设计必须放在这条景观带的层次中来考虑，一条景观带的设计又必须放在整个城市的“面”中来考虑。滨水空间景观设计的正确做法：先制定一个具有整体定位性质的滨水空间总体景观设计策略，然后在此设计策略之下，通过分段的方式来确定每个区段的滨水空间景观的特色。要注意的是，滨水空间设计和滨水空间景观设计是一体的，在进行滨水空间设计时就要同时进行滨水空间景观设计，两者密不可分。

4.2.1　滨水空间和周边城市功能的关系

城市中的滨水空间往往与城市中不同的地区相连，并多呈现出沿河流、海岸走向的带状空间布局。在进行规划设计时，应将这一地区作为整体，进行全面考虑。从土地使用功能来看，滨水空间相连的既可以是商业街，也可以是居住区；在城市边缘或郊区的地方，滨水空间还可能跟生态保护区相连，如沼泽地、农田、森林等。在滨水空间景观设计中，不得将滨水空间孤立地看作一个独立体，而忘记了它与周边城市功能的关系。

在滨水空间的项目策划上，要以滨水空间的新项目来补充和提高周边土地的功能与价值，这就需要研究周边地块的用地性质和空间尺度等（图 4-2）。

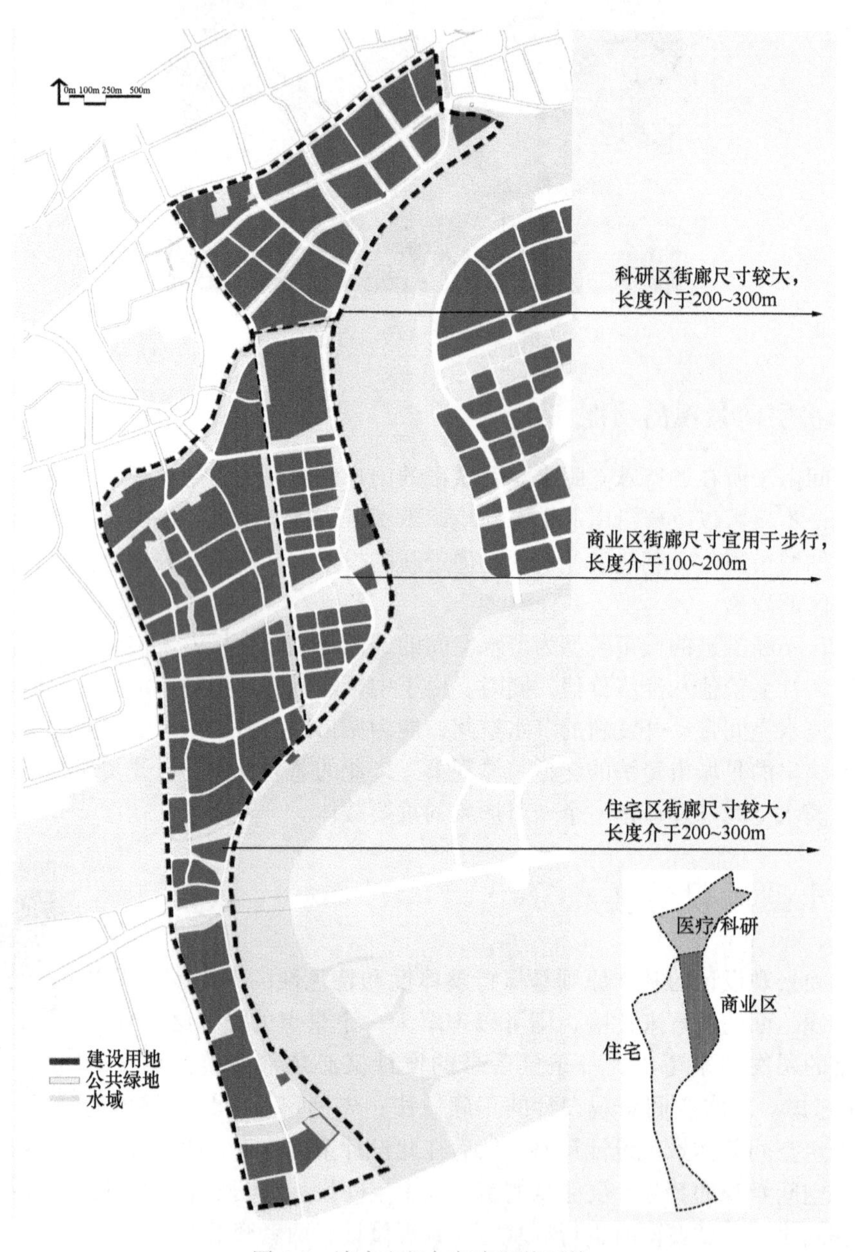

图 4-2 滨水空间与都市网格系统

早期的滨水空间开发中有过失败的教训。在城市发展过程中，随着滨水空间中的港口、仓库等被清退，不少城市利用这些土地建起了城市快速道路，以滨水道路景观的形式展现于城市的滨水空间中。这些快速道路从交通来看，似乎开发费用较少，甚至可以架空在水面上通过，但快速道路却成为阻碍市民通往滨水空间的障碍，这样的滨水空间很难利用。例如美国的波士顿市，就经历了建设滨水空间道路，再将这条道路拆除迁入地下空间，以打通市中心和滨水空间的通路的发展过程。

滨水空间开发的成功案例也是不少的，美国巴尔的摩港滨水空间开发得很成功，主要是将主体项目选择在了市中心区的边缘地带，采用高架步行道连通，配上建筑小品、水池等，使市区和滨水空间便捷地相连（图 4-3）。

图 4-3　美国巴尔的摩港滨水空间

我国上海外滩滨水空间改造前后分别如图 4-4、图 4-5 所示，改造后将中山东路的过境交通转入地下，地面道路宽度大大减少，为城市提供了更多的公共空间。该改造方案认为，城市开放空间系统应与外滩历史街区和黄浦江滨水空间有机地联系在一起。

图 4-4　上海外滩滨水空间改造前

图 4-5　上海外滩滨水空间改造后

4.2.2　滨水空间的交通组织

1. 外围交通

在滨水空间外围的交通组织上，需布置便捷的步行系统将城市与滨水空间相连。例如上海黄浦江两岸南延伸段徐汇滨江项目，在设计之初就充分考虑加强水岸与邻近用地的联系，并针对不同位置使用不同的联接手法，以建立城市与滨水空间的联系（图 4-6）。

滨水空间仅靠一条绿化带不会给城市带来全面的美化，通向滨水空间的“通道”应是滨水空间的延伸，线性公园绿地、林荫大道、步道及车行道等皆可构成滨水空间通往城市内部的联系通道。在进行滨水空间景观设计时，在适当的地点进行节点的重点处理，进而放大成广场、公园，在重点地段设置城市地标或环境小品，然后将这些点、线、面相结合，使绿化带向城市扩散、渗透，与其他城市绿地元素构成完整的系统，例如上海杨浦滨江的滨水景观设计中就将“通道”中的历史遗迹等元素融入整体的滨水空间景观设计中，构建出“纵线”与空间节点（图 4-7、图 4-8）。

2. 内部交通

由于滨水空间多呈现出沿河流、海岸走向的带状空间布局，所以在进行规划设计时，需

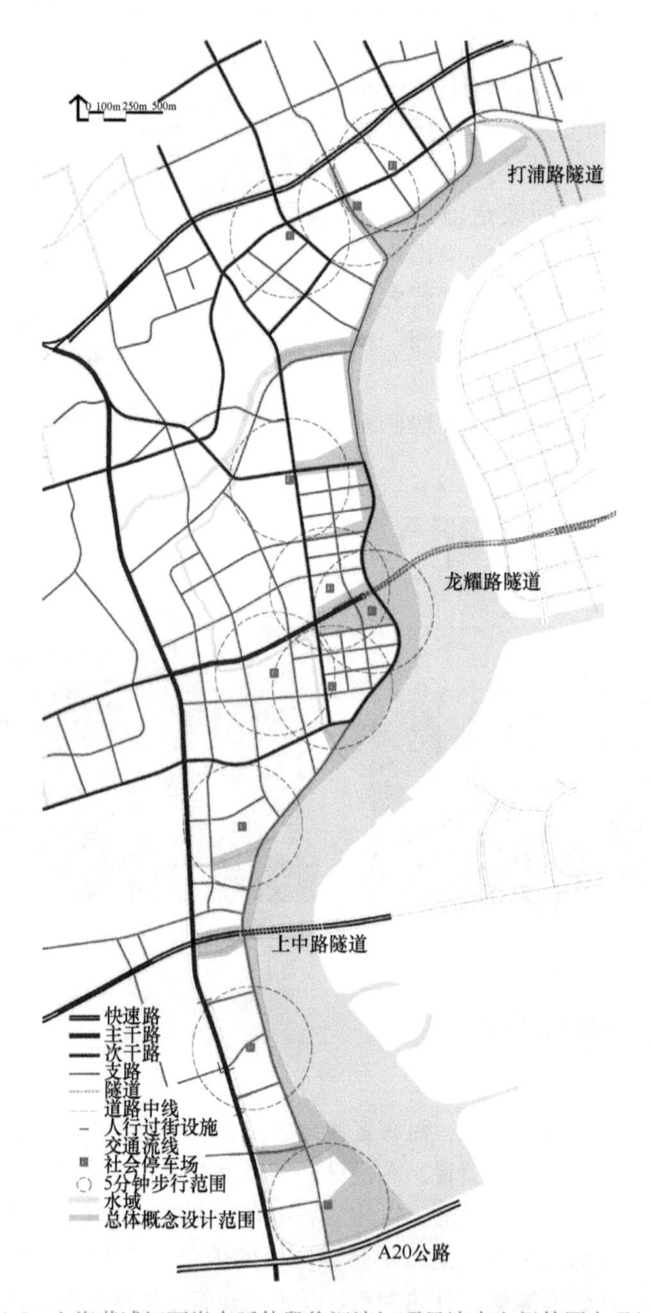

图 4-6　上海黄浦江两岸南延伸段徐汇滨江项目滨水空间外围交通组织

要设计一系列的内部交通，如通过林荫步行道、自行车道以及植被等将滨水空间联系起来，除了可以保持水体岸线的连续性处，还可以将郊外的自然空气和凉风引入市区，改善城市大气环境。

图 4-9 所示的滨水空间中，将垂直于岸线的交通定义为纵向交通，将平行于岸线的交通定义为横向交通，由城市引入滨水空间的交通在道路交叉口处都设计成了入口节点小广场或设置有景观小品。滨水空间的横向交通可根据场地的尺度和设计需要来设置，一般在临水一

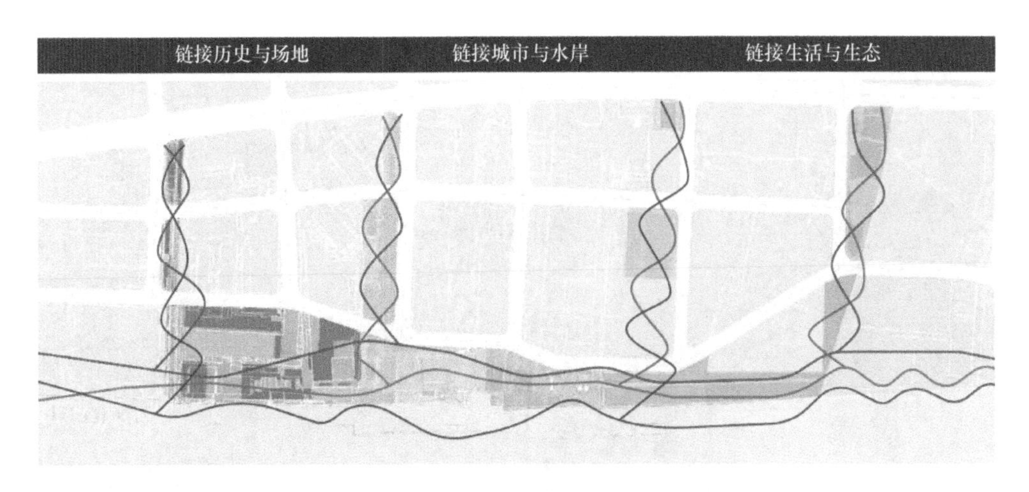

图 4-7　上海杨浦滨江滨水空间交通纵线

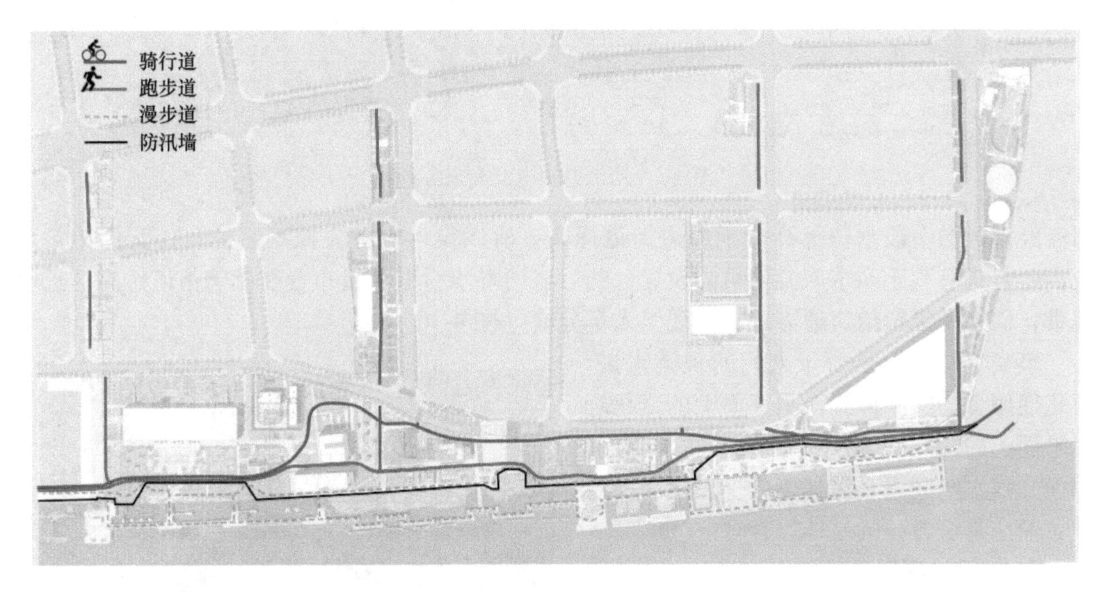

图 4-8　上海杨浦滨江滨水空间交通分析

侧会设置亲水步行道，以满足使用者近距离观水需要。

一般情况下，沿着滨水空间的公共步行道，是吸引游客和市民的基本要素，所有成功的滨水项目，无一例外都将直接沿着水体的部分开辟为步行道。

4.2.3　滨水空间的竖向设计

作为“水陆边际”的滨水绿地，多为开放性空间，其空间的设计往往兼顾外部街道空间景观和水面景观，其中的竖向设计考虑带状景观序列的高低起伏变化，利用地形堆叠和植被配置的变化，在景观上构成优美多变的林冠线和天际线，形成纵向的节奏与韵律。

1. 人车分流设计

如果滨水空间有地形可以利用的话，可以将滨水空间的项目分不同标高安排，这将有利于滨水空间的交通组织，实现人车分流。例如美国圣安东尼奥滨水空间项目，由于圣安东尼奥

图 4-9 滨水空间内部交通分析

河流经市区的一段水位标高低于周边街道标高，所以设计时首先控制水位，让其保持常水位，此方式有利于亲水旅游项目的设置，然后将河畔步行道项目布置在低于街道标高的近水地带，而将街道留给交通需求，实现了人车分流（图 4-10）。

事实上，无论是对于人们的视觉来讲，还是使用者的实际体验，垂直面上的变化远比平面上的变化更能引起人的关注与兴趣。因而，滨水空间景观设计不应仅仅是平面设计，而应是全方位的立体设计。

图 4-10 滨水空间人车分流设计

2. 软质与硬质景观的立体设计

滨水空间景观设计的立体设计涵盖了软质与硬质景观两方面：软质景观是指在种植乔木、灌木时，应先堆土成坡，再分高低层立体种植；硬质景观则是运用上下层平台、道路等进行空间转换和空间高差的创造（图 4-11）。例如在苏州金鸡湖景观设计中，设计师将沿湖滨水空间的标高作了四段划分，从城市往湖面靠近依次为“望湖区”（宽 80~120m 的绿化带区域）→“远水区”（高处湖滨大道，由乔木与灌木形成半围合空间）→“见水区”（低处湖滨大道，9.4m 宽的宽阔花岗石大道）→“亲水区”（可戏水区域）。这样，既满足了驳岸设计的防洪要求，又将人们逐渐、逐级地引入水景之中，使得整个区域在三维空间中变得丰富多彩。设计师一般会充分利用滨水空间的高差变化营造丰富的竖向空间层次。

如果没有地形可以利用，可以通过人工建设平台架空的方式将公交、步行、过境交通、

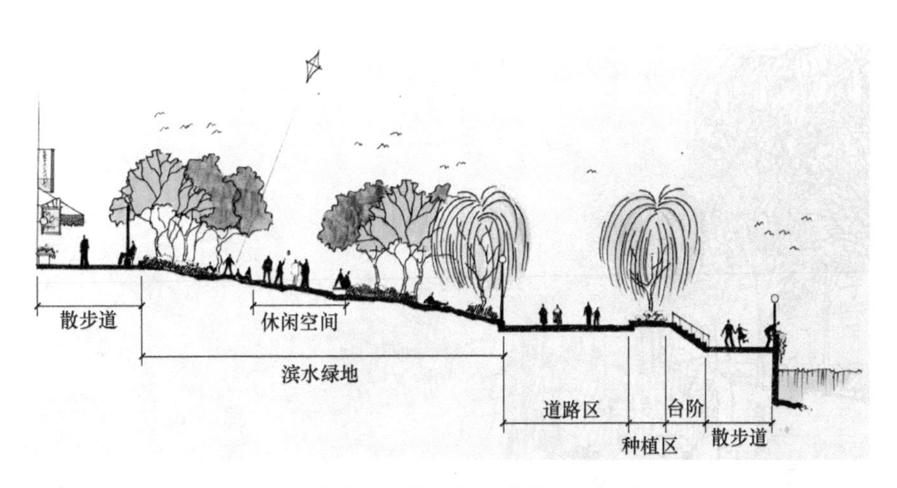

图 4-11　滨水空间软质与硬质景观立体设计

停车场等分开布置，法国巴黎拉德芳斯新区滨水空间（图 4-12）和美国芝加哥市沿芝加哥河两岸滨水空间（图 4-13）都是这种做法。但这类做法的投资都较大，工期长，管理上也比较复杂，一般多用在特大城市的新滨水开发项目上。

图 4-12　法国巴黎拉德芳斯新区滨水空间

图 4-13　美国芝加哥市沿芝加哥河两岸滨水空间

4.2.4　滨水空间的防洪设计

防洪是滨水空间景观设计的重点。滨水空间由于紧靠水体，往往会受到洪水等自然灾害的威胁。设计滨水空间景观时，设计师必须得到准确的水文资料，并与水文部门密切合作，认真研究滨水空间景观设计的防洪能力。一般情况下，进行滨水空间景观设计时，滨水空间应避免向水中、田地延伸，这是为了防止因河道排洪断面不足而出现洪水灾害。滨水空间如果不得不向水中延伸建设时，必须做好论证：河道排洪断面是否足够；是否扩大水面或加深河床；是否架空搭建步行道等设施（因为任何搭建行为都会影响到排洪）。

由于多数滨水空间建有防洪堤、防洪墙等防洪工程，以应对雨季水量高涨时期的高水位。但在常水位或旱季的低水位时期，防洪堤、防洪墙就变得非常突兀，让人有“拒水于千里之外”的感受，为保证景观的多样性和景观亲水效果的需求，在设计中多采用不同高度的台地做法（图 4-14、图 4-15）。

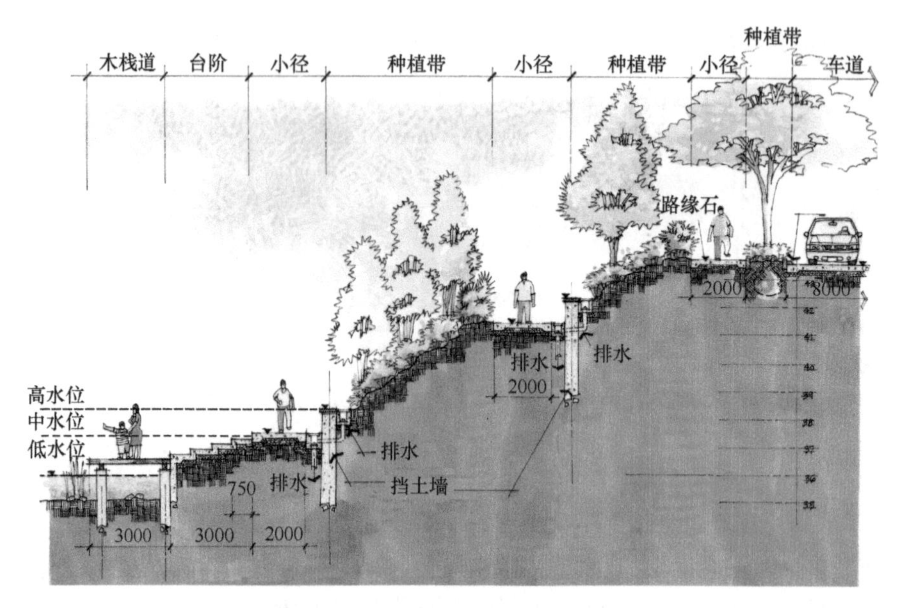

图 4-14　不同高度的滨水空间（一）

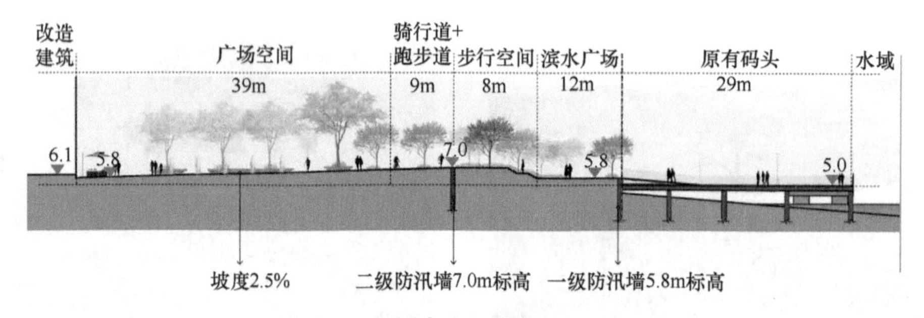

图 4-15　不同高度的滨水空间（二）

美国芝加哥市的湖滨地区采用了三层台地的防洪设计：最接近水面的无建筑物的低台地，主要供散步和自行车通行（图 4-16）；允许建造临时建筑物的中间台地，可见游泳救生台，以及简易的构筑物；最高的台地，可建设永久性的建筑物，而这一部分的高台地一般在防洪高程之上，或位于防洪墙后面，不会受到洪水的灾害。

图 4-16　美国芝加哥市湖滨地区

在平面图纸的设计表达上，可以将滨水空间分为可被淹没的平台区域和不被淹没的平台区域，例如上海船厂滨水公共活动空间设计项目中，将滨水空间分为高区平台和低区平台（图 4-17）。

4.2.5　滨水空间的景观特征

通常情况下，设计师会根据周边的城市功能为滨水空间划分景观特征（图 4-18），这些

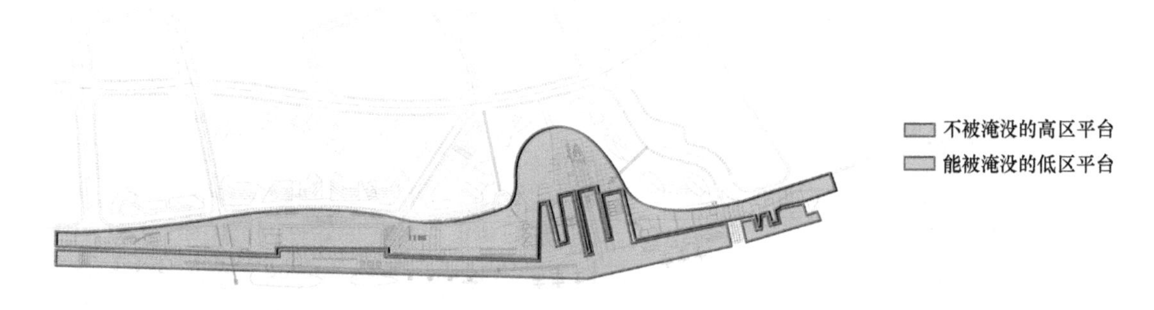

图 4-17　上海船厂滨水公共活动空间设计项目

特征可能是因为周边的商业区而成为庆典广场，也可能是因为居住区而成为滨水运动场、儿童乐园或者休闲花园。在一个滨水空间项目中，设计师会与项目策划师不断探讨，以明确滨水空间中具体的项目内容及其位置，预测未来人流量和生态承载能力等。

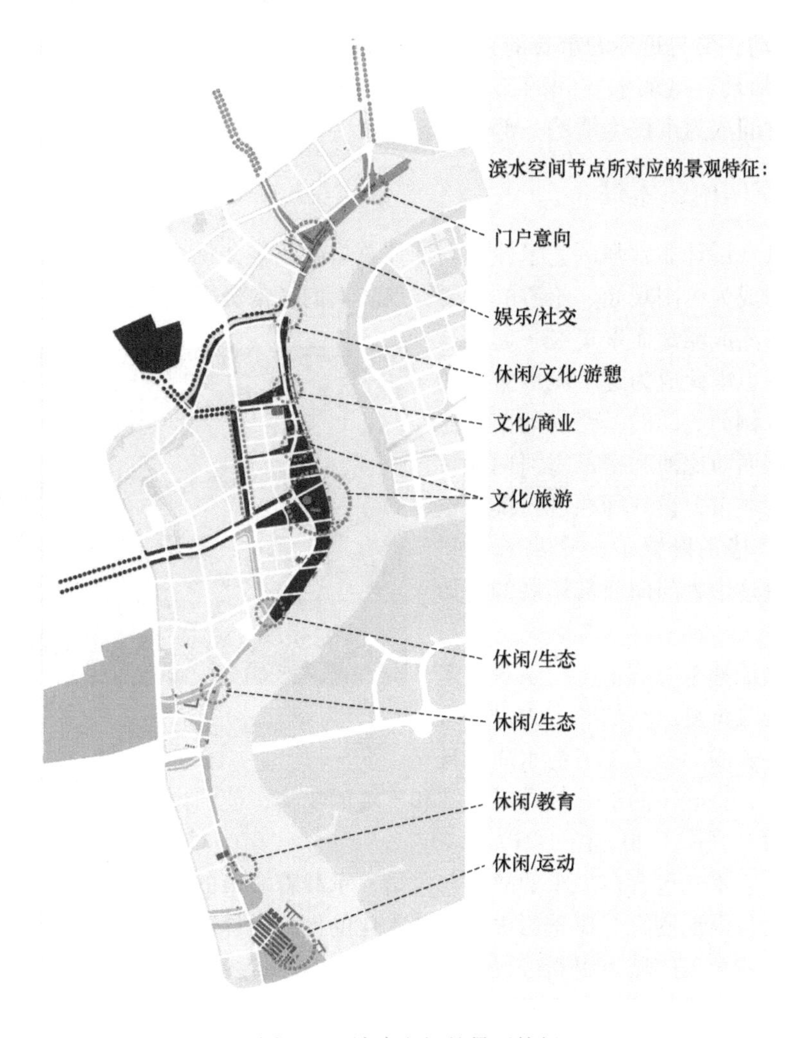

图 4-18　滨水空间的景观特征

滨水空间中不同使用功能的项目应该分段布置，但仍在同一平面上，吸引人流最多的项目如旅游、休憩、水上运动、购物等宜放置在中心地段。在空间布局上应力求用一个开敞的空间体系将滨水空间的景观与城市空间连接起来。

4.2.6 滨水空间的活动

要充分利用滨水空间，通过合理而丰富的活动安排，不仅可以吸引人们光顾这里，更可以起到强化滨水空间的形象、品牌的作用，尤其是一些重要的或国际性的滨水空间。在计划滨水空间的活动时，可考虑在该地区的不同地段、在不同的季节或时间段里举办不同的活动，将滨水空间塑造成人流的热点地点。很多国际性的滨水空间的开发经验表明，吸引当地居民的反复光顾和游览是保持滨水空间生命力的根本性因素。

滨水空间活动的组织应强调以下要点：活动的举办应与人们的文化心理相吻合；活动的形式应反映社会、经济和政治的文化因素；凸显当地的历史和文化；为当地的区域交流提供机会。滨水空间活动的类型包括：

1）季节性活动：变换的季节可以为展现充满情趣的滨水空间提供舞台。

2）文化活动：要与每年的重要的文化活动相协调。

3）教育类活动：将滨水空间的历史融入日常教育，对市民进行展示，增强主人翁意识，并使滨水空间成为市民生活的一部分。

4.2.7 滨水空间的艺术性

滨水空间景观设计非常强调艺术性，设计师总是试图将文化、艺术、旅游与空间结合起来，使滨水空间成为休闲观光、旅游的重要支点。人们经常会因为滨水空间中的重要的、有象征意义的艺术品或雕塑而聚集在一起，这些艺术品或雕塑也因此成为这个城市重要的对外形象名片。例如美国的圣路易斯市，这是一座坐落在密西西比河和密苏里河两大重要河流交汇处的城市，设计师在进行滨水空间景观设计时，特别设置了一个高耸的拱门，以象征通过这个大门向西部拓展的开始（图 4-19）。

图 4-19　美国圣路易斯市大拱门

上海闵行横泾港东岸滨水空间景观改造中，以单细胞硅藻重复出现的图案为设计理念，将拥有许多美丽形态又能清洁水质的硅藻作为设计灵感，将硅藻的形态抽象成二维和三维的物体，使河岸充满活力，从而讲述河流和环境再生的故事（图 4-20、图 4-21）。

滨水空间的艺术性包含着城市的故事与风情，承载着城市的历史与文脉，其设计与设置不是凭空的，而是因地制宜、尊重历史的，艺术化的创意设计可以让沿岸曾经有过的记忆得以复活、延续。在今天的城市更新进程中，尽管新与旧、传统与现代构成了复杂的矛盾，但滨水空间公共艺术思维的拓展和提升，往往植根于城市历史记忆的文脉之中，这也要求在进行滨水空间景观设计时，要深入理解场所精神，并嵌入人们的日常生活，或以跨界的方式形

成具有生命力的新空间。

图 4-20　上海闵行横泾港东岸滨水空间景观剖面图

图 4-21　上海闵行横泾港东岸滨水空间景观效果

4.3　滨水空间驳岸形式

在滨水空间中，对驳岸的处理是很重要的一个方面。一般将一个保护河岸的构筑物称为驳岸或护岸。驳岸的定义：建于水体边缘和陆地交界处，用工程措施加工而使其固定，以免遭受各种自然因素和人为因素的破坏，用于保护风景园林中的水体的设施。

芝加哥滨水区设计案例

驳岸的断面形式可分为整形式和自然式两大类。

4.3.1　整形式驳岸

对于大型水体，风浪大、水位变化大的水体，以及基本上是规则式布局的园林中的水体，常采用整形式驳岸，用石料、砖或混凝土等砌筑整形岸壁。整形式驳岸的形式有以下几种：

1. 草坡台阶驳岸

以硬质驳岸的形式设置草坡台阶，可解决河岸与河流高差大的问题，既美观大方又保证了滨水空间的防洪安全（图 4-22～图 4-24）。

2. 亲水码头驳岸

在石滩或近岸区域设置标高高于洪水位的木质亲水码头，并在亲水码头下的常水位之上设置步道，增加亲水范围，体现人性化、生态化的设计理念（图 4-25、图 4-26）。

图 4-22　草坡台阶驳岸剖面图

1—驳岸处理　2—网箱石块通道　3—生态种植（考虑水生和湿生植物种植）　4—种植区　5—人行步道

图 4-23　草坡台阶驳岸效果图

图 4-24　草坡台阶驳岸实景

3. 木栈道驳岸

用水面的木栈道供游人穿行及停留，从而创造一个亲水、观水和休憩的场所（图 4-27、图 4-28）。

图 4-25　亲水码头驳岸剖面图

1—天然石材提供凹凸不平的河岸线　2—潜水区生态种植　3—生态种植（考虑水生和湿生植物种植）
4—绿化种植（耐水植物）　5—开放草坡绿化区域　6—亲水码头

图 4-26　亲水码头驳岸实景

图 4-27　木栈道驳岸剖面图

1—生态小岛停留区　2—岛上栈道　3—水上栈道　4—落水墙处理　5—下沉场地与景亭结合

4. 垂直驳岸

垂直驳岸能解决河流与周边用地高差较大的问题，能抵抗墙背土较大的压力，能保证滨水空间的防洪安全，通常还会提供较大的活动空间（图 4-29、图 4-30）。

图 4-28　木栈道驳岸效果图

图 4-29　垂直驳岸剖面图

1—天然栽植法提供生态的河岸线　2—栏杆与灯柱的结合完善了休息场所的围合空间　3—户外茶座
4—绿化种植　5—乔木种植　6—人行步道　7—绿化带

图 4-30　垂直驳岸实景

5. 退台式驳岸

在高差较大的地方应用层层退台的方式解决高差矛盾，低台在平时是亲水空间，高台在汛期可起到防洪作用（图 4-31、图 4-32）。

图 4-31　退台式驳岸剖面图

1—天然石材形成凹凸不平的河岸线　2—阶段式挡土花坛提供观景平台或座位　3—种植带
4—耐水湿植物　5—绿化树木或灌木种植提供视线遮挡

图 4-32　退台式驳岸实景

4.3.2　自然式驳岸

对于小型水体和大型水体的局部区域，以及自然式布局的园林中水位稳定的水体，常采用自然式驳岸，或是有植被的缓冲驳岸。自然式驳岸的形式有以下几种：

1. 自然生态驳岸

岸边绿化带种植一些水生植物，如芦苇、千屈菜等，营造一种自然生态的氛围（图 4-33、图 4-34）。

2. 砌块型自然生态驳岸

对于较陡的坡岸或冲蚀较严重的地段，不仅种植植被，还采用天然石材或木材护底，以增强堤岸的抗洪能力（图 4-35），例如在坡脚采用石笼、木桩或浆砌石块等护底形式，其上筑有一定坡度的土堤，在斜坡上种植植被，采用乔木、灌木、草皮混合种植方式，实现固堤护岸（图 4-36）。

图 4-33 自然生态驳岸剖面图

1—天然石材形成凹凸不平的河岸线 2—生态种植 3—绿化树木或灌木种植提供视线遮挡

图 4-34 自然生态驳岸实景

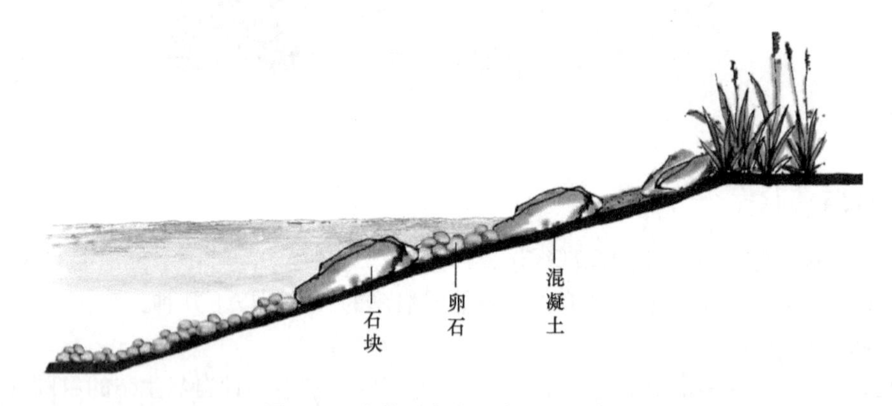

图 4-35 砌块型自然生态驳岸示意图

在进行滨水空间驳岸设计时，在考虑防洪、输水、通航等基本功能的基础上，要充分考虑生态环境。在空间允许的情况下，驳岸最好不要设计成直立的混凝土护岸，而是适当运用块石、鹅卵石、木桩等营造一个岸线曲折、岸坡起伏的形态。在岸坡上要给陆生植物以及在岸边要给水生植物的生长营造适宜的场地，将多种植物交替配置，实现生物的多样性，尽可能为动植物创造一个安全的栖息地。

图 4-36　砌块型自然生态驳岸实景

4.4　滨水空间景观设计案例分析

重庆渝中半岛珊瑚公园设计案例（一）

本节主要通过重庆珊瑚公园滨水空间景观概念设计项目，来讲解滨水空间景观设计是如何分析和表达的。本项目的难题之一是如何处理山地高程与城市、水的关系。

1. 项目概况

这一部分包括项目背景、设计依据、项目区位、现状条件等内容。

重庆渝中半岛珊瑚公园设计案例（二）

珊瑚公园位于重庆渝中半岛滨江路南侧（图 4-37）。本次设计的依据为上位规划的“重庆主城区两江四岸滨江地带城市设计——渝中片区方案”，根据此城市设计内容及要求，进而对珊瑚公园的滨水空间进行景观概念设计。

图 4-37　项目区位图

2. 基地分析（机遇与挑战）

重庆是我国著名的山城，这里的生活多姿多彩，重庆给设计师的印象是一座“山水的城市”。所以，项目的设计定位体现了“山水的城市”；鳞次栉比的房屋创造了“森林重庆”的印象；川剧绝活《变脸》与重庆火锅，仿佛带领设计师进入了“百变的重庆”。

具体设计时，如何实现亲水及拉近天际线、地平线、水际线三者之间的关系，丰富它们的层次，是需要解决的重要课题之一：基地与城市之间被高架设施与围墙所分割；绿色空间无法有机地延续与生长，基地内部有各类开发地块，功能和公园环境不符；历史的延续和市民的互动方面尚缺少变化，欠缺特色。

3. 设计愿景

经过详细的前期调研后，设计师为项目制订了本次景观概念设计的愿景——“开拓山水城市脉络，发展森林城市风华，重显百变城市气韵”（图 4-38），特别突出了“拓”“展”“显”三个方面。

图 4-38 设计愿景图

4. 案例研究

设计师通过研究具有相似问题并有独特解决手法的优秀案例，形成了设计思路。这个项目参考了美国西雅图奥林匹克雕塑公园和西班牙贝尼多姆市海滨长廊等著名景观项目的设计思路及手法（图 4-39、图 4-40）。

图 4-39 美国西雅图奥林匹克雕塑公园

图 4-40 西班牙贝尼多姆市海滨长廊

5. 设计策略

针对项目需解决的问题，设计师提出了表 4-1 所示的设计策略。

表 4-1　设计策略

设计愿景	现状问题	设计策略	预期效果
拓	基地现状的水位落差较大 岸线侵蚀和冲刷较严重 景观性不足	设置水底消能坝 垂直利用的水岸形成活动空间 腹地较小的区域：增加堤岸的垂直绿化 腹地充裕的区域：以多层台地的形式消化垂直落差，结合高程的变化设计永久性或临时性场所 创造时序变化的景观（图 4-41）	具有消能与引流功效 形成自然水岸 形成富有变化和趣味性的水岸空间 形成具有特色和动态变化的滨水活动场所
展	部分建筑沿高架设施的围合感过于强烈 交通的穿越方式单一	取消围墙打通滨湖步道，从滨水空间串联到城市 局部打开界面，桥下绿色步行通廊 设置清晰的标识系统（图 4-42）	体验到舒适多样的滨水空间环境 使水上成为游览城市岸线的体验场所
显	公园的活动设施缺乏吸引力 同质化问题严重	定义三个段落的主题定位（图 4-43、图 4-44）	重组和发展内容定位，形成自身独有的特色

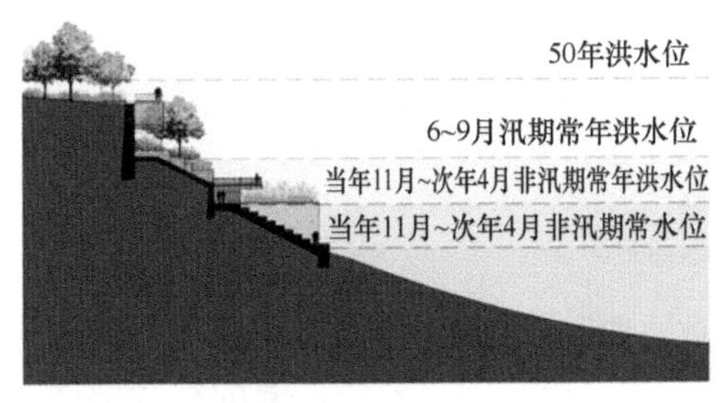

图 4-41　具备时序变化的景观

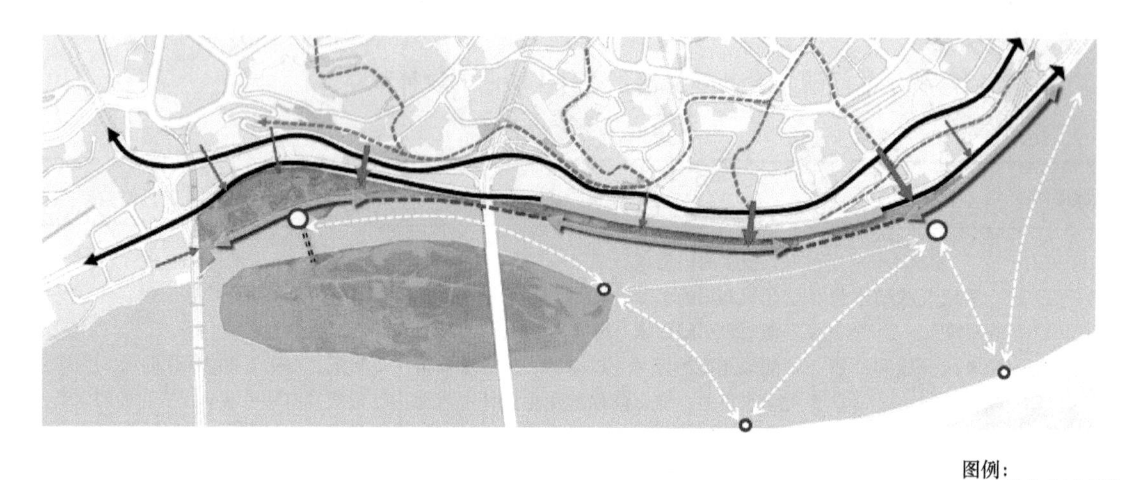

图 4-42 交通分析

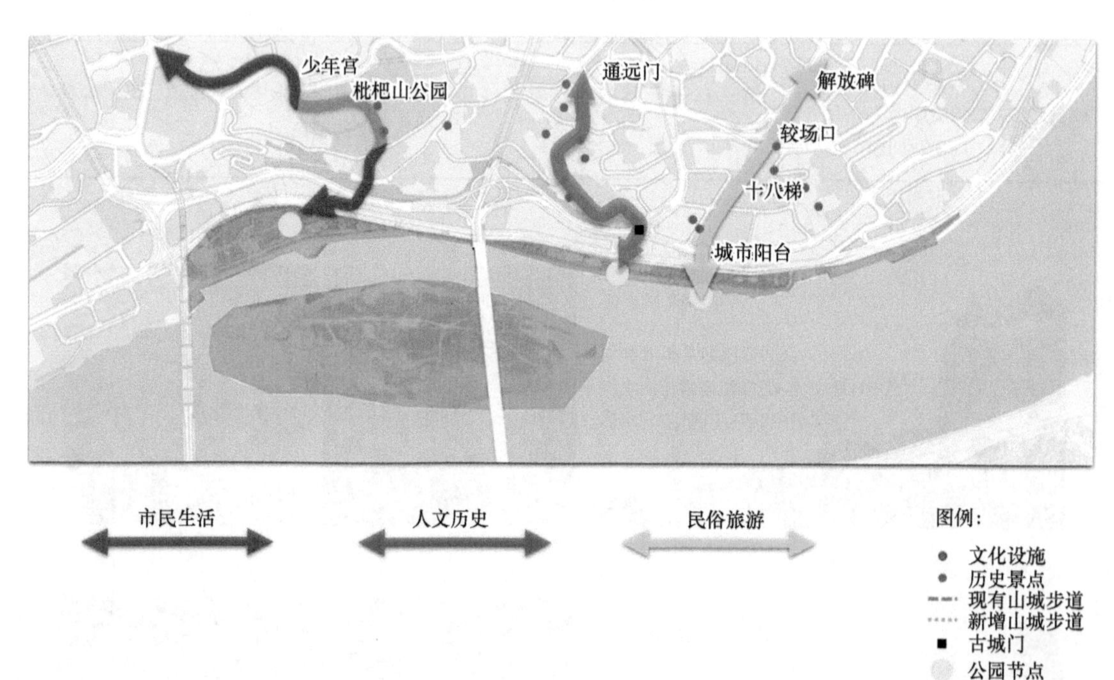

图 4-43 主题定位

6. 设计目标

项目在景观上更多地表现的是空间层次，一是“曲”，强调更多的选择和更富有变化性（图 4-45）；二是延续城市的竖向肌理，利用高差形成多层台地，形成不同的视觉感受，可以内观、可以远眺、可以俯览（图 4-46）。通过这样的设计，将一系列的布置融入人们的日常生活中，从而影响到整个城市空间的变化，最终提升城市形象。

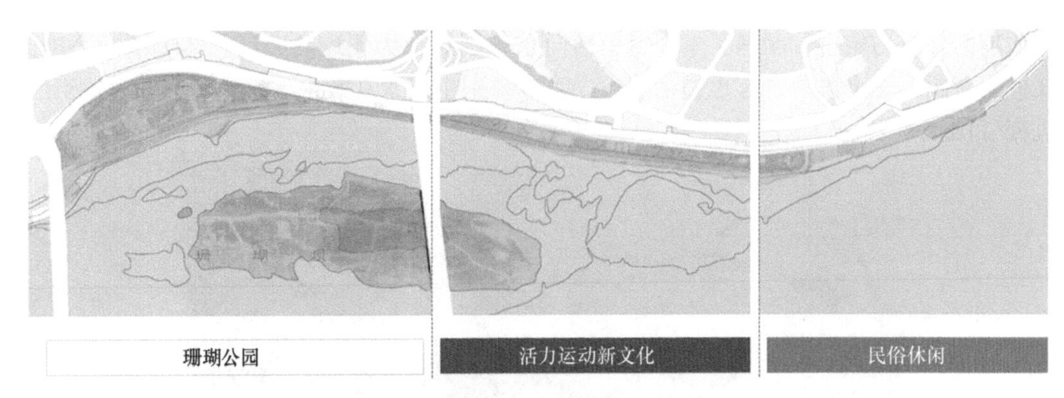

图 4-44　文化活动

图 4-45　设计目标——“曲”

图 4-46　设计目标——延续

7. 总体设计

在总体景观框架部分，采用了串联山水、时空序列、渗透延伸、编织体验和丰富层次的设计手法，以展现整体滨水空间的景观效果，同时预留了城市自由生长的必要空间。所以，

经过前期的分析与定位，明确了本项目由西向东分别划分为珊瑚公园区、体健活动公园区、滨江休闲公园区三个段落，这也是由静态景观效果到生态景观效果，再到动态景观效果的演变过程（图 4-47）。

图 4-47　总体设计

依据不同的功能主题与功能定位，分别为图 4-47 所示的三个段落设置了必要的活动场景与活动设施，强调与城市南北向的四条重要的城市连接线的衔接。在滨水空间的内部，形成一条贯穿且连续的东西向的滨水步道线，以及水上的交通流线（图 4-48），形成了东西向的水上联系并与长江对岸产生互动。还在滨水空间的主要路口处及合适的位置，设置了集中的地面停车区域。

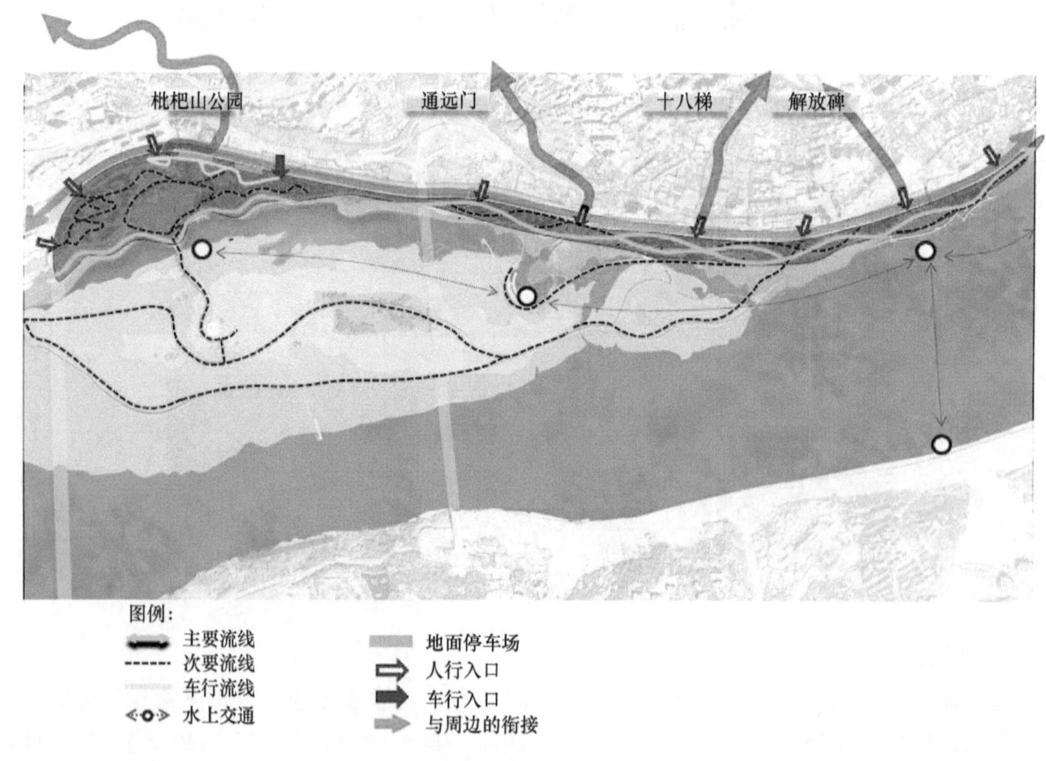

图 4-48　流线系统

对于水岸线消落区的处理提出了三种方向，并在图面上予以区段明确：

1）保持现状，水岸线不变，并维持码头功能。

2）列出重点改造的区域，并结合区段内的具体功能与定位，同区段特色相结合进行综合设计。

3）在现状水岸线的基础上，只增加水面绿化、垂直绿化并进行水岸立面处理即可（图 4-49）。

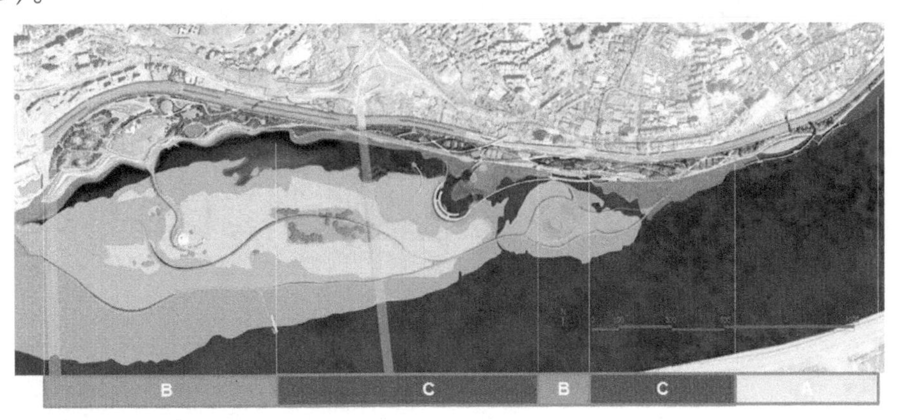

图例：

A　保持现状水岸线不变，维持码头功能

B　重点改造区域，结合各区特色进行综合设计

C　在现状水岸线的基础上，增加绿化和立面处理

图 4-49　水岸线消落区处理

8. 分区设计

设计师在概念设计阶段，对图 4-47 所示的三个区段做了示意性的设计。

1）在珊瑚公园区的平面图和效果图上（图 4-50、图 4-51）可以看到，凹凸起伏的趣味长廊将满足防洪要求的平台连接成了一条综合城市生活、居民活动的趣味空间游线；景观长廊起伏多，丰富的造型与光影空间兼具艺术性和趣味性；在满足防洪要求的前提下，体现出了滨江城市优美的水际线与渝中城区、山城天际线相呼应的美景；同时，与地景融合的空间配置，起伏的人造地景，形成了丰富的地表景观，创造出了空间变化和多视角的序列空间，体现了重庆地区充分利用地下空间的习惯（图 4-52、图 4-53）。

图 4-50　珊瑚公园区平面图

图 4-51　珊瑚公园区效果图

图 4-52　珊瑚公园区剖面图

图 4-53　珊瑚公园区驳岸设计

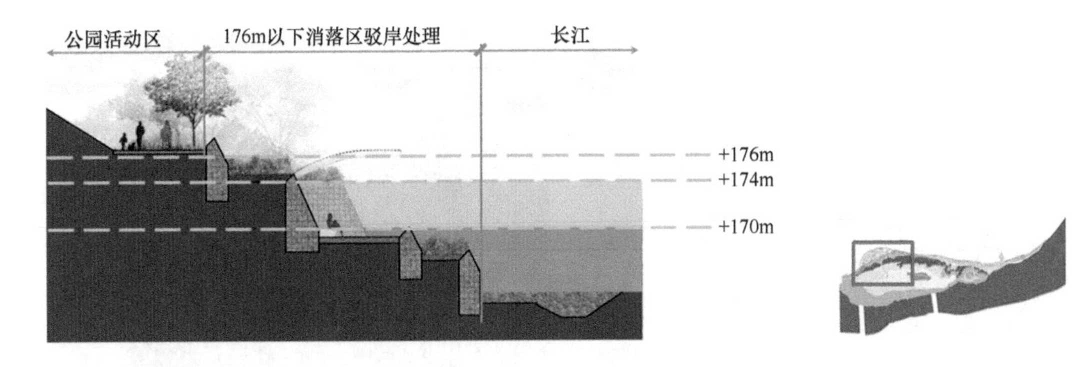

图 4-53　珊瑚公园区驳岸设计（续）

2）体健活动公园区的景观特色是将“限制”化为“转机”，利用本次景观设计的机会对城市衔接口进行改善处理，并以此提升现有城市风貌及滨水空间景观质量，丰富里弄空间尺度，营造属于市民和游客的多样空间（图 4-54～图 4-57）。

图 4-54　体健活动公园区平面图

1—亲水广场　2—球场及看球台　3—体健设施场地　4—社区中心及游泳池
5—亲子游戏场地　6—滨水休闲商业空间　7—码头

3）滨江休闲公园区的平面图与效果图反映了此区段多元化的表达方式，让游人多角度地体验渝中地区“山、水、城”的魅力（图 4-58、图 4-59）。用地功能的有机混合设计，使本区段在各个时间段都有活动及人流，成为具有人文特色的城市旅游景点。设计师还利用景观桥串联并展示沿线的视觉景观，利用绿色通道将本区段与周边的公园及文化设施衔接起来，从而提升了游人的观赏体验。

图 4-55　体健活动公园区剖面图

图 4-56　体健活动公园区驳岸设计

图 4-57　体健活动公园区效果图

图 4-58　滨江休闲公园区平面图

1—景观天桥　2—休闲商业空间　3—亲水平台　4—水上休闲平台　5—体健娱乐设施用地　6—观光码头

图 4-59　滨江休闲公园区剖面图

思　考　题

1. 滨水空间内具体的功能设置有哪些？
2. 滨水空间的设计要点有哪些？
3. 滨水空间驳岸的形式有哪些？
4. 水位落差较大时，水岸立面的处理方式有哪些？
5. 步行道在滨水空间中的重要作用体现在哪些方面？

第5章

居住区景观设计

5.1 居住区景观设计概述

我国《城市居住区规划设计标准》（GB 50180—2018）将城市中住宅建筑相对集中布局的地区，称为居住区。居住区是具有一定的人口和用地规模，并集中布置居住建筑、公共建筑、绿地、道路以及其他各种工程设施，被城市街道或自然界限所包围的相对独立的地区。

居住区景观设计

从景观方案到施工图总图设计（上）

从景观方案到施工图总图设计（下）

随着人们生活水平的提高，人们对居所的观念也发生了很大的转变，外部环境设计的好坏成了人们选择居住的一个重要标准。优美的园林绿化环境已成为住宅小区最基本的要素，并且直接关系到小区的整体水平及质量。并且，随着城镇化进程的不断加快，以及生态文明理念日益深入人心，人们在对生活品质高要求的同时，更渴望以绿色环保的生态设计理念来提高居住区景观的设计水平，从而创造一个健康和谐的生活环境。

5.1.1 人与自然和谐相处的共生观

居住区景观设计需要协调自然、建筑与社会生态环境之间的关系，有效控制资源消耗，考虑生态系统的维护；不仅要专注于艺术的创造性，也要注重人居住环境与自然环境的相融性。只有居住区景观设计和生态理念相结合，才能创造一个舒适优美的人居环境。首先要以可持续发展为设计出发点，其次在进行景观设计时要考虑使用功能、环境健康、景观造型等因素，同时注重生态群落的自我调节功能，协调人与自然的关系以及社会和人类发展之间的关系。

人与自然和谐相处是城市发展的一种趋势。为此，重视环境问题的设计师们应努力为人们创造一个更适合的人居环境，从单纯的对艺术形式和视觉的追求中走出来，注重生态环境对人类身心的调节功能；要将自然元素引入居住区，引到每个居民身边，以景观学、行为学、生态学、美学等学科理论综合考虑、科学论证、合理规划。

5.1.2 “场所感社区”的特质

在现今的居住区景观设计中常会看到一些现象：或单纯重视景观的视觉艺术性，而忽略其功能性与人的使用性；或设计趋于雷同而失去自身特色，忽视了人的归属感；或过分追求现代高档材料，造成人与自然的疏离等。在进行居住区景观设计时，不仅要考虑空间环境形式，更要发掘地域特色，并对人的交往需求加以分析和研究，提供场所空间促进居住区人与人之间的交往，以增强居民的社区意识和归属感；通过增加邻里之间相互交流的机会，使社区的概念具体化——无论是社区规划，或是居住区景观设计，都要强调“场所感社区”的特质。所以，居住区景观设计除了要促进公共空间品质的提升外，还需发挥更加复杂的功能，激发居民对居住区空间的再利用，从而加强社区内居民群体间的联接，同时提升居住区特色。

5.2 居住区规划基础知识

5.2.1 居住区分级规模

居住区按照居民在合理的步行距离内满足基本生活需求的原则，可分为十五分钟生活圈居住区、十分钟生活圈居住区、五分钟生活圈居住区及居住街坊四级，其分级规模应符合表5-1的规定。

表5-1 居住区分级规模

距离与规模	十五分钟生活圈居住区	十分钟生活圈居住区	五分钟生活圈居住区	居住街坊
步行距离/m	800~1000	500	300	—
居住人口/人	50000~100000	15000~25000	5000~12000	1000~3000
住宅数量/套	17000~32000	5000~8000	1500~4000	300~1000

1. 十五分钟生活圈居住区

十五分钟生活圈居住区是以居民步行十五分钟可满足其物质与生活文化需求为原则划分的居住区范围，一般由城市干路或用地边界线所围合，居住人口规模为50000~100000人（相当于17000~32000套住宅），是配套设施完善的地区。

2. 十分钟生活圈居住区

十分钟生活圈居住区是以居民步行十分钟可满足其基本物质与生活文化需求为原则划分的居住区范围，一般由城市干路、支路或用地边界线所围合，居住人口规模为15000~25000人（相当于5000~8000套住宅），是配套设施齐全的地区。

3. 五分钟生活圈居住区

五分钟生活圈居住区是以居民步行五分钟可满足其基本生活需求为原则划分的居住区范围，一般由支路及以上级别的城市道路或用地边界线所围合，居住人口规模为5000~12000人（相当于1500~4000套住宅），是配建社区服务设施的地区。

4. 居住街坊

居住街坊是由支路等城市道路或用地边界线围合的住宅用地，是住宅建筑组合形成的居住基本单元，居住人口规模为 1000~3000 人（相当于 300~1000 套住宅，用地面积一般为 2~4hm^2），并配建有便民服务设施。

5.2.2 居住区用地构成

居住区用地是城市居住区的住宅用地、配套设施用地、公共绿地以及城市道路用地的总称。

1. 住宅用地

住宅用地是指住宅建筑基底占地及其四周合理间距内的用地（含宅间绿地和宅间小路等）的总称。

2. 配套设施用地

配套设施用地对应于居住区分级配套规划建设，是与居住人口规模相对应配建的、为居民服务和使用的各类设施的用地，应包括建筑基底占地及其所属场院、绿地和配建停车场等。

3. 公共绿地

公共绿地是指为居住区配套建设、可供居民游憩或开展体育活动的公园绿地。

4. 城市道路用地

城市道路用地包含居住区内的城市道路用地和居住街坊内的附属道路用地。

5.2.3 居住区绿地控制指标

新建各级生活圈的居住区应配套规划建设公共绿地，并应集中设置具有一定规模且能开展休闲活动、体育活动的居住区公园。居住区绿地控制指标应符合表 5-2 的规定。

表 5-2 居住区绿地控制指标

类别	人均公共绿地面积/(m^2/人)	居住区公园	
		最小规模/hm^2	最小宽度/m
十五分钟生活圈居住区	2.0	5.0	80
十分钟生活圈居住区	1.0	1.0	50
五分钟生活圈居住区	1.0	0.4	30

注：居住区公园中应设置 10%~15%面积的体育活动场地。居住街坊内的绿地应结合住宅建筑布局设置集中绿地和宅旁绿地，其中集中绿地的规划建设应符合以下规定：

1. 新区建设的集中绿地面积不应低于 0.50m^2/人，旧区改建的集中绿地面积不应低于 0.35m^2/人。
2. 宽度不应小于 8m。
3. 在标准的建筑日照阴影线范围之外的绿地面积不应少于 1/3，其中应设置老年人、儿童活动场地。

5.2.4 居住区道路

居住区道路的规划设计应遵循安全便捷、尺度适宜、公交优先、步行友好的基本原则。居住区的路网系统应与城市道路交通系统有机衔接，并应符合以下规定：

1）居住区应采用“小街区、密路网”的交通组织方式，路网密度不应小于 8km/km^2；

城市道路的间距不应超过 300m，宜为 150~250m，并应与居住街坊的布局相结合。

2）居住区内的步行系统应连续、安全、符合无障碍要求，并应便捷衔接公共交通站点。

3）在适宜自行车骑行的地区，应构建连续的非机动车道。

4）旧区改建应保留和利用有历史文化价值的街道，延续原有的城市肌理。

居住区内各级城市道路应突出居住区使用的功能特征与要求，并应符合以下规定：

1）两侧集中布局了配套设施的道路，应形成尺度宜人的生活性街道；道路两侧的建筑退线距离，应与街道尺度相协调。

2）支路的红线宽度宜为 14~20m。

3）道路断面形式应满足适宜步行及自行车骑行的要求，人行道宽度不应小于 2. 5m。

4）支路应采取交通稳静化措施，适当控制机动车行驶速度。

居住街坊内附属道路的规划设计应满足消防、救护、搬家等车辆的通达要求，并应符合以下规定：

1）主要附属道路至少应有两个车行出入口连接城市道路，其路面宽度不应小于 4m；其他附属道路的路面宽度不宜小于 2. 5m。

2）人行出入口间距不宜超过 200m。

3）最小纵坡坡度不应小于 0. 3%，最大纵坡坡度应符合表 5-3 的规定；机动车与非机动车混行的道路，其纵坡坡度宜按照或分段按照非机动车道要求进行设计。

表 5-3　居住街坊内附属道路最大纵坡坡度控制指标

道路类别及其控制内容	一般地区	积雪或冰冻地区
机动车道	8. 0%	6. 0%
非机动车道	3. 0%	2. 0%
步行道	8. 0%	4. 0%

居住区道路还应满足消防、救护等车辆的通行要求，在居住区公共活动中心应设置无障碍通道。通行轮椅车的坡道宽度不应小于 2. 5m，纵坡坡度不应大于 2. 5%。居住区内尽端式道路的长度不应大于 120m，并应在尽端设不小于 12m×12m 的回车场地。当居住区内用地坡度大于 8%时，应辅助以梯步解决竖向交通问题，并宜在梯步旁附设推行自行车的坡道。

5. 2. 5　居住环境

居住区规划设计应尊重气候及地形地貌等自然条件，并塑造舒适宜人的居住环境。居住区规划设计应统筹庭院、街道、公园及小广场等公共空间形成连续、完整的公共空间系统，并应符合以下规定：

1）宜通过建筑布局形成适度围合、尺度适宜的庭院空间。

2）应结合配套设施的布局塑造连续、宜人、有活力的街道空间。

3）应构建动静分区合理、边界清晰连续的小游园、小广场。

4）宜设置景观小品美化居住环境。

5）居住区建筑的肌理、界面、高度、体量、风格、材质、色彩应与城市整体风貌、居

住区周边环境及住宅建筑的使用功能相协调，并应体现地域特征、民族特色和时代风貌。

居住区内绿地的建设及绿化应遵循适用、美观、经济、安全的原则，并应符合以下规定：

1）宜保留并利用已有的树木和水体。

2）应种植适合当地气候和土壤条件的、对居民无害的植物。

3）应采用乔木、灌木、草地相结合的复合绿化方式。

4）应充分考虑场地及住宅建筑冬季日照和夏季遮阳的需求。

5）适宜绿化的地方均应进行绿化，并可采用立体绿化的方式丰富景观层次、提高绿化率。

6）有活动设施的绿地应符合无障碍设计要求，并与居住区的无障碍系统相衔接。

7）绿地应结合场地雨水排放进行设计，并宜采用雨水花园、下凹式绿地、景观水体、干塘、种植池、植草沟等具备调蓄雨水功能的绿化方式。

居住区公共绿地的活动场地、居住街坊内附属道路及附属绿地的活动场地的铺装，在符合有关功能性要求的前提下应满足透水性要求。

居住街坊内的附属道路、老年人及儿童活动场地、住宅建筑出入口等公共区域应设置夜间照明，照明设计不应对居民产生光污染。

居住区规划设计应结合当地的主导风向、周边环境、温度、湿度等条件，采取有效措施降低不利因素对居民生活的干扰，并应符合下列规定：

1）应统筹建筑空间组合、绿地设置及绿化设计，优化居住区的风环境。

2）应充分利用建筑布局、交通组织、坡地绿化或隔声设施等方法，降低周边环境噪声对居民的影响。

3）应合理布局餐饮店、生活垃圾收集点、公共厕所等容易产生异味的设施，避免气味、油烟等对居民产生的影响。

4）对既有居住区的生活环境进行改造和更新时，应包括无障碍设施建设、绿化节能改造、补齐配套设施、市政管网更新、机动车停车优化、居住环境品质提升等项目。

5.3　居住区建筑布局形式及住宅类型

5.3.1　建筑布局形式

居住区建筑的布局是在符合用地规划要求的基础上，在单位地块内对住宅的位置、朝向、大小进行的布置和安排。居住区建筑的布局形式与地理位置、地形地貌、日照、通风及周边环境等因素有着密切的关系，一般有以下几种形式：

1. 周边式

采用周边式布局形式时，住宅沿地块周边布置，中间形成较为封闭、私密的公共空间，便于布置园林绿化、室外活动场地等，由于建筑物布置在周边可以形成挡风的效果，较适用于北方寒冷多风沙的地区。周边式布局形式有利于节约用地；其缺点是部分住宅朝向差，不利于通风散热，不适合建设在湿热地区。周边式布局形式包括单周边、双周边、自由周边和混合周边四种基本形式（图 5-1）。

单周边　双周边　自由周边　混合周边

图 5-1　周边式布局形式

2. 行列式

采用行列式布局形式时，建筑物按照一定的朝向和间距成排布置，由于每户可以获得良好的通风与采光，又方便布置道路和管线施工，因而被广泛采用。其缺点是空间容易显得呆板。行列式布局形式的具体布置手法包括平行排列、交错排列、单元错接、扇形排列、曲线排列、分向排列、折线排列（图 5-2）。

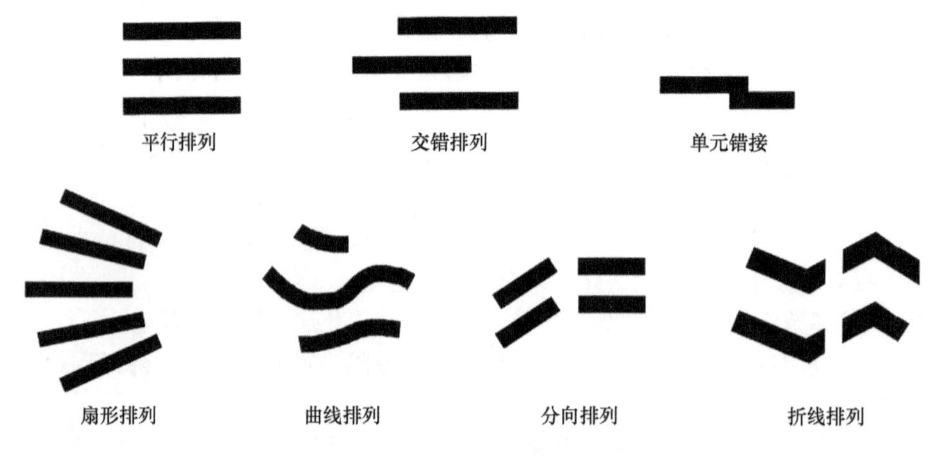

图 5-2　行列式布局形式

3. 点群式

采用点群式布局形式时，建筑物以点状的形式分散布置，适用于独院式住宅以及多层及高层的点式、塔式住宅。点群式布局形式布置灵活，可以适用于地形变化复杂的地区，容易取得丰富的景观效果。

4. 组团式

采用组团式布局形式时，建筑物以成组成团的住宅群为基本单位进行布置，每个组团有中心绿地或者室外活动场地。组团式布局形式的空间围合感较强，比较容易组织居住区的结构。

5. 自由组合式

自由组合式布局形式是将以上建筑布局形式进行有机组合，同时顺应地形地势的要求，形成灵活、自由的布局形态，多适用于面积大、户数多、地形复杂的居住区（图 5-3）。

图 5-3　自由组合式布局形式

5.3.2　住宅类型

住宅的分类方式有很多，按级别可分为高档住宅、普通住宅、公寓式住宅、别墅等；按楼体高度可分为低层住宅、多层住宅、高层住宅、超高层住宅等；按楼体结构形式可分为砖

木结构住宅、砌体结构住宅、钢筋混凝土框架结构住宅、钢筋混凝土剪力墙结构住宅、钢筋混凝土框架-剪力墙结构住宅、钢结构住宅等；按房型可分为普通单元式住宅、公寓式住宅、复式住宅、联排住宅、跃层式住宅、花园洋房式住宅、小户型住宅（超小户型）等。下面就其中的几种住宅类型做简要介绍。

1. 独栋别墅

独栋别墅既是家庭居住的理想住宅类型，也是许多人追求的高品质住宅类型（图5-4）。然而，这种住宅类型对土地的消耗是很大的，独栋别墅要求有大量的道路基础设施建设，场地建设对平整度要求很高。另外，由于大量的硬质场地建设加大了地表雨水的径流范围，无形中增加了地表水污染的可能性。

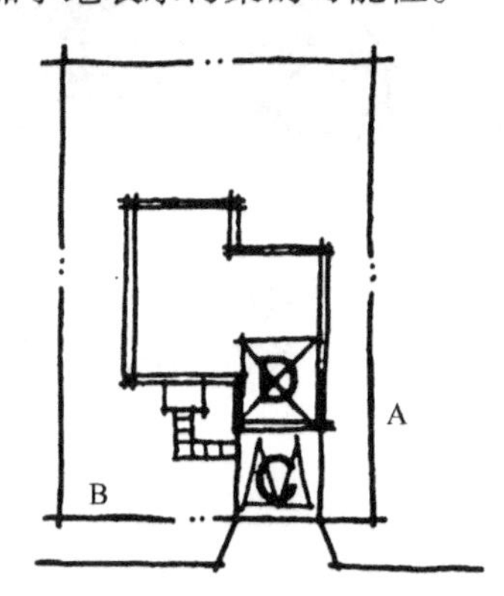

图5-4　独栋别墅

2. 联排住宅

联排住宅作为城市住宅的发展类型，是独栋别墅的替代性产品（图5-5）。联排住宅的优点是在功能类似于独栋别墅的情况下，又可以提高建筑密度。这种住宅类型常出现在城市周边的一些居住区中，单元数一般为4～8个，每户联排住宅都有一个小院，在对景观有特殊要求的地区，还会形成几个联排住宅单元共享的公共绿地。

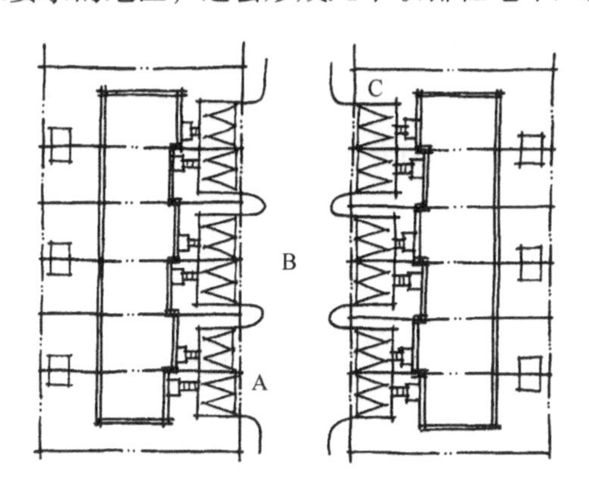

图5-5　联排住宅

3. 普通单元式住宅

在我国，普通单元式住宅是常见的一类住宅类型，一般倾向于在地块的中央有集中的绿地和娱乐设施。这种住宅类型的居住区具有很强的内向性，显著回避了周围社区的影响，在设计上一般不需考虑与周边更大社区的融合性。但在很多情况下，地形和一些现有条件以及周边的道路系统会融入普通单元式住宅居住区。这类住宅一般在入口处会有精致的景观设计及具有吸引力的标志（图 5-6）。

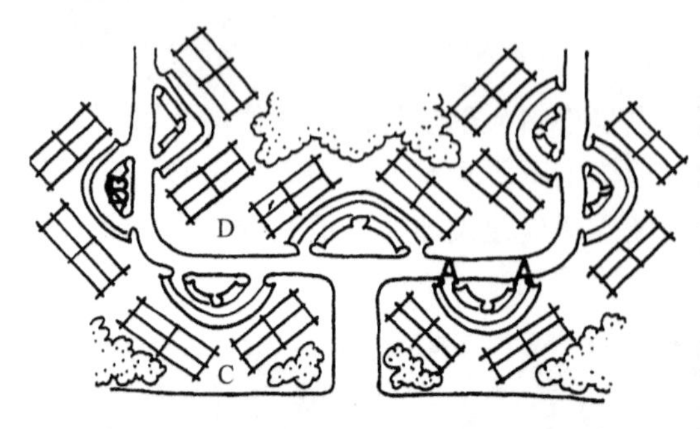

图 5-6　普通单元式住宅

对于各种不同类型的住宅，因其建设的密度和建筑高度等的不同，应该充分考虑产生的视线与空间的围合感、步行体验等的不同特征，调整和改造居住区景观设计效果。

5.4　居住区景观设计的原则

居住区景观设计包括对基地自然状况的研究和利用、对空间关系的处理和发挥、与居住区整体风格的融合和协调等，具体内容包括道路的布置、绿化设计、水景的组织、场地的铺砌、照明设计、小品设计、公共设施处理等，这些设计既有功能意义，又涉及视觉和心理感受。在进行居住区景观设计时，应注意整体性、实用性、艺术性、趣味性的结合，具体体现在以下几个原则：

5.4.1　居住区均好性原则

居住区景观设计有一条重要的原则——“均好性原则”。居住区中必定会设置配电站、垃圾收集点、会产生噪声的儿童游乐场等，这会成为居住区的不利因素和销售的价值低洼地，景观设计要做的就是利用地形、植栽、视线等元素和设计手法，规避居住区中的这些负面影响因素，让每户都有好的居住体验（图 5-7）。

5.4.2　空间组织立意原则

空间组织立意原则是指在进行居住区景观设计时，必须呼应居住区整体设计风格的主题，硬质景观要同绿化等软质景观相协调。不同的居住区景观设计风格将产生不同的景观配置效果，现代风格的住宅适宜采用现代化的景观造园手法，地方风格的住宅则适宜采用具有地方特色和历史语言的造园思路和手法。

城市景观设计和园林景观设计的一般规律对于居住区景观设计是通用的。另外，居住区景观设计要根据空间的开放度和私密性组织空间，如公共空间为居住区居民服务时，景观设计要追求开阔、大方、闲适的效果；私密空间为居住在一定区域的住户服务，景观设计则须体现幽静、浪漫、温馨的效果。

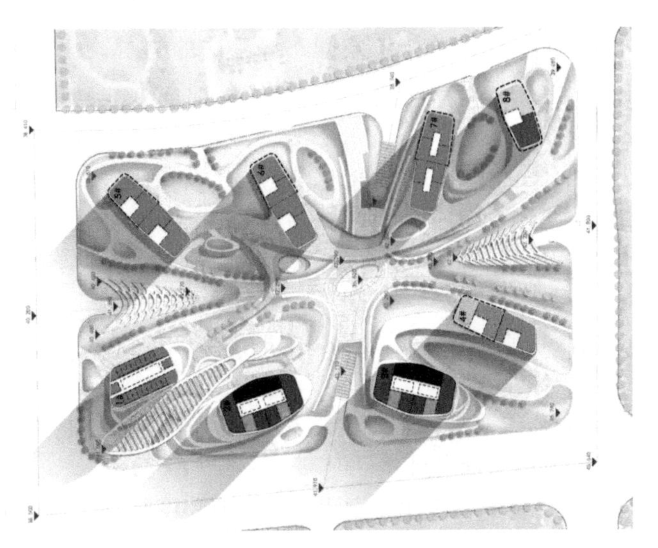

图 5-7　居住区均好性原则——景观设计保证了户户见景

5.4.3　体现地方特征原则

全国各地自然区域和文化地域的特征有很大不同，居住区景观设计要把握这些不同，营造出富有地方特色的环境，如青岛的“碧水蓝天白墙红瓦”体现了滨海城市的特色、海口的“椰风海韵”则是一派南国风情、重庆的“错落有致”应是山地城市的特点、苏州的“小桥流水”则是江南水乡的韵致了。

居住区景观还应充分利用区域内的地形地貌特点，塑造出富有创意和个性的景观空间。

5.4.4　点、线、面相结合原则

环境景观中的点是整个环境设计中的精彩所在，这些点元素经过相互交织的道路、河道等线性元素贯穿起来，点、线景观元素使得居住区的面空间变得有序。在居住区的入口或中心等地区，线与线的交织与碰撞形成了面的概念，面是全居住区中景观汇集的高潮。点、线、面结合的景观设计是居住区景观设计的基本原则（图 5-8）。

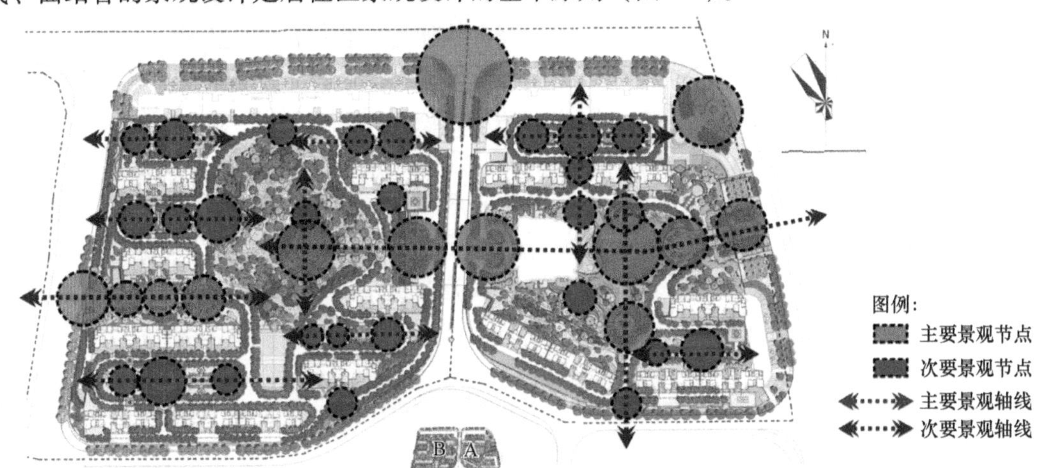

图 5-8　点、线、面相结合原则

在现代居住区规划中，要在借鉴传统空间布局手法的同时，开拓创新有创意的景观空间，必须将人的行为、需求等与景观设计有机融合，从而构筑全新的空间网络。

5.4.5 人性化原则

居住区景观设计的人性化原则体现在以下几个方面：

1）亲地空间：增加居民接触地面的机会，创造适合各类人群活动的室外场地和各种形式的屋顶花园等。

2）亲水空间：居住区硬质景观要充分挖掘水的内涵，体现东方理水文化，营造出供人们亲水、观水、听水、戏水的场所。

3）亲绿空间：硬、软质景观应有机结合，充分利用车库、台地、坡地以及宅前屋后的空间构造充满活力和自然情调的绿色环境。

4）亲子空间：居住区中要充分考虑儿童活动的场地和设施，培养儿童友爱、合作、冒险的精神；充分体现对人的关怀，要以人为本、尺度适宜，创造轻松、舒适、独特的景观界面。

5.5 居住区景观设计的内容

居住区景观设计涉及居住区环境的各个角落，在景观设计中需要对各类设计元素进行合理配置。

5.5.1 道路设计

道路是居住区的构成框架，一方面起到了疏导居住区交通、组织居住区空间的作用；另一方面，好的道路设计本身也构成居住区的一道亮丽风景线。按使用功能划分，居住区道路一般分为车行道和宅间人行道；按铺装材质划分，居住区道路可分为混凝土路、沥青路、石材（砖材）铺装路等。居住区道路尤其是宅间路，其往往与路缘石、路边的块石、休闲座椅、植物配置、灯具等，共同构成居住区最基本的景观线。因此，在进行居住区道路设计时，有必要对道路的平曲线、竖曲线、宽窄程度和分幅形式、铺装材质、绿化装饰等进行综合考虑，以赋予道路美的形式。如居住区内的干路可能较为顺直，可由混凝土、沥青等耐压材料铺装；而宅间路则富于变化，可由石板、装饰混凝土、卵石等自然和类自然材料铺装而成。

现在的居住区道路设计一般采用人车分流的设计方式，即进入小区后，车辆便很快地进入地下车库，而地面道路则全部留给居民步行使用；或是采用车道加地库的设计模式，车行道以环形车道的方式设置在居住区最外围，尽量与内部的人行道分离，这种做法一般很难实现完全的人车分流。有些居住区还采用一层架空、二层全部为平台步行空间的道路设计，一层为停车空间和服务设施，这是受到地形、集中地下车库的开挖成本等因素的影响所致。

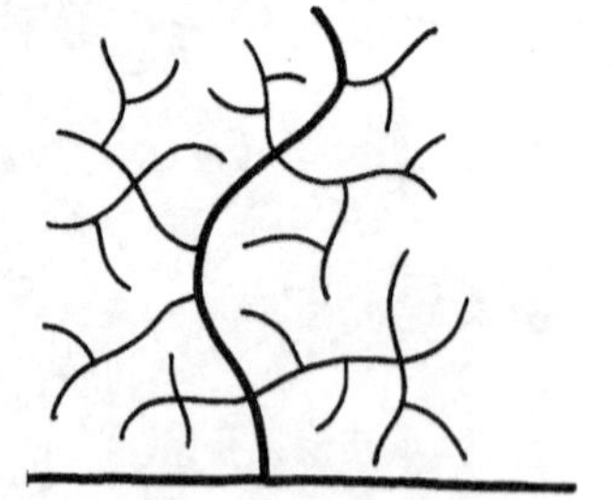

图 5-9 分支道路系统

1. 分支道路系统

分支道路系统（图 5-9）是一种非常像“树杈”的交通道路系统，其中较小的路或分支可连接到更宽的道路。尽端式道路较多的居住区一般采用分支道路系统。当想在居住区中安置景观开放空间时，这种道路系

统用起来会非常有效，常用于低密度的居住区。

2. 环形道路系统

在大规模的公寓居住区采用分支道路系统会带来不便，因为所有的路看起来都一样。如果在分支道路系统中采用一条可以清晰分辨的环状景观主干路，并在这个系统的关键位置设立标志性建筑以辨明方向，这就产生了环形道路系统。在大规模的公寓式居住区通常会使用环形道路系统（图 5-10）。用这种方式建成的邻里组团，通常用一条主要的道路连向一个环形系统，并形成中心，环形系统的重点在于组织一个私密的邻里组团。当环形道路系统与分支道路系统结合使用时，可以在邻里间形成强烈的地域感，这也是很多居住区使用的道路模式。但是在地形起伏地区，由于建造成本、集水等问题，在道路的末端也会使用分支道路系统。

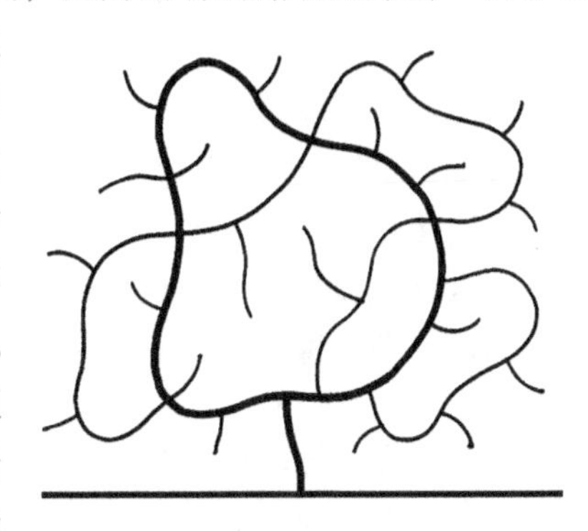

图 5-10 环形道路系统

5.5.2 绿化设计

居住区的绿化设计结合在环境的设施、小品等各个空间当中，并不单独存在。但是，从绿化的角度看又自成一体，具有立体性、全方位的特点，构成生机盎然的绿化系统。居住区绿化设计是形成居住区环境景观特色的一个重要元素，绿化对调节居民心理和精神上的紧张、疲惫有着重要的作用，是居住区环境生态化不可或缺的重要因素。

居住区绿化设计在植物的选择上宜遵循以下原则：

1）选择生长健壮、管理粗放、少病虫害、有地方特色的乡土树种。

2）在夏热冬冷地区，注意选择树形优美、冠大荫浓的落叶阔叶乔木，以利于居民夏季遮阴、冬季晒太阳。

3）在公共绿地的重点地段或居住庭院中，以及儿童游戏场附近，注意选择常绿乔木和开花灌木，以及宿根、球根花卉和自播繁衍能力强的 1~2 年生花卉。

4）在房前屋后光照不足的地段，注意选择耐阴植物；在院落围墙和建筑墙面处，注意选择攀缘植物，实行立体绿化。

5）充分考虑园林植物的保健作用，注意选择松柏类、香料植物和香花植物等。

在居住区的植物选择上，需要特别注意以下情况：

1）紫杉、女贞、月桂、常绿杜鹃等，儿童会被吸引去采鲜艳的浆果或者叶子，但这些植物具有微毒性。

2）海棠、李子、樱桃、山胡桃、核桃树等如果种在广场或是路边，其长条状枝条、浆果或是坚果的残留物将会遗留在地面，会使路面变滑，甚至难以行走。

3）松树、云杉、冷杉、落叶松、铁杉等的果实会用在很多装饰上，但果实会给行人和路面上的小推车带来很多麻烦，所以这些树木不宜用做行道树。

4）枫香、埃及榕、悬铃木、三刺皂荚、槭树等的果实砸落在地面之后会使行人无从下脚，使小推车无法前行。

5）桦木、银白槭、七叶树、杨树、鹅掌楸、榆树等，这些树木的枝条有时容易自然断

落，如果正好掉在汽车上或砸到行人，会造成很大的危险。

6）柳树、青冈、山毛榉、木兰等有下垂的枝条，位于道路上的枝条低于一定高度后会伤及行人和车辆，存在一定安全隐患。

7）红花槭、银白槭、山毛榉、杨树等的根系较浅，树根容易裸露地表，裸露在外的根系能使路面拱起或者开裂，行人会被绊倒，不平或断裂的路面也会给小推车带来麻烦。

8）一些带气味的植物，如雌性银杏、含羞草等，在特定时期会有难闻的气味散发，会使该区域的空气质量下降。

9）山楂、皂荚、冬青、月季、女贞等，这些植物的不同部位带有微小的刺，人靠近或者摔倒在有刺的植物上会非常危险，掉在地上的枝条也会伤到赤脚走路或穿轻便鞋走路的人们。

还有一些结果的树，像樱桃、李子等，容易吸引小虫，形成病虫害；同时，有些人被小虫叮咬后，会有强烈的生理反应，所以在道路和座椅休息处，建议不要种植这些容易吸引虫害的植物。

5.5.3 铺地设计

广场的地面在居住区中是人们通过和逗留的场所，是人流集中的地方，在居住区景观设计中，可通过其高差、材质、颜色、肌理、图案的变化创造出富有魅力的路面和场地景观。

铺地按铺地材料的特点可分为硬质铺地和软质铺地。硬质铺地一般采用硬质材料，如广场砖、陶（瓷）砖、石板、卵石等。规则式的地砖铺地，通过色彩、质感、图案可以形成方向感、向心性；不规则式的卵石铺地，则具有乡土的意趣。硬质铺地景观主要体现在图案的编排和色彩的变化上，从而形成一种韵律，设计时要与铺地上的各种小品、设施相结合，以互相衬托，形成完整的景观效果。

软质铺地主要是指草坪。现代化的草坪既可以观赏又可以让人入内活动，草坪与硬质铺地结合设置，生动自然，结合花径的有效组织，在居住区景观中可以形成丰富的构图效果。

还有质感介于硬质铺地和软质铺地之间的一些铺地材料，例如植草砖，一般用于既需要硬质铺地的耐用性，又需要草坪的趣味性的地方，如停车场等处。但有些植草砖对于着高跟鞋行走的女士来说不是很方便。儿童游戏区用到的塑胶材料，以及一些木平台等处用到的防腐木或人造塑木，从其硬度和质感而言也是介于硬质铺地和软质铺地的铺地材料。

还有借用日本的“枯山水”手法，用石英砂、鹅卵石、块石等营造类似溪水的形象，颇具写意韵味，是一种较新的铺地设计。

优秀的铺地设计往往别具匠心，极富装饰美感，在居住区景观设计中扮演着重要的角色（图 5-11）。

5.5.4 水景设计

水景创造、照明以及植物选择

水景能使居住区景观设计产生很好的娱乐和美学效果（图 5-12），水景元素包括喷泉、瀑布、叠水、观赏池塘等。设计时应该了解与水景设计相关的结构、水系统、生态学等方面的知识，并对场地的视觉效果、区域水资源利用等情况加以把握。水景是居住区常用的强而有力的设计元素，人们喜欢居住在与水为邻的社区，这能提高居民对环境的感知度。但由于

水景的造价和后期维护等问题，在决定是否设置水景及设置什么类型的水景时通常需要谨慎地进行评估。

图 5-11 独具一格的铺地设计

图 5-12 居住区水景设计

安全永远是水景设计的首要议题。考虑到儿童在无人照看的情况下会来到水景边的情景，设计时应选择无外露水池的水景。设计规范对水景的要求是，硬底人工水体的近岸 2.0m 范围内的水深不得大于 0.7m，达不到此要求的应设护栏；无护栏的园桥、汀步附近 2.0m 范围以内的水深不得大于 0.5m。在居住区水景设计中，一般认为 0.2~0.4m 的水深较为适宜。

在干旱缺水的地区设计水景，系统中的水要循环利用，由于高昂的运营费用的问题，尽量不要使用自来水作为水源。

蒸发是水景失去水分的重要原因，特别是在炎热干旱的气候条件下，风口处、大型池塘、喷雾及水体的运动蒸发等因素会加大水分的蒸发量。另外，人们在泳池中的活动以及水景的展示过程，会提高 40%~70%的水分蒸发量。所以，在进行水景设计时，应多角度考虑蒸发对水景的影响。

在寒冷地区，还要考虑冬季因河道结冰，无自然水体补充水源的几个月中的水景效果，或是在水景结冰时的景观影响。如果必须在寒冷气候下加热水池，应考虑采用覆盖保温措施及局部加热措施，以防水景在冬季结冰。但加热水景的做法，会令运营商难以接受相关运营费用的投入。

即使是普通的水景，设计和安装的费用都很高，水景若能实现多种功能的结合，如综合美学、灌溉、雨水管理等功能，这样的投资比单一功能的展示性投资自然会更具有更高的价值。

另外，水景的维护费用也很高，因为水景要在运行中进行水处理，要不断地清洁和维护，要长期管理，以保障有效性；同时，从生态的角度来说，水景以及大型的水池，应考虑使用活水系统或回水系统，以免水景因缺氧或富营养化造成二次污染，对小区环境产生负面的影响。

1. 池塘系统

居住区内若能形成大型的池塘系统，将会对居住区的土地价值有很高的正面收益，同时因为人们对水有天然的亲近性，这会促使更多居民愿意走出家门，聚集到水池边，与更多的人交流，有助于增强小区的凝聚力（图 5-13）。

图 5-13　池塘系统

池塘系统通常是将拦截汇流的自然水系或雨水注入人工池塘中。在一些利用人工水源或雨水汇积系统的人工池塘中，为保护池塘系统，一般设有黏土层或合成垫层进行防渗处理（防渗层）。如果使用黏土作为防渗层，保护层下要设置纤维过滤层，这种防渗处理方式较为常见，成本较低。如果使用合成垫层作为防渗层，虽然成本较高，但它的优势是施工周期短，垫层在工厂加工完成，现场平整基层后即可像铺地毯那样能很快完成施工。当注水后，这些合成垫层便会自行膨胀，从而填补垫层间的空隙，形成防渗层。

池塘边坡可以采用长有植被的缓坡、乱石铺衬的软性驳岸，或是采用石材、木材等材质的硬性驳岸。在居民活动集中的区域，软性驳岸的池塘应该用混凝土、石块或金属等加固，以防地面因腐蚀而易滑。对于大型池塘的边坡，应采用渐进的坡度，由岸边延伸至水底，以此作为安全措施。必要时还需加设栏杆，虽然水岸的栏杆在景观学中是负面的景观元素，应尽量避免使用，但池塘的安全要求可参照相关设计规范。若在池塘边需要设置湿地植物时，水岸坡度需要更加舒缓，一般考虑采用 1：10 的坡度（图 5-14）。

图 5-14　水岸坡度

以观赏性和娱乐性为主的池塘，还必须严格控制水体的富营养化，必须抑制水藻过多生长，池塘周边可以设置湿地植物，使水不直接流入池塘，而是经过湿地过滤后再流入池塘。水体不能形成循环流动的池塘，通常要求设置充气设备，以此来增加水中的氧气含量，维持水中生物生长，热天时也可以用来降低水温。

一般来说，池塘越深，越能促进水的循环，同时促进动植物的活动。居住区池塘中的动植物，一般可以在 450~600mm 的水深范围内生存。然而，池塘水深超过 3m 时，将使池塘中产生温差层和季节性水温转换，反而影响动植物的生存与活跃度。当然。池塘越深，造价就会越高，所以综合考量后，一般的池塘深度会控制在 2~2.5m，这样既能保证池水的自循环，促进动植物的活动，又能严格控制池塘的工程造价。特殊情况下，水深也应该保证在 0.6~0.9m。在寒冷气候的冬季月份中，生物活动会受到冰冻影响，必须要有足够水深来保持生命，池塘最深处应有 1.5~1.8m。

2. 水景照明

夜间灯光照明是展示水的韵律的有效方式，在北半球，因为月光的照射影响，露天水景的射灯面向北方照射最为理想；相反，面向南方照射露天水景，不利于增加水景的韵律美。泛光照明的效果与射灯相似，但需注意，泛光照明时对人眼容易产生眩光，设计时应避免光源的眩光作用。另外，由于水对光线的折射和漫反射现象，水下照明趣味横生，这也是居民在夜间愿意饭后水边漫步的重要原因之一。但是，由于灯具要求潜在水中，在灯具的造价和电源安全方面要格外注意。主要水中照明展示物的光线亮度，至少应是周围环境照明亮度的十倍，次要水中照明展示物的光线亮度至少应是周围环境照明亮度的三倍，这样的效果对于人类的视觉感知才是最佳的。如果希望亮度均衡，喷泉至少应使用两个照明设备进行照射，向上投射的灯光最大照射距离要控制在 1m 以内，这能使水景照明看起来更均衡。

5.5.5　小品设计

1. 雕塑小品

雕塑小品是住宅景观环境的一部分，优秀的雕塑设计可以将小区建筑、景观及环境完美地结合，形成居住区更加独特的气质。雕塑小品是造型艺术的一种，其本身具有强烈的感染力，摆放在小区中的雕塑小品应具有丰富的精神内涵，不仅能够美化人们的心灵，还能够陶冶人们的情操，它们的作用是其他建筑所不能比拟的（图 5-15）。

图 5-15　雕塑小品

雕塑小品可分为抽象雕塑和具象雕塑，按使用的材料分类可分为石雕、钢雕、铜雕、木雕、玻璃钢雕等。雕塑设计要同基地环境和居住区风格主题相协调，优秀的雕塑小品往往能起到画龙点睛、活跃空间气氛的作用。

现代雕塑小品越来越重视互动性。互动是指景观、雕塑小品、人相互之间发生联系所带来的影响，以及产生的相互动作。互动性雕塑小品是针对人的参与而言的，这种形式的雕塑小品把人的参与行为作为雕塑小品的一个部分，只有人去参与了，雕塑小品才具有艺术价值。也正是人的介入，才使得互动雕塑小品完整起来、生动起来，它的艺术感染力和思想主题才得以发挥和呈现。互动性雕塑小品的真正意义就是带来欢乐，它一般采用人们所熟悉的符号来组织作品，而且带有一定的参与空间，比较适合人们去触摸、接近。

2. 园艺小品

园艺小品是构成绿化景观不可或缺的组成部分。苏州古典园林中，芭蕉、太湖石、花窗、石桌椅、楹联、曲径小桥等，是古典园艺的构成元素。当今的居住区绿化景观中，园艺小品则更趋向多样化，一面景墙、一座小亭、一片旱池、一处花架、一把充满现代韵味的座椅，都可成为居住区绿化景观中的绝妙配景，其中有的是供观赏的装饰品，有的则是既可观赏又可供休闲使用的室外家具。

3. 设施小品

在居住区中有许多方便人们使用的设施小品，如路灯、指示牌、信报箱、垃圾桶、公告栏、单元牌、自行车棚等，这些设施小品如经过精心设计，也能成为居住区环境中的闪光点，体现“于细微处见精神”的设计思想。

5.5.6 照明设计

居住区空间除了白天使用外，在夜间也会大量的使用。所以，居住区景观空间的室外照明，应为居民的夜间活动提供功能所需。进行居住区景观设计时，应借助居住区的照明设计来加强居民的社区感，成功的照明设计能鼓励居民外出使用社区空间，这会增强社区居民的交流。有时，主要为白天使用进行设计的室外花园，也可通过夜晚对趣味景物的照明、背景空间的适当衬托以及营造和谐的色彩等手法，得以强化空间的照明。

1. 照明的作用与分类

居住区景观设计中照明的作用主要包括：

1）为了使行人和车辆能够安全通行，提高环境的安全性，降低潜在的人身伤害。

2）增强重要节点标志物和活动区域的辨识性。

3）通过照射，使重要的景点显露出来，有助于场地的夜间使用。

居住区景观设计中照明的分类见表 5-4，可以运用的照明方式也很多（图 5-16），如从下向上的照明方式，也可以采用向上向下同步照明的方式，有些地方还可采用侧光照明，或是泛光照明等方式；对于一些步行小径，可以采用地面照明（图 5-17）的方式，或是半空间照明的方式，或是景观墙的照明方式。照明可以通过不同的照度，来调节设计所需要的场景氛围，形成不同场景的不同光照需求，以反映不同的设计意图。

表 5-4　居住区景观设计中照明的分类

照明分类	适用场所	参考照度/Lx	安装高度/m	注意事项
车行照明	居住区主、次道路	10~20	4.0~6.0	灯具应选用带遮光罩的下照明方式 避免强光直射到住户屋内 光线投射在路面上要均衡
	自行车、汽车的停车场	10~30	2.5~4.0	
人行照明	步行台阶（小径）	10~20	0.6~1.2	避免眩光，采用较低的照明位置 光线宜柔和
	园路、草坪	10~50	0.3~1.2	

（续）

照明分类	适用场所	参考照度/Lx	安装高度/m	注意事项
场地照明	运动场	100～200	4.0～6.0	多采用向下照明的方式 灯具的选择应有艺术性
	休闲广场	50～100	2.5～4.0	
	广场	150～300	—	
装饰照明	水下照明	150～400	—	水下照明应防水、防漏电，人员参与性较强的水池和泳池使用12V安全电压 应禁用或少用霓虹灯和广告灯箱
	树木绿化	150～300	—	
	花坛、围墙	30～50	—	
	标志、门灯	200～300	—	
安全照明	交通出入口（单元门）	50～70	—	灯具应设在醒目位置 为了方便疏散，应急灯设在交通出入口和疏散口的侧壁上为佳
	疏散口	50～70	—	
特写照明	浮雕	100～200	—	采用侧光、投光和泛光等多种形式 灯光色彩不宜太多 泛光不应直接射入室内
	雕塑小品	150～500	—	
	建筑立面	150～200	—	

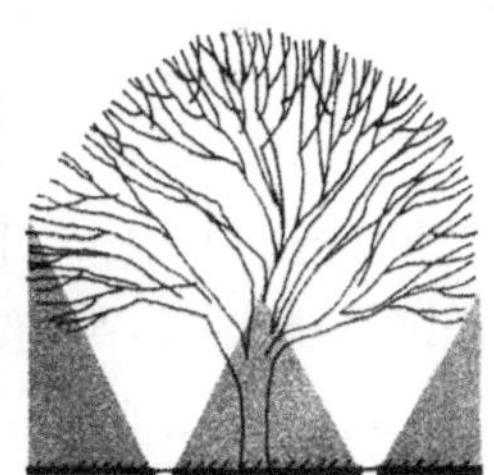

向上照明(天井灯)

射灯照明

向上照明(地上灯)

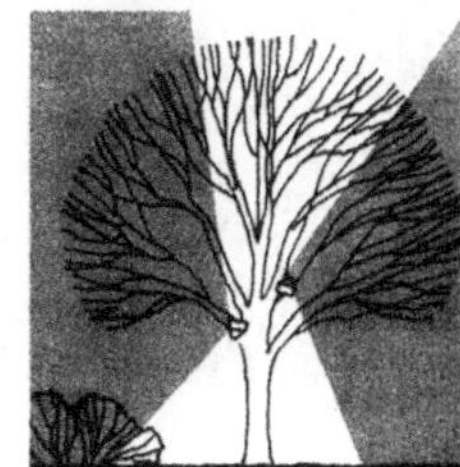

月光式照明

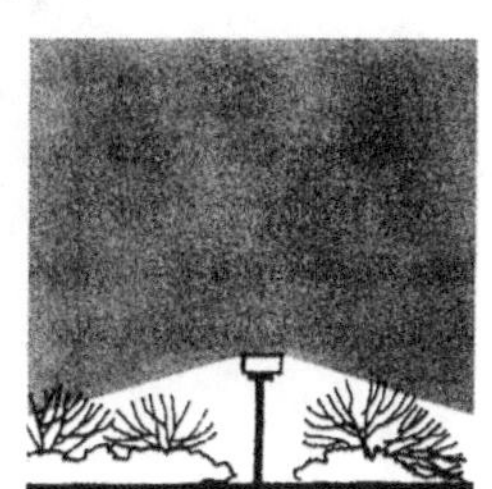

泛光灯照明

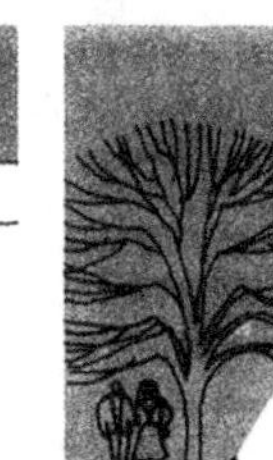

侧光照明

小径照明

图5-16　各类照明方式

居住区景观设计中的照明还可分为冷光源照明和暖光源照明，可以通过不同的场景需求选择光源类型。

2. 景观灯的布置方式

（1）草坪灯布置

在布置草坪灯时，应先确定草坪灯的样式，例如灯具发光罩是采用全透光或是磨砂半透光，会影响道路的平均照度；然后确定草坪灯的高度（一般在0.4~0.8m区间内），具体高度是根据灯具选型样式或设计样式经计算得出的；以上基本条件确定后，开始进行点位布置，点位布置一般分为“之”字形、单侧、双侧三种形式。

图5-17　地面照明

草坪灯的点位布置，在按照规范数值布置的前提下，也要根据设计方案、项目特点和景观的美观性要求进行相应调整，考虑道路、建筑的出入口、地形的高差等因素。

（2）高杆灯（庭院灯）布置

高杆灯布置与草坪灯类似，布置形式也分为“之”字形、单侧、双侧。值得注意的是，高杆灯的灯具高度与采用的布置形式和道路宽度有关，采用单侧布置时，其灯具高度一般等于道路的宽度；采用“之”字形布置时，其灯具高度一般是道路宽度的0.7倍；采用双侧布置时，其灯具高度一般是道路宽度的0.5倍。

（3）其他灯具的布置

嵌入式台阶灯的布置应根据项目的不同要求及效果确定。其中，LED灯带因其光效均匀且价格低廉可大批量使用，但要求在设计及安装时进行暗藏处理才可达到较好的景观效果（图5-18）。

图5-18　LED灯带效果

总之，居住区景观照明设计应体现安静、温馨的效果，并与周围建筑的照明设计风格相一致。居住区的景观照明要能突出主题，既能提高整个居住区的档次，又不影响业主的日常生活，同时还要注意营造节日期间的照明氛围。

5.6　设计前的注意事项

5.6.1　明确设计目标

设计目标、开发商意图以及道路系统

现今的居住区越来越注重营造真正意义上的社区感，即营造“归

属感”。这就需要设计师认真地关注居住地点、工作地点、购物场所以及感情交流场所之间的时空关系。

居住区景观设计的目标，本质是提升房屋价值，这也是作为设计成功的衡量标准之一，同时好的设计将引导和创造现代居住生活的新理念。

1. 营造主空间与灰空间

在进行居住区景观设计的时候，要求创造更多高品质的主空间和灰空间。主空间可以很好地引导社区居民进行更多的言语和感情的交流，提升他们对社区的归属感。所以，设计师经常会在居住区的中心创造一个大的集中空间（可以是集中的大的草坪），能够容纳所有的社区居民一同参与各种活动，这会成为整个社区中很有意义的主空间。

灰空间是指建筑中的空间概念，属于过渡性地带，即半室内半室外的空间。在居住区景观设计中，灰空间的考虑与设计尤为重要，它可以让居民拥有各具特性的空间。灰空间的作用也是引导居民走出家门，拥有一个相互之间更近距离的交流和沟通的空间。例如在屋前房后的“口袋花园”，这种花园具备各自的独特性，拥有不同的设计风格，形成一个个独特的交流空间，一般由景观绿廊将其串联后引入主空间。

2. 了解设计需求

一般情况下，一个居住区的设计项目在进行到景观设计阶段，通常对建筑设计已经讨论过许多次，甲方的一些设计需求已明显反映在建筑设计的成果上。所以，在进行居住区景观设计前，首先要识读已有的建筑图纸，以了解项目的开发意图。例如，对于一个大的地块开发，一般会进行分期建设，甲方会考量后续开发的不确定因素，这些因素包括市场的不同需求和变化、资金问题等，相应的景观设计内容也需要留有相对的弹性变化空间。比如，售楼处和住宅楼之间的空间处理是一个重要的设计环节，在景观设计上需要采取既分离又能相对融合的处理方式，所以此区域的景观设计会出现多样性，交通路线需要既分离，又能与未来整个小区的交通系统相融合。另外，在景观设计的初始，必须准确问清和把握甲方的造价要求，这将直接影响到设计师未来进行正式设计时所采取的景观配置以及材料配置，比如水景的配置，将在前期的建造和未来的运营期间占用很大的经费，各种铺装材料的造价也是相差不少的。

了解清楚了甲方的设计需求，将大大提高设计师的工作效率，同时也可以帮助设计师在满足设计需求的情况下，引导甲方接受一些更有益的设计思路和理念。

5.6.2　消防要求

消防要求、停车、步行小径、防洪要求、设计准备以及居住区均好性

在进行居住区景观设计时，景观设计师需要了解和确定道路走向。较之于建筑平面图，依据整体景观概念去重新定义的景观平面图看上去更专业、更实用，也更美观。当然，在考虑道路系统的同时，需要了解居住区的消防设计，这部分通常包含消防通道、消防登高面、消防登高场地等。除了消防车道的走向外，不建议景观设计对其他消防要求进行调整，因为这是个系统而复杂的过程，并且是在建筑设计时已经被确定了的。极少数情况下，景观设计中确有必要进行消防要素的调整和修改时，必须与建筑师、开发商重新讨论和确定。

1. 消防通道

消防通道是指为给火灾扑救工作创造方便条件，保障建筑物的安全，消防人员实施营救和被困人员疏散的通道。消防通道的功能是在发生火灾时，消防车可以在居住区内通行到达火灾点。根据我国消防规范要求，消防通道的宽度不应小于4.00m，消防通道距高层建筑外墙宜大于5m，消防通道上空4m以下范围内不应有障碍物；尽头式消防通道应设有回车道或回车场，回车场不宜小于15m×15m，供大型消防车使用的回车场不宜小于18m×18m。消防通道下的管道和暗沟等，应能承受消防车辆的压力。

2. 消防登高面

消防登高面又叫高层建筑消防登高面、消防平台，是登高消防车靠近高层主体建筑，开展消防车登高作业及消防队员进入高层建筑内部营救被困人员、扑救火灾的建筑立面。

3. 消防登高场地

消防登高场地是指登高消防车的作业场地或消防扑救场地。

高层建筑至少要在两个长边方向设消防车道，其中一侧消防车道要设置不少于一处的消防登高场地，每处消防登高场地的面积不应小于15m×8m。

消防登高面在景观处理上可以结合地面的铺装材料或地被植物弱化登高面的生硬感，但要满足消防车的承重要求，这样既保证了消防车道及消防登高面的正常使用，又改善了平日视觉上的景观效果。

进行居住区景观设计时必须清楚地了解当地的消防设计规范，尤其是混合有底层商业区的高层公寓住宅，相关消防要求会更高、更复杂。

5.6.3 居住区停车

在进行居住区景观设计前，还需要关注居住区对地面停车位数量的要求，因为地面停车位的数量在建筑设计阶段已经向政府部门报批，具体的停车位数量是不能减少的。当然，景观设计师在进行具体景观设计的时候，是可以调整地面停车位的位置的。但在调整地面停车位的位置时，不能与消防、配套设施等发生冲突，所以当需要调整地面停车位时，最好与建筑设计师一起讨论并确认。

大部分的现代居住区会设置地下停车库（图5-19），无论是地面停车场还是地下停车库，最终的目的都是为了方便居民的车辆出行需求。景观设计师在决定新的道路走向时，同时会重新安排新的停车位置，需要注意的是过多而连续的地面停车位会打破景观的连续性和节奏感。

5.6.4 步行小径

让居民走出家门是居住区景观设计的重要议题，步行不仅是很好的锻炼方法，还为邻里间的交流提供了机会，使得社区氛围变得更好，更具有归属感。

步行小径应该是社区中到达特定目的地的完整的交通路线，它们必须连接居民需要和想去的地方，比如主空间和灰空间。设置步行小径最终的目的是满足使用者对空间围合感的需要，同时提供一个安全、舒适和令人感兴趣的场所，并便于居民相互交流。考虑到个人因素的变化，步行小径应该提供到达相同目的地的可选择性路线，如果只有一条路能到达，较长时间后居民会感到厌烦。同时，步行小径应该提供积极活动和消极活动两种景观要素选择，

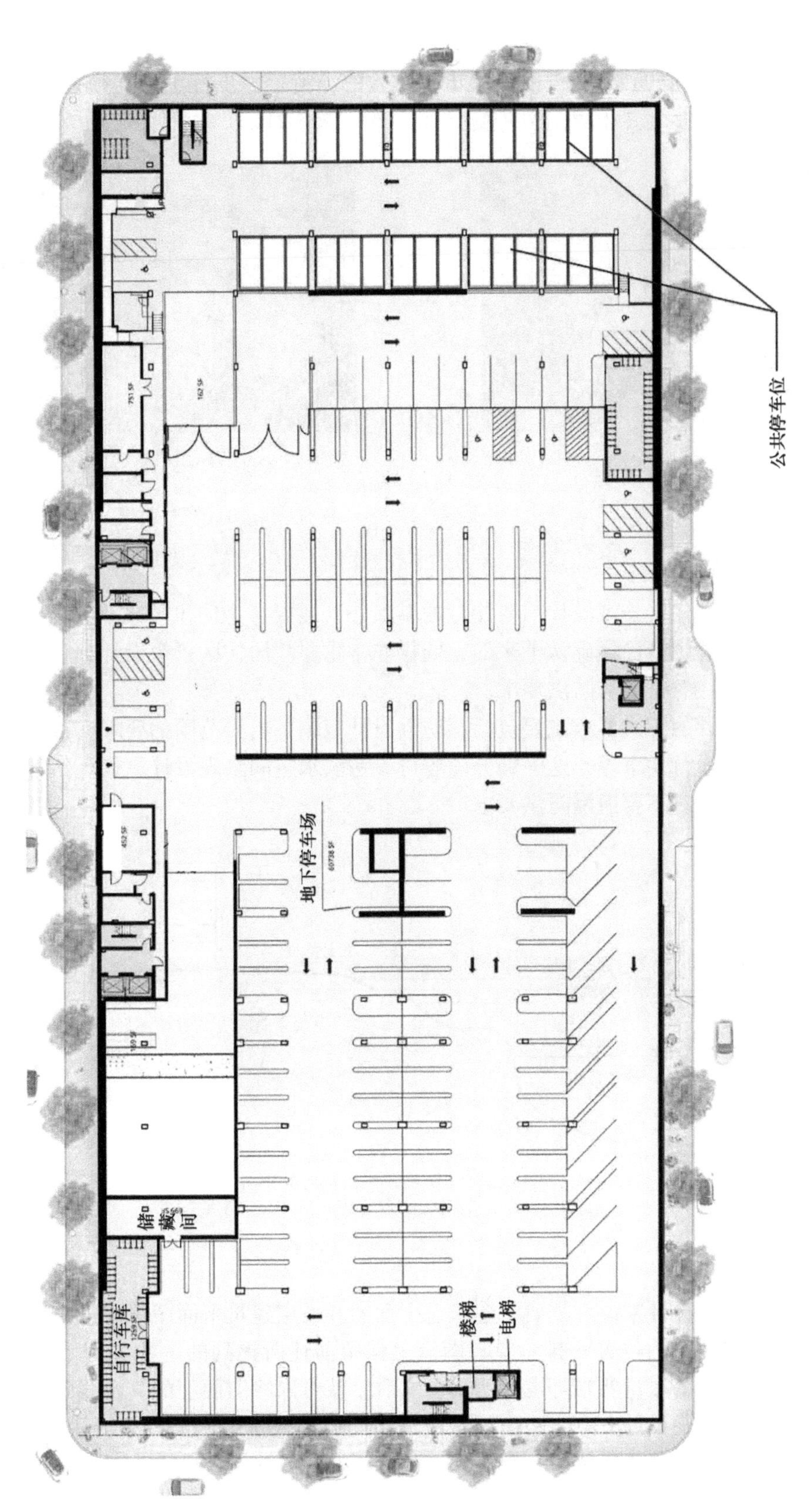

图 5-19　地下停车库平面图

提供能让每个居民进行选择的可能性，以增强步行小径的体验感。当步行小径连接主空间和灰空间时，应利用空间的独特景观去创造步行体验的独特感。步行小径必须是方便适宜的，要有益于引导居民更多地走出家门去感受（图 5-20、图 5-21）。

图 5-20　居住区步行小径（一）

图 5-21　居住区步行小径（二）

5.6.5　防洪要求

除了上述进行居住区景观设计前要注意的事项外，还要考虑防洪要求（图 5-22）。防洪要求也是由建筑设计图纸已经确认下来的，同样非常重要。居住区景观设计项目的周边如果紧靠自然河道，应注意是否有防洪要求。

居住区景观设计的防洪要求主要包括：防洪设计范围、退界范围的要求，以及防洪堤坝的标高要求和车辆通行要求等，这一部分内容可参考滨水空间景观设计，这里不再赘述，在进行居住区景观设计时不要遗漏防洪要求。

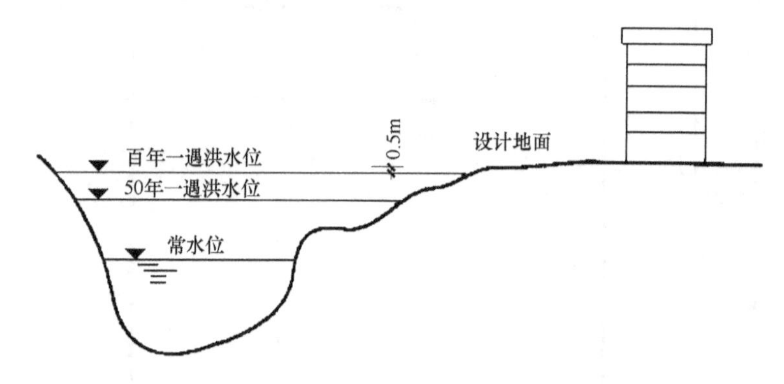

图 5-22　居住区景观设计防洪要求

5.6.6　准备图纸

对于居住区景观设计来说，需要将建筑总平面图和一层建筑平面图保留下来，以知晓建筑入口空间及入口道路的位置安排。要在图纸上保留前述所提到的一些关键因素的退界线条，对于地面停车位的数量要求等也要明确。之后，就可以将图面上的其余线条都删去，这样做有助于在构思景观设计方案时跳出原有建筑布局的室外景观框架，重新建立景观框架，这是景观设计师在正式开始居住区景观设计前的常用准备方法。这是因为在居住区规划或建筑设计阶段对于室外场景主要考虑的是功能安排，而一些细节和构图的美感设计并没有仔细

推敲，所以有必要减少图纸中对于景观设计的干扰。

5.7 居住区景观设计要点

5.7.1 居住区景观的整体性

居住区景观设计是为了给居民创造休闲活动的空间，空间是人活动的场所，空间的界面是景观的物质构成要素，界面与空间是互为依托、不可分割的两个部分。界面是实体，可以被人感知；空间是非实体，只能被人体验。界面与空间通过景观设计可以相互交织在一起，并传达文化的内涵，从而实现景观的整体塑造。

整体性的居住区景观设计需要设计师把握人的视觉活动方式以及由此所感受到的环境对象（表 5-5），因为人的视觉活动方式不同，感受到的环境对象也不同。一般情况下，居民很少有机会去领略居住区的全貌，居住区景观的整体性只能在每一处景观所体现的连续性上得到体现。同时，针对不同的人的视觉活动方式，在不同的居住区景观范围内，设计师应该采用相应的设计方法来适应人的各种观景需求。

表 5-5 居住区环境内人的视觉活动方式以及由此所感受到的环境对象

人的视觉活动方式	感受到的环境对象				
	居住区总体形象	道路街景	庭院绿地	建筑	小品、设施
开阔空间远眺	—	√	√	√	√
开阔空间鸟瞰	—	√	√	√	√
车行交通中观看	√	—	—	—	√
步行交通中观看	√	—	—	—	—
散步休闲中观看	√	√	—	—	—

从整体上确定居住区景观特色是居住区景观设计的基础，这种特色的源泉来自于当地的历史文脉、环境、气候、自然条件等。比如，从自然条件看，我国北方地区地势相对平坦、干旱少水、气候寒冷，可以通过“院落”组织居住区的布局，形成亲切的邻里关系和居住氛围；水网稠密的南方地区则可以把水面渗入小区的环境中来，与绿化有机地结合在一起，形成“小桥·流水·人家”的文化意境。

景观特色是在布局与环境景观方面所具有的与其他居住环境所不同的内在和外在特征，它不是凭空臆造的，而是通过对居住区功能的分析，对地理、自然条件的推敲，以提炼、升华的形式创造出来的一种与居住活动紧密交融的环境景观特征，需要设计师认真发掘。当然，在确定居住区景观的整体特色时，不能破坏与城市整体环境的和谐，要注重与城市整体风貌的协调，否则就失去了自身个性的意义。

空间感塑造、地形与地势以及水景创造

5.7.2 空间感的塑造

空间感的塑造是居住区景观设计工作的重点。设计图纸上的一个圆圈、一个方形或是一条弧线，在设计师的脑海中绝不只是一个平面图形，应该是立体的、围合空间的边界。也就是说，设计师关心的本质不是实体线条，应该是这些平面图形内部或外部的立体空间，以及空白的虚空间所创造的感受。

空间的尺度应该与人的尺度有关，比如座椅的高度（一般为400~450mm）、步行道的宽度、座椅的布置以及广场的面积等。空间的尺度应该让人感到舒适，应创造出令人高兴的、愿意谈话的开敞空间或是居住区富有个性的半开放的花园空间。一个尺度感过于空旷的空间，不会是生机勃勃和有用的空间，反而会让人感觉空旷或是无助（图5-23）。

社区的场所感是指个人和社区之间，由于个人的人生经验、记忆和意向，产生了对社区场所的深刻附着，是人与场所的情感归属和认同。社区能够给人一种家的感觉，一些历史悠久的社区还是人们世代生活的场所，人们对社区的场所感十分强烈。居住区的步行小径，应该是社区居民之间不期而遇的清静的场所，应给人社区的场所感，所以在步行小径的线路上可以设计一些小型的花园空间，供居民停留和交谈。花园空间中长凳的摆放非常重要，一个静态无趣或位置不适宜的长凳，不会让人逗留和交流，反而会荒废空间和无人关注。当改变一下长凳的布置方式，由平行摆放变为三角形摆放时，充满生机的谈话空间就形成了，强化了人与人之间面对面交流的机会（图5-24）。

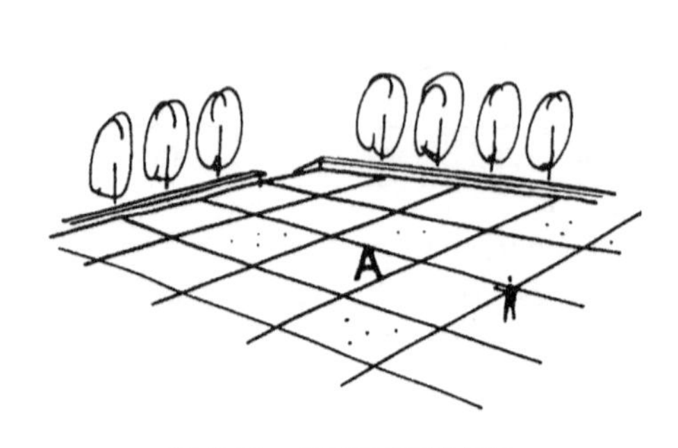

图5-23　过于空旷的场地

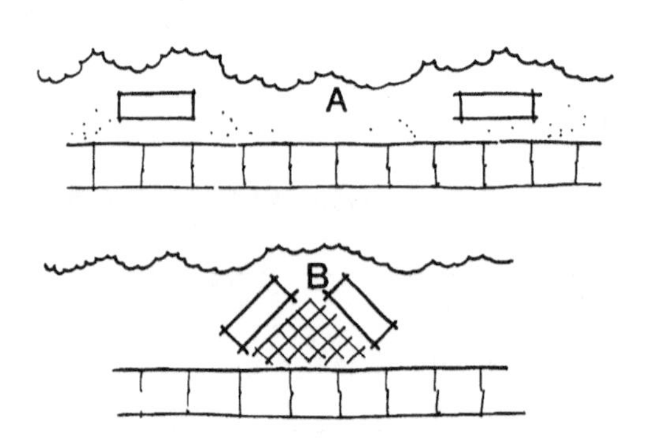

图5-24　长凳摆放对人的行为的影响

通过对植物与土坡的设置能容易地形成围合空间，比如在居住区机动车道与小型花园之间设置半人高的土坡，并配植茂密的乔木和灌木，这样的小空间就容易使人逗留而不受道路上车辆的影响，同时也易于形成居住区的休息和谈话空间（图5-25）。在进行此类景观设计时，建议在主要的步行小径的边缘种植大型乔木，在夏季的时候可以直接遮挡阳光，形成给人凉快感觉的阴影空间；同时，在大风的天气，乔木具有改变风向的作用，使步行小径上的人们感到舒适和惬意，人们更愿意走到室外进行活动和交流。

图5-25　植物与土坡围合的空间

5.7.3　场地的地形和地势

在地形起伏的地区，可以利用地势创造兴趣点和兴奋点，通过简单的顺应地形设计，能形成非常戏剧化的景观效果。地势会成为非常有利的条件，景观塑造讲究因地制宜、顺势造景，高程落差过于悬殊和发生突变的地方，很可能需要投入大量的资金用于挡土墙的建造（图 5-26），而新手设计师往往会忽略这一点，当设计完成后测算营收平衡时，才发现原先的设计方案根本行不通，所以设计师一定要重点关注这个问题，务必提前沟通、协调。在较平坦的场地，设计师则必须巧妙地处理道路的走向，逐渐形成自然般的地势起伏，或是采用遮挡等设计手法给人以完美的景观感受。注意，地形起伏地区的景观设计讲究的是格局和整体效果，而平坦场地的景观设计讲究的是设计手法和细节处理。

图 5-26　挡土墙

景观方案
设计案例分享

5.8　居住区景观设计项目分析

本节主要通过分析一个居住区景观设计的项目，来讲解居住区景观设计如何分析和表达。

5.8.1　项目概况

本项目位于深圳南山区后海，居住区命名为“锦缎之滨”，取自“山水人家阳光带，锦缎之滨深圳湾”。这个项目在深圳属于高端住宅项目，设计希望所呈现的是一种精致的生活品位和生活态度，体现居民在生活中追求更真、更善、更美的心境，体现居民在繁杂的物质世界里寻找淳朴自然的渴望。

项目在设计表现中重点突出景观设计，以深圳北山林、南海湾的城市地形地貌特征，和东西走向的城市活力的灵动主题，交织出独特的景观空间结构。景观设计强调建筑语言的配合，始终把握居住的概念，从喧嚣吵闹的都市俗世里将社区的人们摆渡到水岸山林的宁静中。

5.8.2 方案比较

在设计的初期，有三个可选的设计概念：

1）概念一（图 5-27），主要是以横向线条构图为基调，位于中央的无边大泳池加上四周的水景，作为整个居住区的中心和最重要的主开放空间。同时，以横向的直线铺地，由居住区入口连接到水池中央，形成三个玻璃光亮般的灯光盒子，好似漂浮在水中的光亮体；也可作设计泳池的功能性构筑物，如水中吧台、泳池阳光房等。在居住区的南北两端，各以螺旋形的方式构成图案，北面主要在草坡上形成步行小径及螺旋的坡道，南面的螺旋主要以广场的水景涌泉的形式出现。

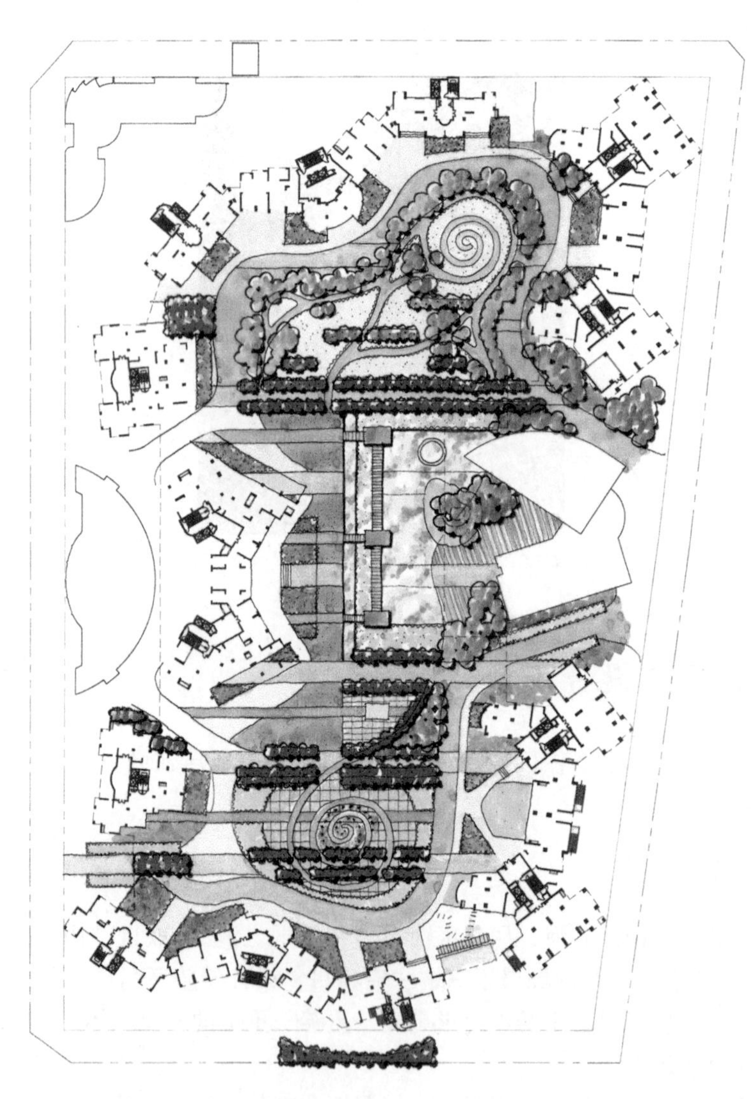

图 5-27 概念一平面图

2）概念二（图 5-28），同样以中央水景和泳池配合的方式形成整个居住区的主景观，其中添加了景观树阵的元素，以及有意识地增加了水景高低错落的层次感，使主景观既具有

植栽的柔性空间，又具有高低错落的律动空间，再加上人在泳池中的活动性，整个空间更富有多样性。在项目的南北两端，以规则的椭圆形构成了三个不同主题的活动空间。三个椭圆形空间在细节上采用了不同的表现形式，如台阶形坡地等，提升了整个空间的品质。相较于中央的主空间来说，两端的次要的花园空间，则用相对比较简单的方式凝聚形成周边房屋的共用组团花园，居住区的场所感骤然得到升华。

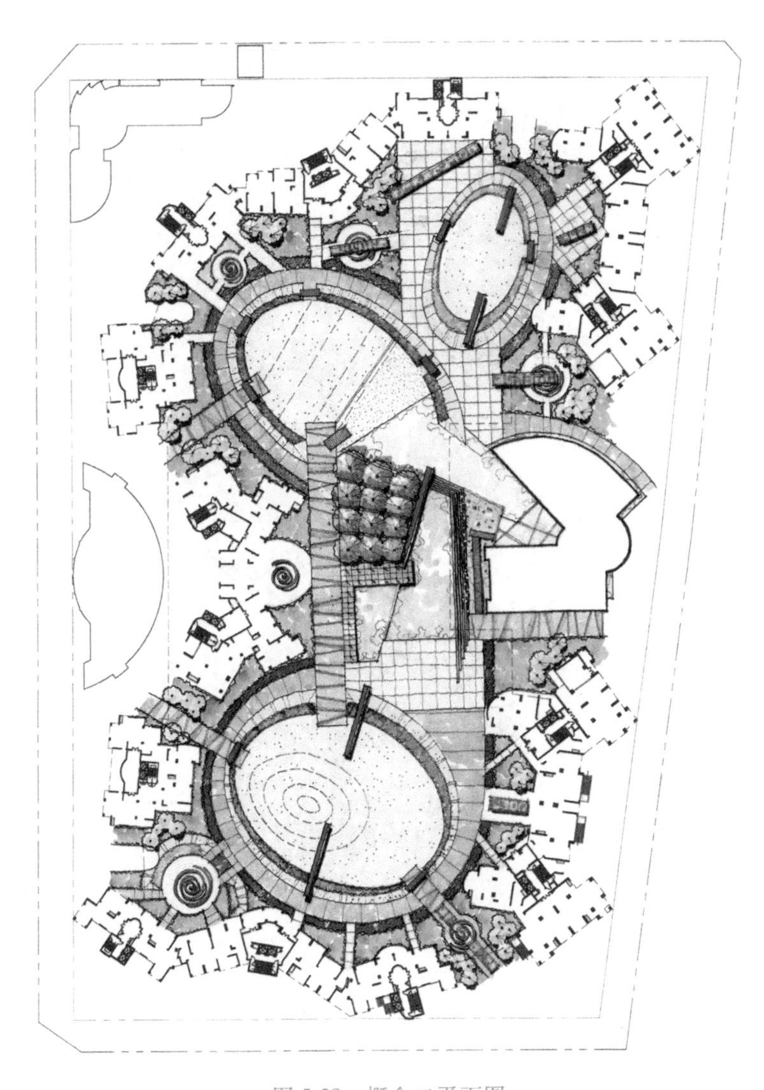

图 5-28　概念二平面图

3）概念三（图 5-29），景观方案主要是在概念二的基础上，将会所的一部分压入泳池底部空间，位于泳池底部的会所空间骤然变得更加有趣和神秘。当人们在泳池底部的会所空间内抬头仰望时，会产生不同的水空间映射效果，再加上不同光照强度的太阳光，形成了不同的室内空间效果，室外的地面空间也会因此而变得更为开敞，视线变得更加开阔。概念三与以往的设计都不同，水下会所成为整个居住区景观的设计亮点。南北两端的小空间，同样以几何形的方式使周围的组团凝聚，但不同的地方是，楼栋出口先将人们引导去一个个小圆圈状的过渡空间（灰空间），再引导去第二个层级的椭圆形空间，最后引导至中央的水景空间，景观设计创造了三个层级的空间布局。

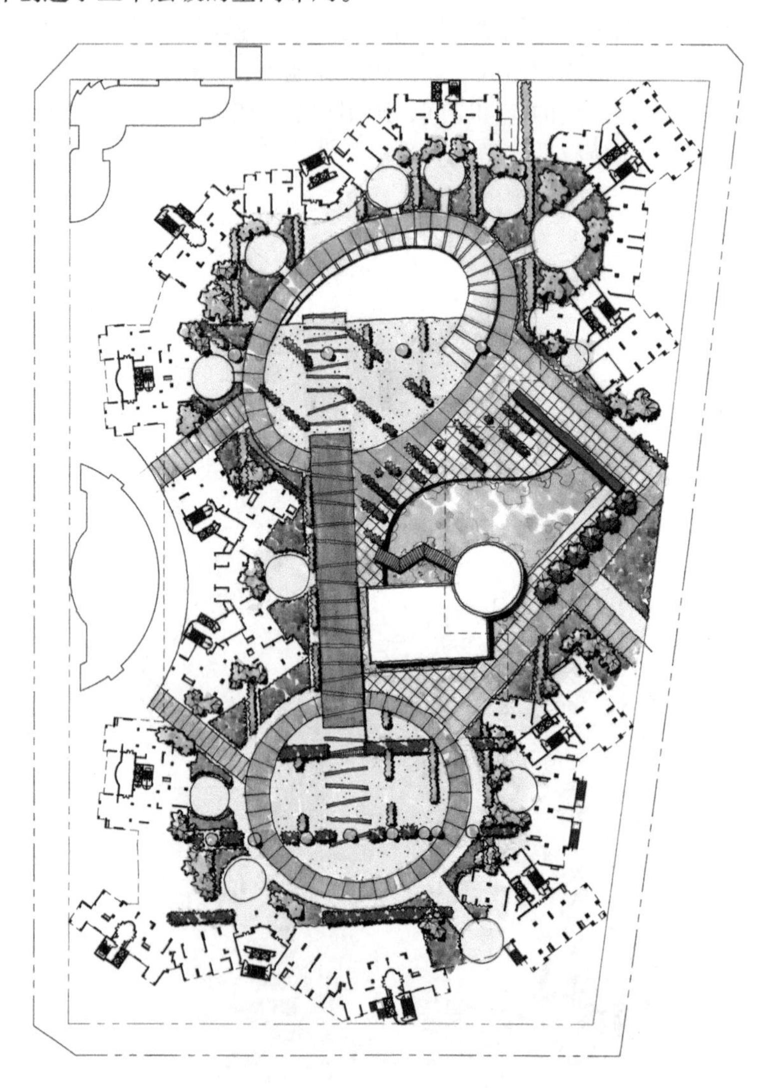

图 5-29　概念三平面图

5.8.3　设计概念

对于南方城市来说，泳池是很重要的景观塑造点，考虑到造价的问题，没有采用方案三的水下会所的概念，在经过一轮方案汇报后，确定以方案一为基调进行方案深化。螺旋造型的多次重复出现这一设计方式，使用在铺装、涌泉、草坡、景墙等元素中（图 5-30）。深化方案最终归纳为“漾”“透”“翠”“闲”四个字，并以此作为景观设计的概念（图 5-31）。

1）“漾”描述的是水色潋滟、波光荡漾的意境，是一种流动、跳跃，也是活力和朝气满溢的表现。

2）“透”是丰富的空间层次感的表现，强调透的顺畅与透的趣景，在居住区的南与北、东与西，以及小区整体的内部与外部实现了视线及空间的通透，采用了尺度不一的层次变化的设计手法以及借景与造景并用的设计手法。

图 5-30　总平面图　　　　图 5-31　设计概念

3）“翠”表现为玉石之色，景观种植以不同层次的绿为主色调，以翠为基调，再配上春夏秋冬不同的花木造型，创造出了居住区内不同季节的色泽、质感与香气。

4）“闲”意喻富裕舒适、闲适自信与安逸的生活，居住区景观设计追求的就是这种闲情逸致，景观设计在材料上的选择摆脱了紧张、刚硬的都市质感，强化了硬木、砖和生态材料的应用。

5.8.4　竖向设计

在概念方案设计阶段，通常需要长剖面图来表现设计的意图，以及高低错落空间的关系。图 5-32 为基地内 *B-B* 剖面图，图 5-33 为基地内 *A-A* 剖面图。

5.8.5　局部放大设计

到了这一步，需要对方案中的若干个重要节点进行局部放大设计。图 5-34 所示是居住区东南角的一栋楼房的入口处，在这里，设计师运用的螺旋形图形再次出现，配合水洗石、花岗石、板岩等不同材料的铺装变化，形成设计所需要的图案视觉。同时，由于此处是楼栋的入口，设计时须考虑楼栋标志的设置位置与形式。在这个方案中设置了入口景墙，以安装楼栋入口标志，再辅以配合景墙的特色椰子树，作为此区域楼栋的识别性标志。

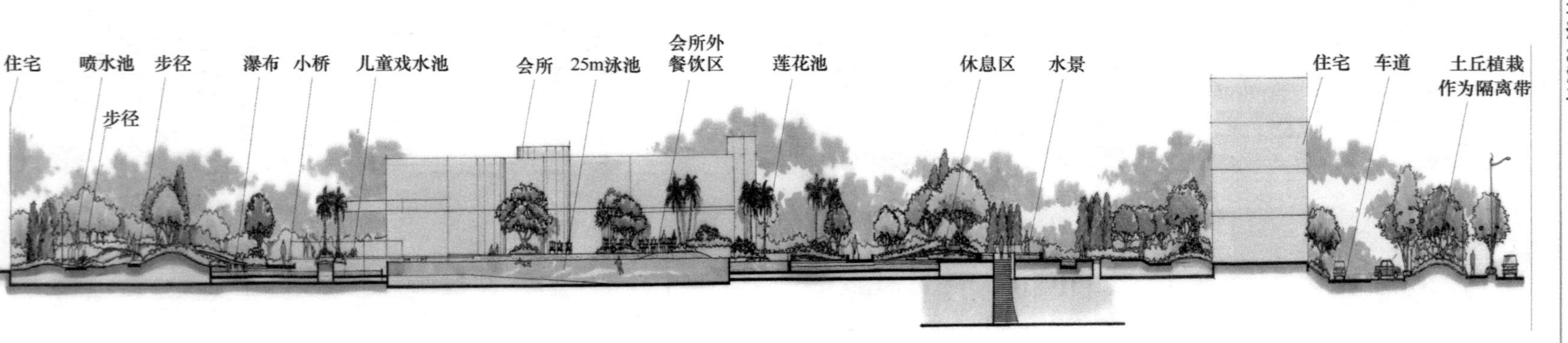

图 5-32　基地内 *B-B* 剖面图

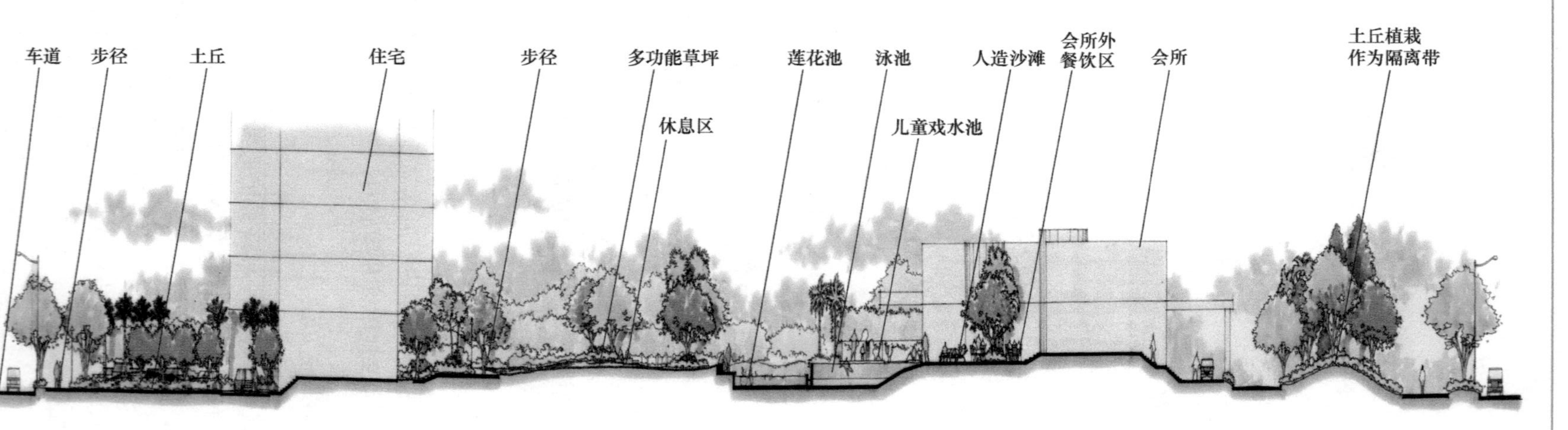

图 5-33　基地内 *A-A* 剖面图

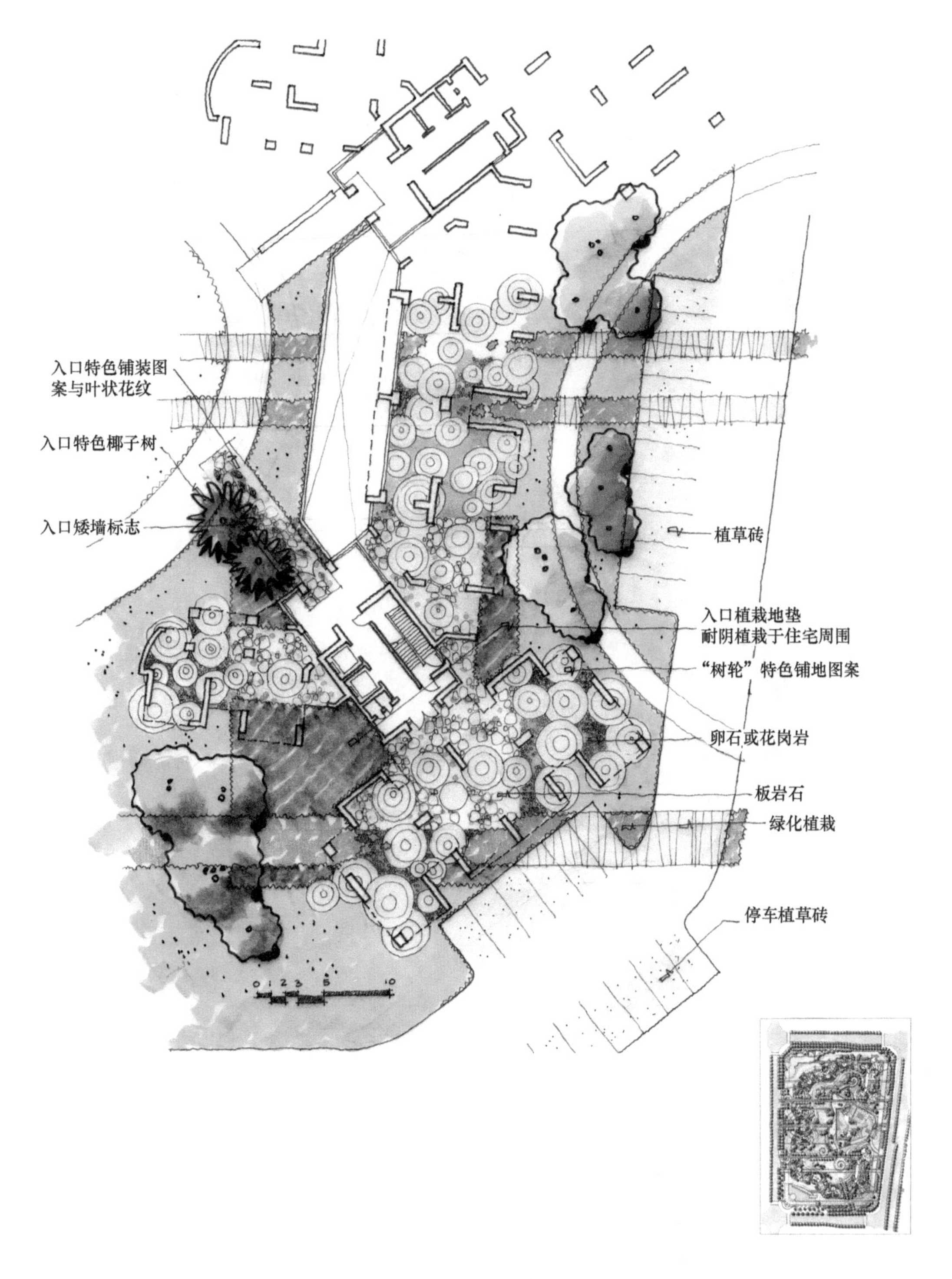

图 5-34　局部放大设计

5.8.6　效果图制作

接下来需要对不同的重要节点制作效果图，以此作为直观的展示模块供决策使用。效果

图一般分为手绘效果图（图 5-35～图 5-37）和计算机效果图。

图 5-35　中央泳池手绘效果图

图 5-36　螺旋形水景造型

图 5-37　主景莲花水池

5.8.7　意向图

除了效果图之外，方案成果中还会大量采用设计照片展示更多区域和元素的设计意图，包括种植意向图、铺装意向图、水景意向图、灯光意向图等（图 5-38 ~ 图 5-41）。

图 5-38　种植意向图

图 5-39　铺装意向图

图 5-40　水景意向图

图 5-41　灯光意向图

思　考　题

1. 景观设计师的职责是什么？
2. 居住区景观设计的主要目的是什么？
3. 居住区景观设计的消防要求有哪些？
4. 居住区步行小径的布置原则是什么？

附录 A　庭院景观设计任务书

1. 项目概况

项目名称：上海某别墅区庭院景观设计。

项目地点：上海市××区××路××号。

项目规模：约 1000m^2。

项目背景：本项目位于上海某高档别墅区内，周边环境优美、交通便利，业主期望打造一个具有现代感且又不失自然韵味的庭院空间。

2. 设计目标

设计理念：结合现代审美与自然元素，创造一个和谐、舒适的户外生活空间。

设计风格：现代简约风格，融合东方园林元素。

设计主题：“静谧庭院，自然生活”。

预期效果：打造一个既适合家庭休闲，又能接待朋友的多功能庭院。

3. 用户需求

业主需求：希望庭院能够提供休闲、娱乐、观赏等多种功能。

功能需求：儿童游乐区、餐饮区、健身区、休闲座椅区、蔬艺种植区、植物观赏区等。

使用人群：家庭成员、朋友、访客。

4. 场地分析

地形地貌：场地较为平坦，局部有微地形。

土壤类型：适宜多种植物生长的壤土。

水源状况：附近有市政供水系统，可满足灌溉需求。

气候条件：亚热带季风气候，四季分明。

现有植被：场地周边有既有树木，场地内部植物尽可能保留。

周边环境：别墅区绿化良好，环境优雅。

5. 设计原则

可持续性原则：选择耐旱、易维护的植物，减少水资源消耗。

安全性原则：确保设计无安全隐患，适合所有年龄段使用。

美观性原则：通过植物配置和融入景观元素，创造视觉美感。

经济性原则：合理控制成本，实现高性价比的设计。

6. 设计内容

总体布局：合理规划庭院空间，确保功能区分布合理。

植物配置：选择适宜当地气候的植物，兼顾观赏性和生态性。

硬景设计：道路、铺装、座椅、烧烤台等。

水景设计：考虑设置小型喷泉或小型水景，增加庭院活力。

照明设计：确保夜间照明安全且美观。

家具与小品：选择与设计风格相匹配的家具和装饰品。

7. 技术要求

设计标准：符合国家及地方相关设计规范。

材料选择：环保、耐用，符合现代审美。

施工技术：采用先进的施工技术，确保工程质量。

维护管理：提供详细的维护管理方案。

8. 预算与成本

预算概算：根据设计内容和材料选择，给出合理的预算方案。

成本控制措施：通过合理设计和材料选择来控制成本。

9. 时间计划

设计阶段：预计 2 个月内完成初步设计及深化设计。

10. 成果要求

（1）封面（项目名称）。

（2）目录。

（3）章节一（基地分析）：

1）区位分析。

2）气候分析（日照、气温、风向）。

3）交通分析。

4）周边坏境分析。

5）建筑分析（出入口）。

6）地形分析。

7）视线分析。

8）优（劣）势总结。

9）设计案例（案例研究）。

（4）章节二（设计概念）：

1）设计目标。

2）设计手法与策略。

（5）章节三（概念方案设计）：

1）SketchUp 模型。

2）总平面图（包括指北针，比例尺，技术、经济指标，景观名称，标高等）。

3）功能布局图。

4）交通分析。

5）视线分析。

6）剖面设计（剖到水景）2 张。

（6）章节四（分区设计）：

1）区域一：放大节点平面图、SketchUp 模型、意向图片、铺地节点详图等。

2）区域二：放大节点平面图、SketchUp 模型、意向图片、铺地节点详图等。

3）区域三：放大节点平面图、SketchUp 模型、意向图片、铺地节点详图等。

（7）章节五（景观元素）：

1）铺地意向。

2）家具小品意向。

3）水景意向（喷泉、桥）。

4）灯具意向。

5）围墙意向及效果图。

6）种植设计。

7）苗木表（包括乔木、灌木的品种，并统计植栽数量）。

8）材料表。

附录 B　商业广场改造项目设计任务书

1. 项目概况

项目名称：×××商业广场及周边道路改造项目。

项目地点：×××杨行镇。

项目背景：随着城市化进程的加快，×××商业广场作为×××杨行镇的重要商业区域，其功能和形象已逐渐不能满足现代化城市发展的需求。为了提升商业广场的竞争力，改善市民的购物体验，同时优化周边交通环境，现决定对×××商业广场及其周边道路进行改造更新。

2. 设计目标

提升商业价值：通过改造，增强商业广场的吸引力，提高商业效率和盈利能力。

优化交通流线：改善交通组织，减少拥堵，提升道路使用效率。

美化环境景观：创造宜人的购物和休闲环境，提升城市形象。

增强可持续性：采用环保材料和技术，提升项目的环境友好度。

3. 设计范围

商业广场空间布局优化。

商业广场外立面改造。

周边道路规划与改造。

交通设施升级，包括停车系统、公共交通接驳点等。

绿化景观设计，包括广场内外的绿化带、休闲区等。

4. 设计原则

以人为本原则：以满足市民需求为出发点，创造舒适、便捷的购物环境。

功能融合原则：整合商业、休闲、文化等多种功能，打造多功能综合体。

环境协调原则：与周边环境相协调，保持城市风貌的统一性。

技术创新原则：采用现代设计理念和技术，提高项目的科技含量。

5. 设计要求

安全性：确保改造后的商业广场和道路符合安全标准。

可达性：提高商业广场的可达性，方便市民和游客的进出。

经济性：控制成本，确保项目的经济合理性。

美观性：外观设计应具有现代感，与城市形象相匹配。

可持续性：在设计中考虑节能和环保，采用节能环保新型建筑材料。

6. 项目前期调研及分析

（1）基地概况：基地整体情况、项目的位置、主要现状图片等。

（2）地块周边用地分析图：

周边地块的使用功能（教育用地、居住用地、绿地、公共交通首末站等）。

（3）地块交通分析图：

1）过街通道的位置和方式。

2）道路名称，注意区分主要道路和次要道路（双向两车道）。

（4）建筑立面分析：

1）商业业态（餐饮店、咖啡店、大型超市等）。

2）各出入口位置，要说明各出入口分别通向哪里。

3）假定广场标高为±0.000，标出建筑各出入口的相对标高。

4）立面上各区域功能（广告位、钢架结构、店铺、电梯、玻璃幕墙等）。

5）立面上各区域的主要色调。

（5）地块内部功能分析图：公共交通首末站、广场铺地、机动车道、非机动车停车区域、绿地、运动场、人行道、户外临时商业区等，要标出场地出入口及主要建筑的标高。

（6）地块人行交通分析图：不同客户群进入广场到达商场的流线分为主要流线和次要流线，可配合现状照片绘制，要附有客户群分析和使用时间列表。

（7）地块车行交通分析图（非机动车、客车及公共交通）。

（8）地块植物分析：标出人行道和绿地的主要植物品种。

（9）总结优（劣）势：制作表格分类说明。

7. 时间计划

设计阶段：预计 2 个月内完成初步设计及深化设计。

8. 成果要求

A1 展板 1~2 张，内容如下：

（1）基地概况。

（2）地块周边用地分析图。

（3）地块交通分析图。

（4）建筑立面分析图。

（5）地块内部功能分析图。

（6）地块人行交通分析图。

（7）彩色平面图，包含指北针，比例尺，景点标注，技术、经济指标表。

（8）优秀案例研究。

（9）分析图，包括设计交通分析（车行交通、人行交通、停车位等）、功能分析、景观节点分析、竖向标高图。

（10）三维效果图（选做）。

（11）剖面图。

（12）局部放大平面图（铺装材料的名称、规格、颜色，以及面层工艺）。

（13）灯具、座椅、艺术装置等意向图。

（14）铺装意向图。

（15）种植意向图。

（16）其他意向图（如建筑立面等）。

附录 C　×××滨水景观设计任务书

1. 项目概况

项目名称：×××滨水景观设计。

设计范围：×××滨水贯通段。

2. 设计目标

测量并绘制×××滨水驳岸的详细剖面图。

根据测量结果，对滨水驳岸进行局部改造和深化设计，以提升景观效果和功能性。

3. 设计要求

（1）基地现状的考察和调研：为基地绘制现状分析图，包括区位分析、各层级交通分析（如车流、人流、运动路径、公共交通站点、出租车等候点等）、开放空间分析、公共空间分析、建筑物（构筑物）分析、配套设施布局分析、周边相邻地块功能分析等信息。

（2）测量与分析：

1）对×××滨水贯通段所在区域进行现场测量，获取必要的地形、植被等数据。

2）分析滨水驳岸的结构、材料、植被情况，以及与周边环境的关系。

（3）剖面图绘制：

1）根据测量数据，绘制滨水驳岸的剖面图，确保比例准确、细节清晰。

2）剖面图应包括但不限于地形变化、驳岸结构、植被分布等。

（4）改造设计：

1）根据剖面图和现场分析结果，提出局部改造方案，包括但不限于场地功能更新、植被调整、景观元素添加等。

2）设计应考虑生态保护、水文安全、美观性及功能性。

（5）深化设计：

1）对选定的局部区域进行深化设计，包括材料选择、色彩搭配、照明设计等。

2）确保设计方案的可行性和经济性。

（6）环境影响评估：对设计方案进行环境影响评估，确保改造不会对周边生态环境造成负面影响。

4. 成果要求

A1 展板 2 张，内容如下：

（1）区位图及项目概况。

（2）总平面图。

（3）功能分析图。

（4）交通分析图。

（5）3 张剖面图（包括剖切位置索引图、与剖面对应的场景照片）。

（6）滨水小品设计模型。

（7）局部效果图（拼贴风格）。

（8）铺装材料表（标注材料的规格、尺寸）。

（9）景观元素（座椅、雕塑、灯具）。

（10）景观植物（配苗木表）。

附录 D　居住区景观设计任务书

1. 项目概况

项目名称：×××公寓居住区景观设计。

项目地点：×××三林区。

项目背景：本项目位于×××三林区，是一个集住宅、商业、休闲等功能于一体的综合性居住区。本项目旨在通过景观设计提升居住环境质量，打造一个和谐、美观、实用的居住空间。

2. 设计目标

（1）创造一个宜居、美观、环保的居住环境。

（2）满足居民日常休闲、运动、社交等需求。

（3）体现×××地区文化特色，融入现代设计理念。

3. 设计范围

（1）小区内部道路、广场、绿地等公共空间景观设计。

（2）入口景观设计及植物设计等。

（3）小区入口、围墙、标识系统等设计。

4. 设计要求

功能性要求：设计应满足居民的日常生活需求，应包括儿童游乐区、老人休闲区、运动设施区等，同时要考虑消防要求。

美观性要求：设计应具有艺术性和审美价值，要与周边环境和谐统一。

生态性要求：使用环保材料，注重生态平衡，采用节水、节能等措施。

安全性要求：确保设计符合安全规范，避免安全隐患。

文化性要求：体现×××的地域文化特色，融入现代设计理念。

5. 成果要求

完成 A3 文本一套，具体文本内容如下：

（1）封面。

（2）目录。

（3）章节一（现状分析）：

1）区位分析（×××三林区）。

2）区域交通分析（地铁站、相关公共建筑、主（次）干道、绿地空间）。
3）建筑布局及功能分析。
4）建筑风格分析（图片+文字，SketchUp 模型或照片）。
5）交通分析（机动车道、人行道、地下车库与出入口）。
6）消防分析。
7）日照分析。
8）其他分析（风场影响、客户群分析、敏感点）。
（4）章节二（案例分析）。
（5）章节三（景观概念方案设计）：
1）项目愿景。
2）设计主题与定位。
3）设计策略。
4）设计结构。
5）鸟瞰图（SketchUp 模型）。
6）彩色总平面图（含技术、经济指标）。
7）功能布局。
8）交通分析（车行分析、消防分析、人行分析）。
9）公共空间分析。
10）竖向分析（场地标高分析、场地剖面分析）。
11）材料造价表。
（6）章节四（景观元素设计）：
1）铺装设计。
2）门头设计（详图、效果图）。
3）围墙设计（译图、效果图）。
4）相关标识设计。
5）灯具设计。
6）小品设计。
7）植栽设计（含苗木表）。
（7）章节五（节点设计，自选两个节点）：
1）索引图。
2）效果图（SketchUp 模型）。
3）平面图。
4）功能布局。
5）其他特色。

参考文献

[1] 楼嘉斌. 超实用！小庭院的设计与布置［M］. 南京：江苏凤凰美术出版社，2023.

[2] 许浩. 中国景观设计年鉴 2021—2022［M］. 沈阳：辽宁科学技术出版社，2022.

[3] 周军，朱志国. 园林设计［M］. 北京：中国林业出版社，2022.

[4] 董晓华，周际. 园林规划设计［M］. 3 版. 北京：高等教育出版社，2021.

[5] 中华人民共和国住房和城乡建设部. 城市居住区规划设计标准：GB 50180—2018［S］. 北京：中国建筑工业出版社，2018.